Stefan Manemann, Jochen Rengstorf

EPLAN Electric P8

Version 2

Praxistraining für Einsteiger

3. Auflage

Bestellnummer 44492

Bildungsverlag EINS
westermann

service@bv-1.de
www.bildungsverlag1.de

Bildungsverlag EINS GmbH
Ettore-Bugatti-Straße 6-14, 51149 Köln

ISBN 978-3-427-**44492**-3

westermann GRUPPE

Vorwort

Dieses Buch beschreibt anhand eines Förderbands den Einstieg in EPLAN Education.

Es wurde das Fördersystem einer Laserbearbeitungszelle gewählt, welches die wesentlichen Elemente einer Anlage wie Motor, Schütze, Schalter und Sensoren enthält.

Ergänzend wird in dieser Trainingsunterlage erklärt, wie SPS-Eingänge und SPS-Ausgänge und ein pneumatischer Schaltkreis erstellt werden.

Das Ihnen vorliegende EPLAN-Education-Praxistraining wurde in Zusammenarbeit mit Studierenden und Auszubildenden entwickelt, um einen einfachen Einstieg in die Schaltplanerstellung zu ermöglichen.

Die Vorgehensweise wird Schritt für Schritt erklärt, sodass keine Vorkenntnisse erforderlich sind, um den ersten Schaltplan zu erstellen.

Das Praxistraining wurde bislang mit mehr als 600 Neueinsteigern allein in Wolfsburg erprobt und optimiert, die anschließend in der Lage waren, eigene Projekte erstellen zu können.

Die Neuauflage wurde mit der EPLAN Education Version 2.6 erstellt. Das Förderband und deren Schaltung wurden auf Basis dieser Schulungsunterlage auch real aufgebaut, um zu prüfen, ob alle notwendigen Informationen für den realen Aufbau dieses Konzepts vorliegen.

Der Einsatz des EPLAN Data Portals zeigt sehr gut, wie CAx-Daten unterschiedlicher Hersteller über das Internet dem Schaltplanersteller sofort in EPLAN zur Verfügung stehen. Dies kann eine sehr große Zeitersparnis bedeuten.

Wir danken an dieser Stelle der Firma EPLAN für ihre Unterstützung und den vielen Helfern, die dazu beigetragen haben, diese Anleitung zu entwickeln, zu optimieren und zu ergänzen. Mitgewirkt haben u. a. die Studierenden im Praxisverbund 2006, 2007, 2008, 2011 und 2012 der Volkswagen AG. Insbesondere danken wir den Auszubildenden Rolf Fischer und Fabian Reuschel, die bei der Überarbeitung der dritten Auflage mitgewirkt haben.

Die Einnahmen der Autoren aus diesem Buch fließen an den Förderverein der BBS 2 Wolfsburg, um damit Projekte mit Schülerinnnen und Schülern in der Schule realisieren zu können.

Die Autoren

Inhalt

Bei dieser Schulungsunterlage für EPLAN Education sollen Einsteiger sich mit dem Programm vertraut machen, die Arbeitsoberfläche sowie die Philosophie hinter dem Programm kennenlernen und ein erstes eigenes Projekt erstellen.

Diese EPLAN-Education-Version besteht aus den Programmen EPLAN Electric P8, EPLAN Fluid und EPLAN PPE. Im Folgenden ist immer die EPLAN-Education-Variante gemeint.

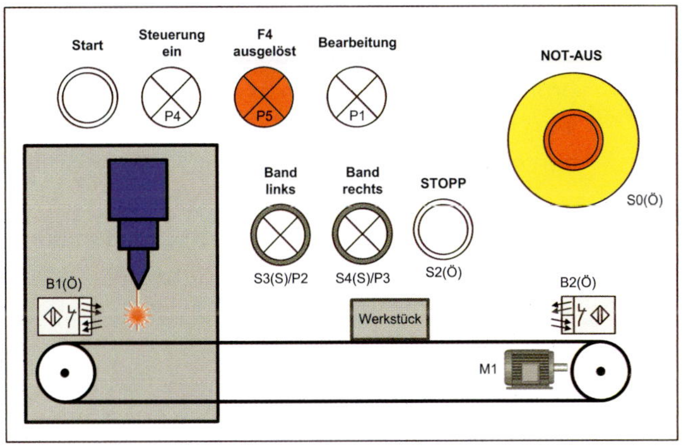

Das Projekt soll eine Laserbearbeitungszelle sein. Das Prinzip der Anlage ist anhand des oben abgebildeten Technologieschemas erkennbar.

Die Anlage wird mit dem Taster „Start" gestartet. Wenn ein Werkstück auf dem Transportband liegt, wird es nach Druck auf den Start-Taster in die Laserzelle befördert. In der Laserzelle wird es vom Sensor B1 erkannt und kann dann mit dem Laser für eine vorgegebene Zeit bearbeitet werden. Danach fährt der Motor das Band in die andere Richtung. Am anderen Ende wird das Werkstück vom zweiten Sensor B2 registriert. Der Sensor B2 hält dann den Motor M1 an und der Prozess ist beendet.

In EPLAN können zu dem Projekt unter anderem folgende Dokumente gehören:

- Deckblatt
- Hauptstromkreis
- Steuerstromkreis
- Klemmenplan
- Inhaltsverzeichnis
- Schaltschrankaufbau
- Artikelstückliste

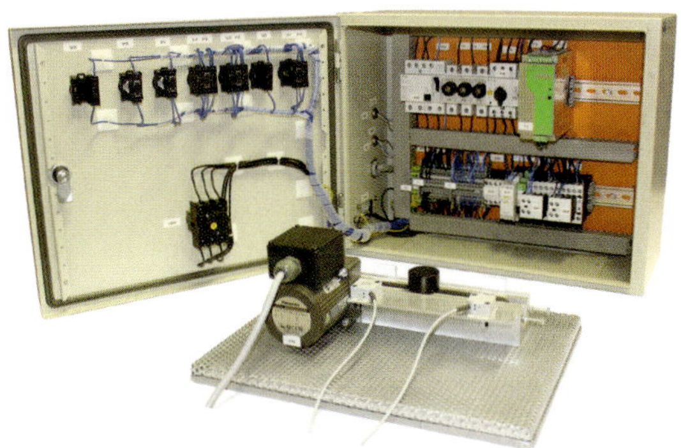

Der Hauptstromkreis enthält einen Gerätekasten mit der Einspeisung, den Hauptschalter, den Fehlerstromschutzschalter, die Sicherungen des Hauptstromkreises und die Leistungsschütze, welche den Rechts- und Linkslauf des Motors steuern.
Im Steuerstromkreis sind alle Steuerelemente für den Betrieb der Anlage enthalten. Dazu gehören der Not-Aus-Schalter, der Start-Taster usw. Aber auch die Meldeanzeige für den jeweiligen Betriebsschritt ist darin verbaut.
Im Klemmenplan ist angegeben, welche Klemme mit welchem Kontakt verbunden ist, um was für eine Klemme es sich handelt und wo Brücken zu finden sind.
Das Inhaltsverzeichnis stellt alle vorhandenen Seiten des Projekts zusammengefasst dar.
Der Schaltschrankaufbau dient dazu, den späteren Schaltschrank bereits vorher zu planen. Dazu gehört z. B. die Lage der einzelnen Betriebsmittel sowie die Kabelkanäle.
Die Artikelstückliste soll übersichtlich angeben, welche Betriebsmittel, Klemmen usw. benötigt werden, um die Anlage zu bauen. Bei einer gut aufgebauten Artikeldatenbank kann mittels der hinterlegten Preise bereits eine Kostenplanung erfolgen.

1 Einführung in EPLAN Education

Diese Schulungsunterlage soll einen Einblick in die EPLAN-Plattform geben und den Benutzer mit den grundlegenden Funktionen vertraut machen. Um komplexere Sachverhalte, die hier nicht aufgeführt werden, anwenden zu können, stellt EPLAN eine umfangreiche Hilfedatei zur Verfügung. Diese kann später im Programm in der Menüleiste oder durch die Taste [F1] geöffnet werden.

Damit Sie mit EPLAN Education arbeiten können, müssen Sie das Programm zuvor von der EPLAN-Internetseite www.eplan.de heruntergeladen, installiert und registriert haben. Das Programm finden Sie im Internet unter eplan.education.

Der folgende Abschnitt gibt eine Einführung in die Programmoberfläche.

Während der Arbeit mit dem Schaltplan speichert EPLAN jede Veränderung, die Sie durchführen. Daher gibt es keine Funktion „Speichern", wie wir es von anderen Programmen kennen. Um ein Projekt zu sichern, gehen Sie bitte so vor, wie es im Kapitel 14 „Das Projekt sichern" auf der Seite 120 beschrieben ist.

1.1 EPLAN Education starten

Nach der Installation findet man das Symbol von EPLAN Education auf dem Desktop vor.

→ Durch Doppelklick auf dieses Symbol startet EPLAN Education.

→ Sollte der Dialog „Menüumfang auswählen" erscheinen, wählt man die Einstellung „Experte" und bestätigt mit <OK>.

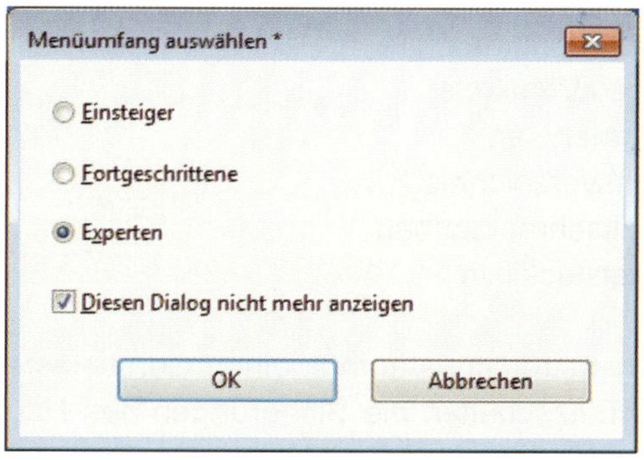

Das Hauptfenster von EPLAN Education erscheint.

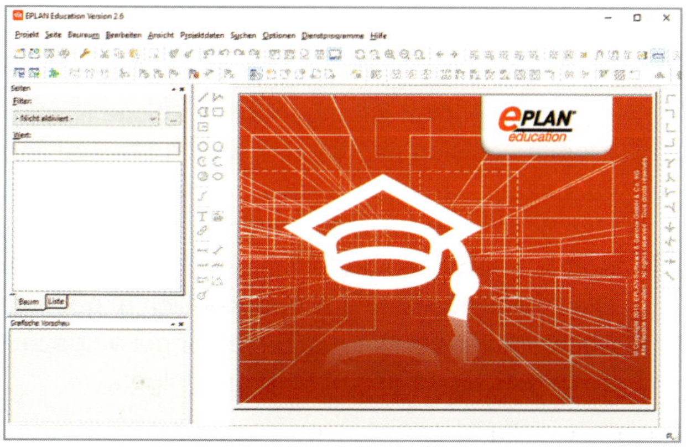

1.2 Die Benutzeroberfläche und ihre Elemente

Nach dem Programmstart liegt eine vorkonfigurierte Oberfläche vor. Auf der linken Seite befindet sich der Seitennavigator, in dem zwischen den verschiedenen Seiten des Projekts gewechselt werden kann. Der Seitennavigator kann mit [F12] ein- und ausgeblendet werden.

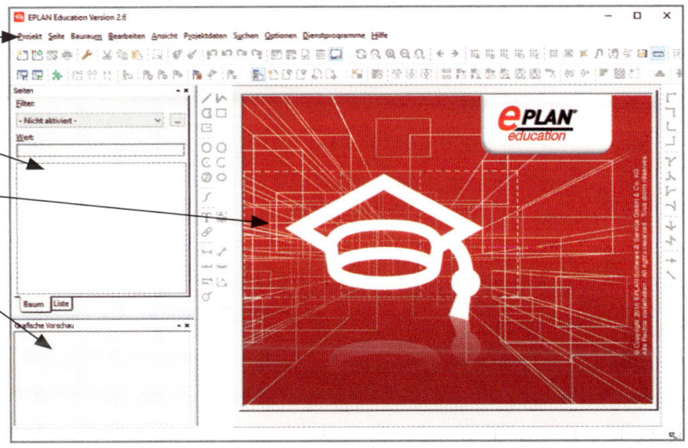

Darunter liegt die grafische Vorschau, in der die im Seitennavigator markierten Seiten in verkleinerter Ansicht angezeigt werden.

Rechts daneben liegt der Arbeitsbereich, in dem die Schaltpläne erstellt werden können.

Im oberen Teil des Hauptfensters befindet sich die Menüleiste. Sie enthält die wichtigsten Befehle und Dialogaufrufe.

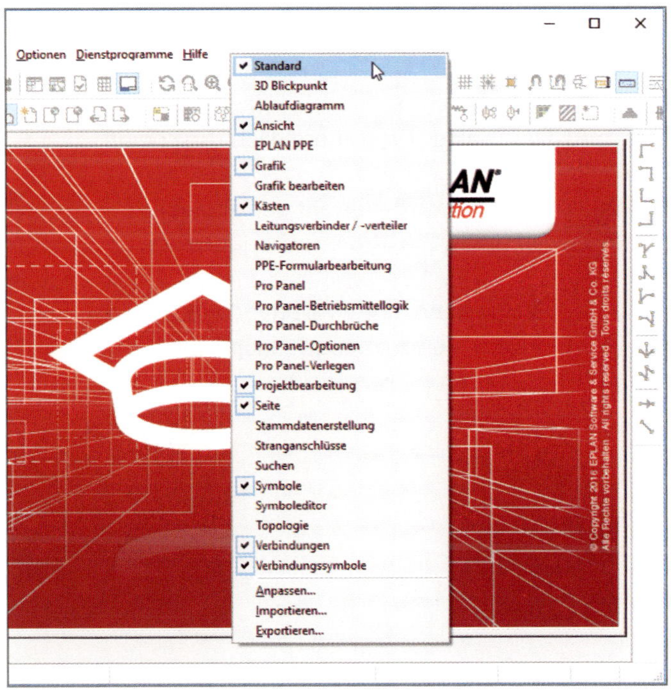

Mit einem Rechtsklick in den freien Bereich der Menüleiste kann man sich z. B. die grafische Vorschau anzeigen lassen. Die Punkte hier fungieren wie Schalter, mit denen man bestimmte Navigatoren ein- oder ausschalten kann.

Die Symbolleisten befinden sich standardmäßig unterhalb der Menüleiste und bestehen aus Schaltflächen, mit denen man die wichtigsten Funktionen von EPLAN Education aufrufen kann.

Um weitere Symbolleisten hinzuzufügen, kann man diese mit Rechtsklick auf das Kontextmenü aktivieren.

Außerdem können die Symbolleisten nach Belieben verschoben werden.

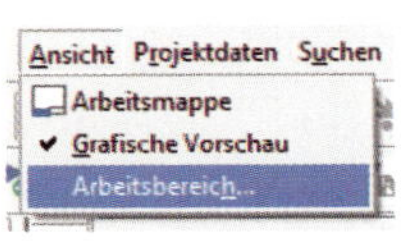

→ Um die Originaleinstellungen wiederherzustellen, kann man unter <Ansicht>, <Arbeitsbereich> das Schema „Standard" auswählen.

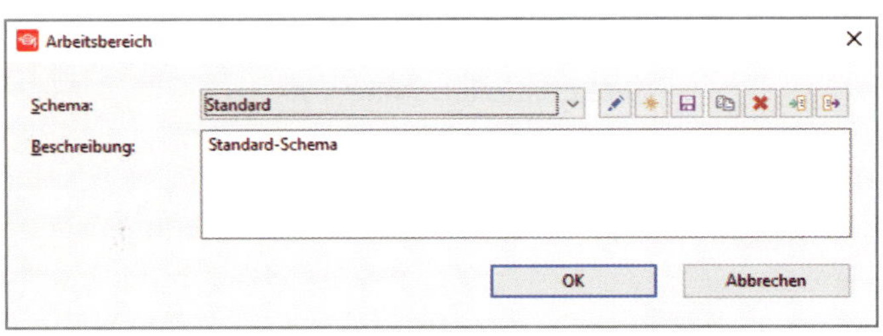

Tipp: Der aktuelle Arbeitsbereich kann auch als eigenes Schema abgespeichert werden.

2 Ein neues Projekt erstellen

In EPLAN werden Schaltpläne mit z. B. Hauptstromkreis, Steuerstromkreisen, Aufbauplänen in Form von Projekten gespeichert. Ein Projekt kann eine beliebige Anzahl von Seiten enthalten. Der Vorteil, alle Pläne einer Anlage oder Maschine in einem Projekt zusammenzufassen, besteht darin, dass alle Dokumente, die zum Aufbau einer Anlage benötigt werden, auf einmal verfügbar sind. Nach der Erstellung des Schaltplans lassen sich zusätzliche Dokumente, wie eine Stückliste, automatisiert auswerten.

Der folgende Praxisteil führt durch die Konfiguration des Beispielprojekts.

→ Um ein neues Projekt zu erstellen, wählt man:
<Projekt>
<Neu>

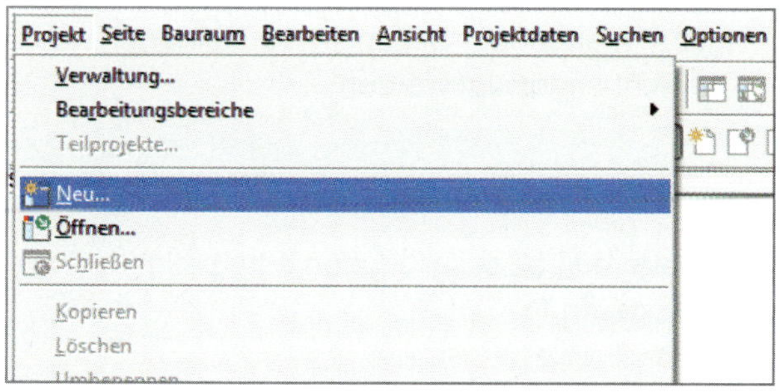

Der Dialog „Projekt erstellen“ erscheint.

→ Zuerst vergeben wir den Projektnamen „Laserbearbeitungszelle“.

→ Nun kann eine Projektvorlage aus dem Menü „Vorlage“ ausgewählt werden.

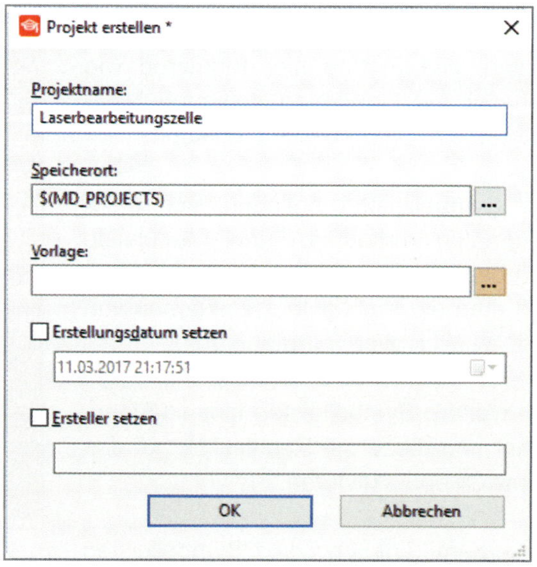

→ Wir wählen für das Trainingsprojekt die Vorlage „Num_tpl001.ept“ und bestätigen mit <Öffnen>.

→ Zum Schluss quittieren wir den Dialog „Projekt erstellen“ mit <OK>.

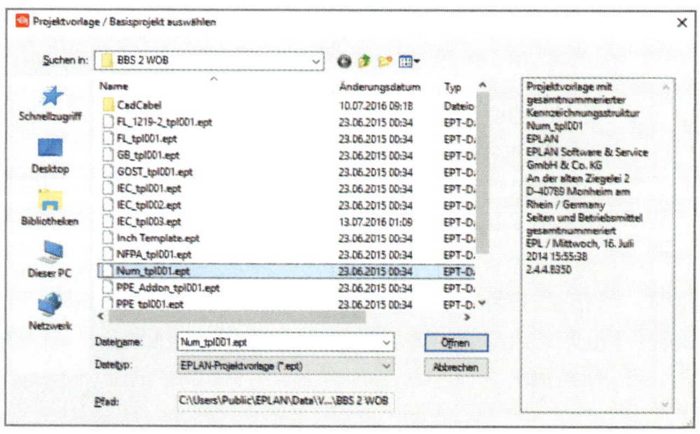

Der Dialog „Projekteigenschaften“ erscheint.

Im Registerreiter „Eigenschaften“ lassen sich nähere Informationen zum Projekt ablegen. Die einzelnen Eigenschaften stehen in der Spalte „Eigenschaftsname“ und können in der Spalte „Wert“ verändert werden.

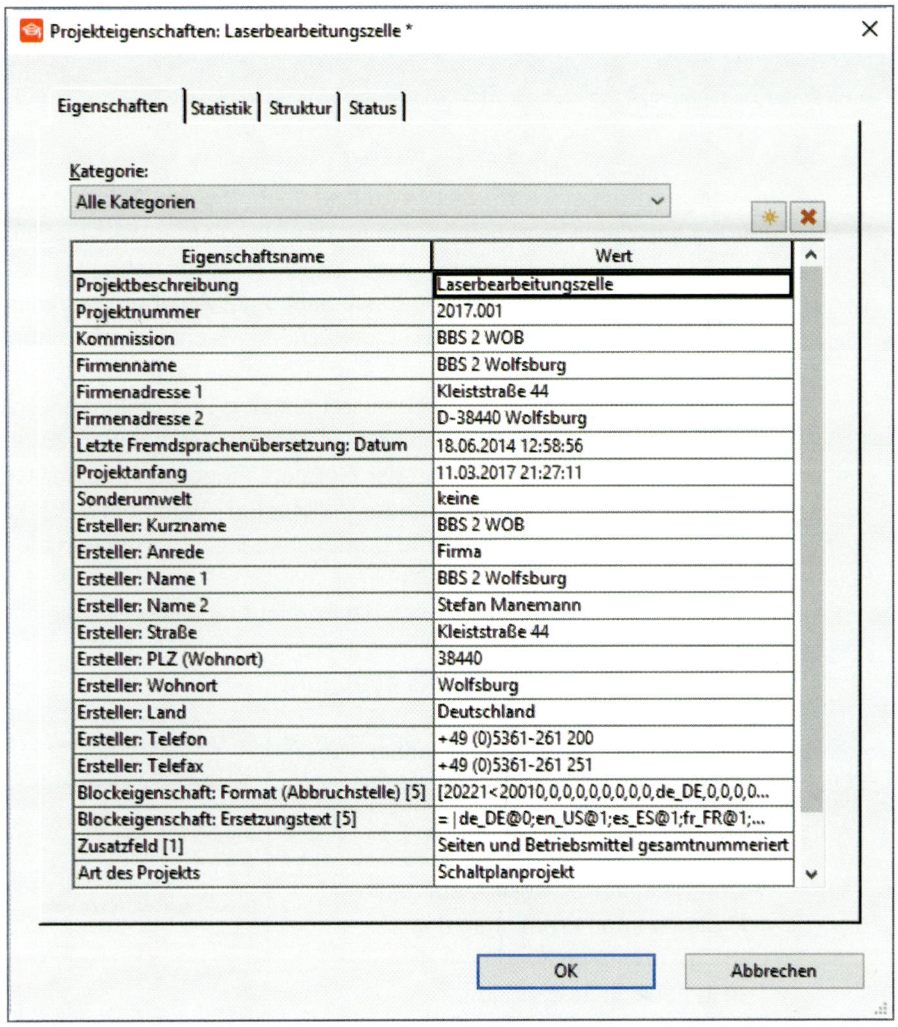

→ Wir tragen für die „Projektbeschreibung“ „Laserbearbeitungszelle“ ein.

→ Weitere Informationen zu dem Projekt passen wir entsprechend der uns vorliegenden Gegebenheiten, wie z. B. Ersteller und Ort, an.

→ Mit dem Sternchen oben rechts lassen sich auch neue Kategorien hinzufügen.

In diesem und den weiteren Registerreitern „Statistik“, „Struktur“ und „Status“ können weitere Informationen zu dem Schaltplanprojekt entnommen werden.

→ Mit Klick auf <OK> bestätigen wir die Werte und schließen den Dialog.

3 Den Hauptstromkreis zeichnen

Im vorigen Kapitel wurde das Projekt erstellt, das die Dokumente der Schaltung aufnehmen soll. Wir werden nun dem Projekt eine Seite für den Hauptstromkreis hinzufügen.

Der Hauptstromkreis enthält die Einspeisung der Anlage und die Leistungsverbraucher wie den Motor, der das Band antreibt. Hinzu kommen weiterhin Sicherungen, Hauptschalter, Leistungsschütze usw.

Auf der Seite werden die Betriebsmittel platziert und miteinander verbunden. Wichtig hierfür ist, dass EPLAN zwischen Schaltzeichen und Geräten (Gerät = Schaltzeichen + Artikel) unterscheidet. Wir werden zunächst die Schaltzeichen der Geräte einfügen und später Geräte heraussuchen, die die Funktionen erfüllen und diese miteinander verknüpfen. Damit diese Verknüpfung später reibungslos funktioniert, ist es sehr wichtig, dass die Betriebsmittel von vornherein die richtigen Bezeichnungen erhalten.

Der folgende Praxisteil führt durch die Konfiguration des Beispielprojekts.

Seite für den Hauptstromkreis einfügen

Im Seitennavigator erscheint unser Projekt „Laserbearbeitungszelle“. Es enthält allerdings noch keine Seiten.

→ Durch einen Rechtsklick auf den Projektnamen erhält man das Kontextmenü und kann mit <Neu...> eine neue Seite einfügen.

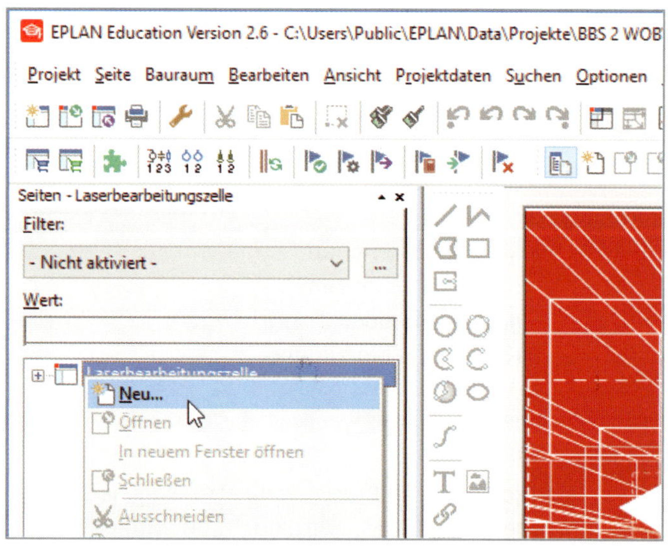

Der Dialog „Neue Seite“ wird geöffnet.

→ Im Feld „Vollständiger Seitenname“ tragen wir die Seitenzahl „1“ ein.

→ In der Auswahlliste „Seitentyp“ wählen wir den passenden Seitentyp „Schaltplan allpolig (I)“ aus.

→ Das Feld „Seitenbeschreibung“ füllen wir mit einer Beschreibung unserer Seite. Wir wählen hierfür „Hauptstromkreis“.

→ Wir schließen das Fenster mit <OK>.

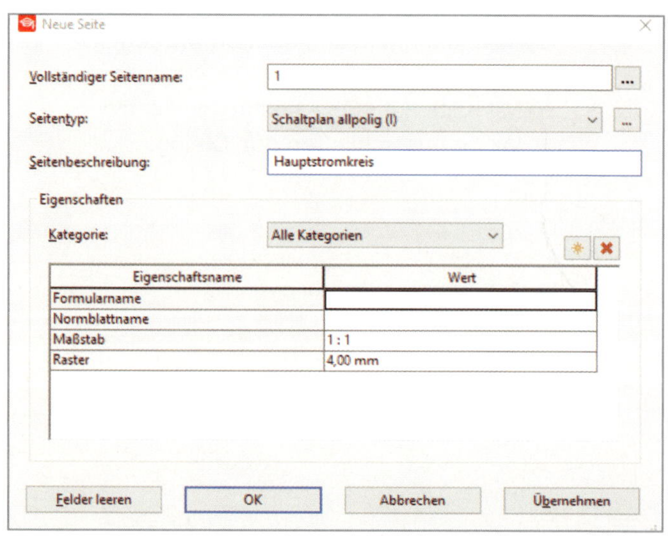

Im grafischen Editor (Arbeitsbereich) auf der rechten Seite erscheint die gerade erstellte Seite.

Im Seitennavigator erscheint die Seite „Hauptstromkreis“ als Seite des Projekts.

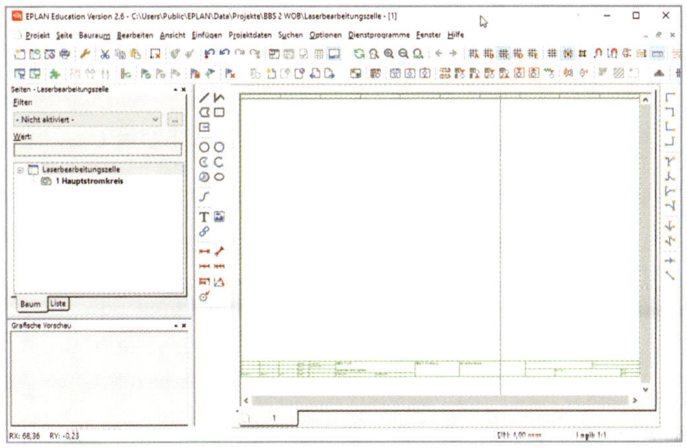

Spannungsversorgung einfügen

Im Hauptstromkreis beginnen wir mit dem Anschluss der 400 V an einem Schaltkasten. Der Schaltkasten soll die Betriebsmittelkennzeichnung U3 bekommen.

→ Dazu klicken wir auf:
<Einfügen>
<Kasten/Anschluss/Montageplatte>
<Gerätekasten>

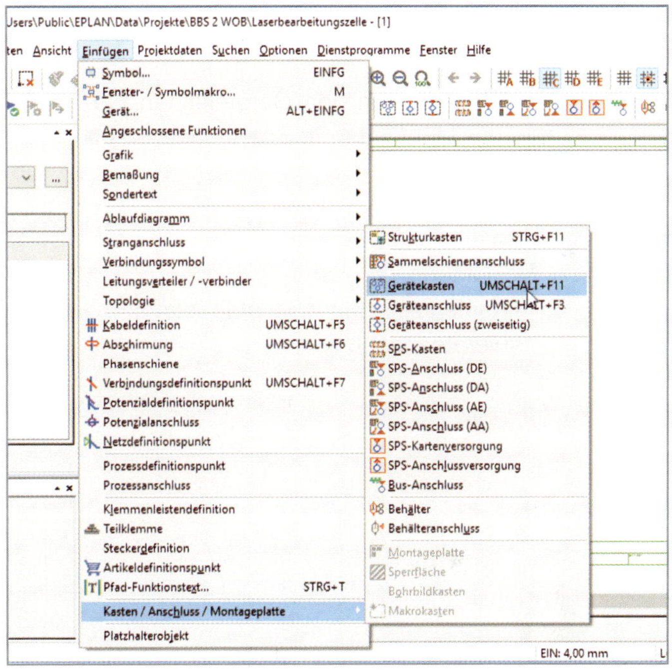

→ Der Mauszeiger ändert sein Symbol und wir ziehen mit der Maus einen Gerätekasten auf.

→ Dafür klicken wir einmal auf einen Punkt in der linken oberen Ecke der Seite, ziehen den Kasten mit der Maus auf und klicken erneut, wenn er die gewünschte Größe erreicht hat.

Tipps: Das rechts in der Abbildung zu erkennende Raster kann über das Menü „Ansicht“ > „Raster“ ein- und ausgeblendet werden.
Um exakt die gleiche Größe einzufügen, platzieren Sie den Gerätekasten in den Koordinaten von RX: 2,0/RY: 2,0 bis RX: 8,0/RY: 12,0. Die Größe kann auch später noch flexibel angepasst werden.

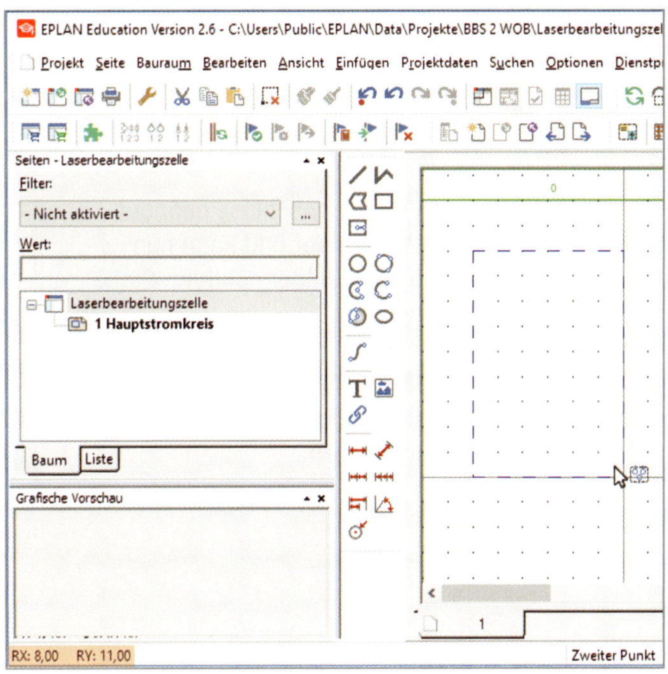

Das Fenster „Eigenschaften (Schaltzeichen): Gerätekasten“ öffnet sich.

→ Wir wählen für unseren Gerätekasten die Betriebsmittelkennzeichnung (BMK) „Sichtbares BMK“ „U3“.

Tipp: Die BMK entspricht dem Namen des Gerätes und es ist wichtig, dass alle Teile eines Gerätes die gleiche Bezeichnung bekommen, um sie (wie später noch erläutert wird) zuordnen zu können.

→ Wir schließen das Fenster mit <OK>.

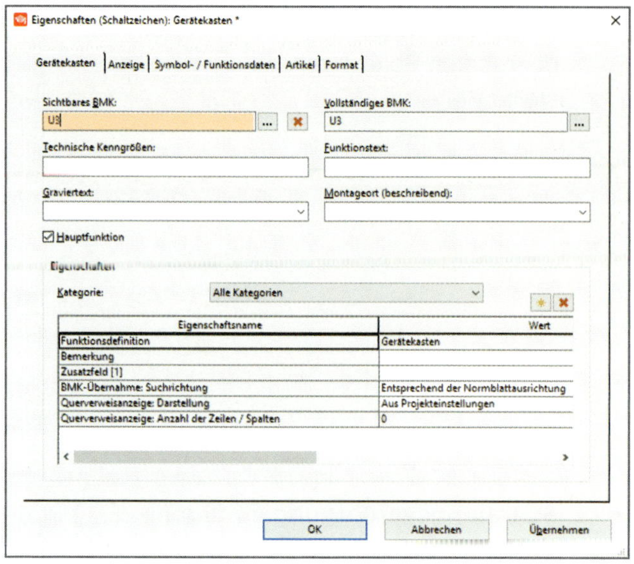

Nun fügen wir in den Gerätekasten Geräteanschlüsse für die Spannungsversorgung ein.

→ Dazu klicken wir auf:
<Einfügen>
<Kasten/Anschluss/Montageplatte>
<Geräteanschluss>

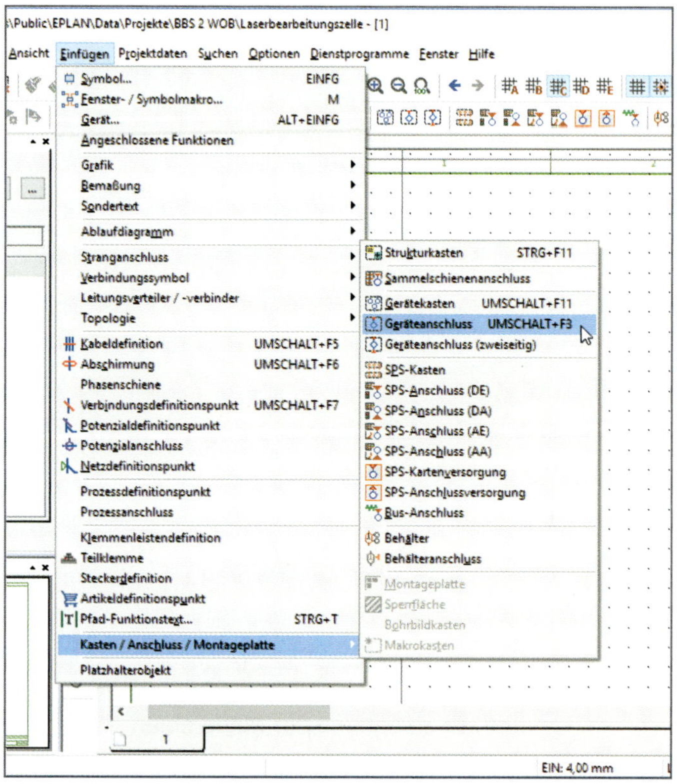

→ Der neue Geräteanschluss befindet sich am Mauszeiger und kann nun mit einem Klick an der richtigen Stelle platziert werden.

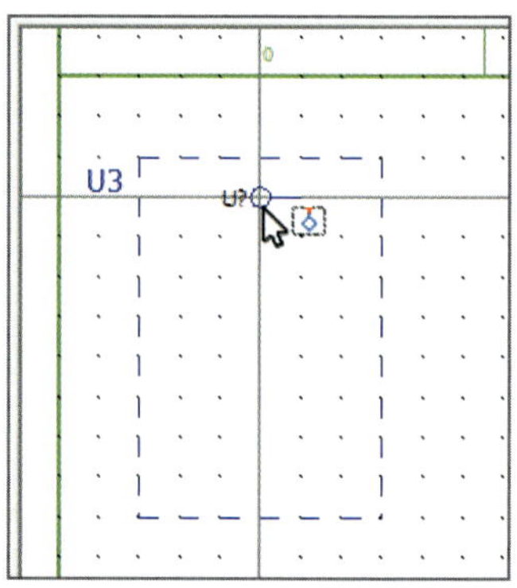

Tipp: Über die TAB-Taste oder die Strg-Taste und Maus können die Symbole bei Bedarf rotiert werden.

Nun öffnet sich der Dialog „Eigenschaften (Schaltzeichen)“.

→ Wir setzen „L1“ als „Anschlussbezeichnung“ ein und das Feld „BMK“ bleibt leer.

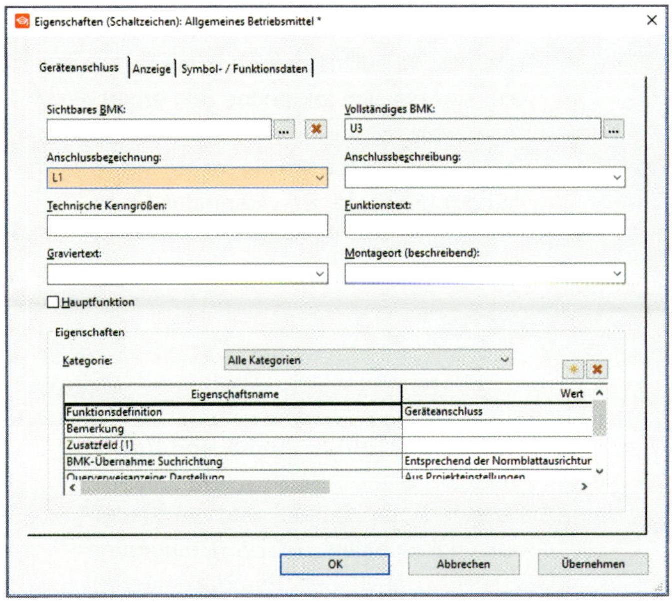

→ Im Registerreiter „Symbol-/Funktionsdaten“ kann das Schaltzeichen rotiert werden, indem unter Variante die in diesem Fall passende „Variante D“ ausgewählt wird.

→ Zum Abschluss bestätigen wir mit <OK> und der Geräteanschluss erscheint auf dem Schaltplan.

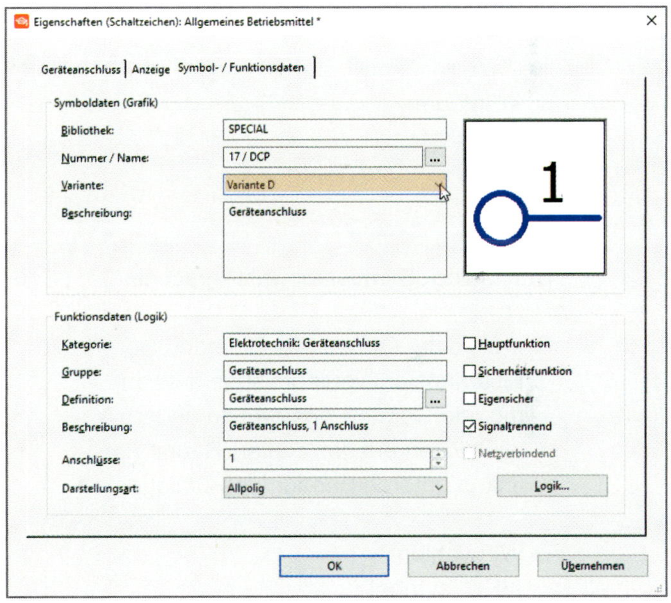

→ Auf die gleiche Weise fügen wir nun noch die Anschlüsse L2, L3, N und PE ein, sodass sich folgendes Bild ergibt:

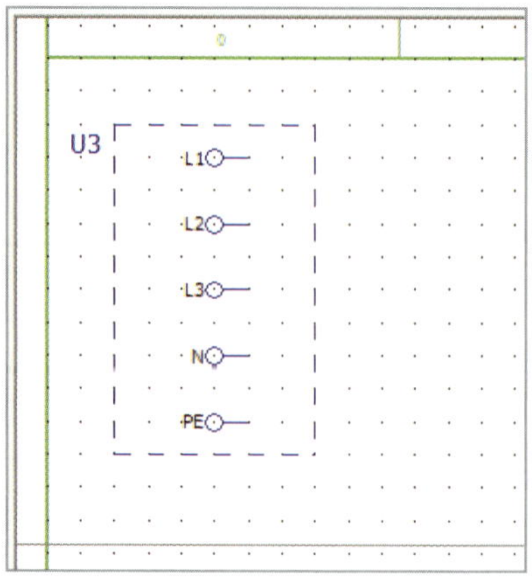

Tipp: Mit einem Klick auf die rechte Maustaste oder die Taste „Esc“ kann das Einfügen abgebrochen werden.

Fehlerstromschutzschalter einfügen

Als erstes Betriebsmittel wird ein Fehlerstromschutzschalter (RCD/FI) eingefügt. Dazu wird zunächst ein Symbol eingefügt und anschließend (wenn der Schaltplan fertig ist) das passende Bauteil ausgewählt. Daher ist es nun wesentlich, dass die BMKs richtig vergeben werden.

→ Dazu klicken wir auf
<Einfügen>
<Symbol...>
oder die Taste „Einfg“.

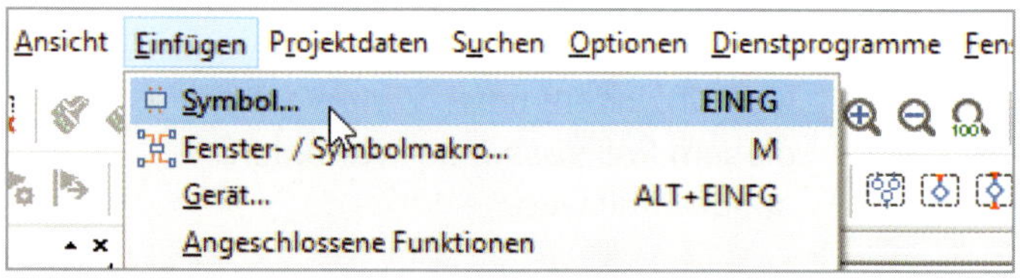

Der Dialog „Symbolauswahl“ erscheint.

→ Falls beim Öffnen des Dialoges die Listenansicht vorliegt, ist es notwendig, die Darstellungsform zu ändern – wir klicken auf den Reiter „Baum“ (im linken unteren Bereich des Dialoges).

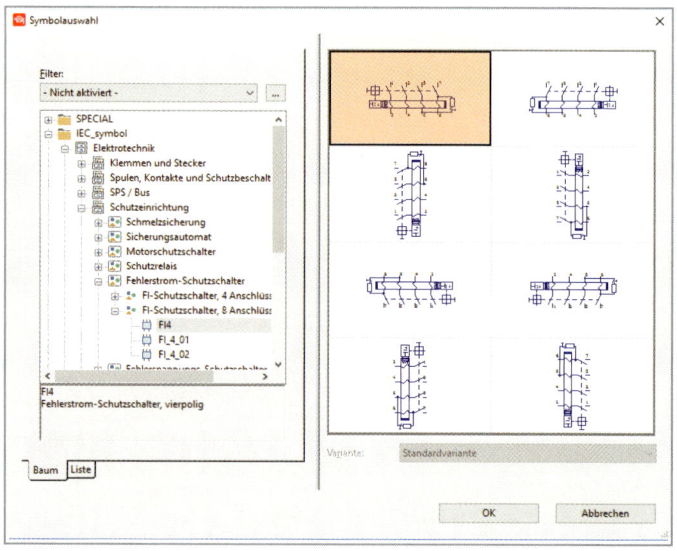

→ Wir wählen:
<IEC_symbol>
<Elektrotechnik>
<Schutzeinrichtung>
<Fehlerstrom-Schutzschalter>
<FI-Schutzschalter, 8 Anschlüsse>
<FI4>

Im rechten Teil des Fensters erscheinen die verschiedenen Varianten, wir entscheiden uns für die Variante A.

→ Diese wählen wir durch einen Klick aus und bestätigen mit <OK>.

→ Der Fehlerstromschutzschalter hängt nun am Mauszeiger und kann mit einem Klick auf dem Schaltplan platziert werden.

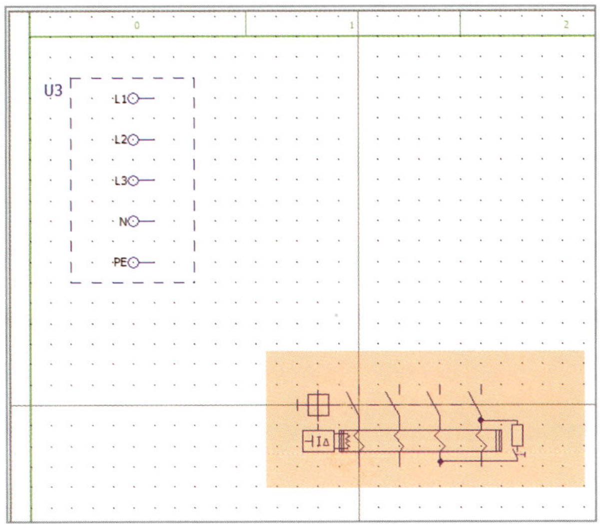

Der Dialog „Eigenschaften (Schaltzeichen)“ erscheint.

→ Da es die erste Sicherungseinrichtung ist, geben wir bei BMK „F0“ ein und bestätigen mit <OK>.

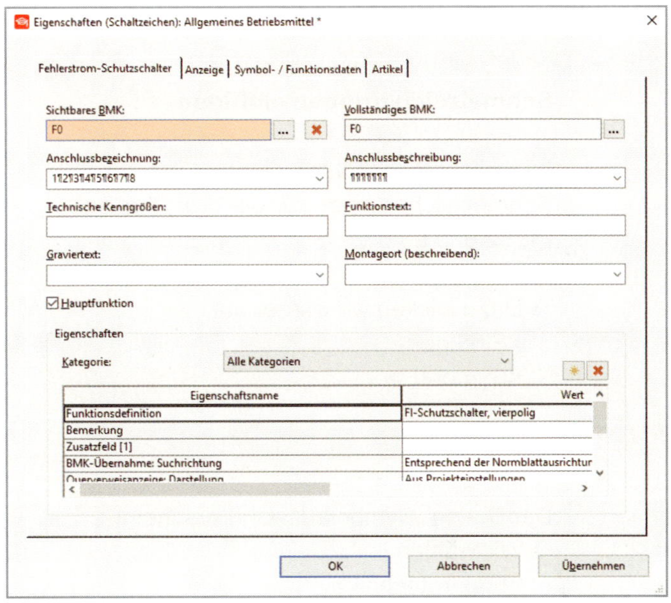

Der Fehlerstromschutzschalter muss nun durch Leitungen mit den Geräteanschlüssen verbunden werden.

Bei EPLAN werden auf einer Linie liegende Anschlüsse automatisch miteinander verbunden. Es entstehen (Autoconnecting-)Verbindungen.

→ Um Bauteile über einen Winkel miteinander zu verbinden, muss auf der rechten Seite der passende Winkel ausgewählt werden.

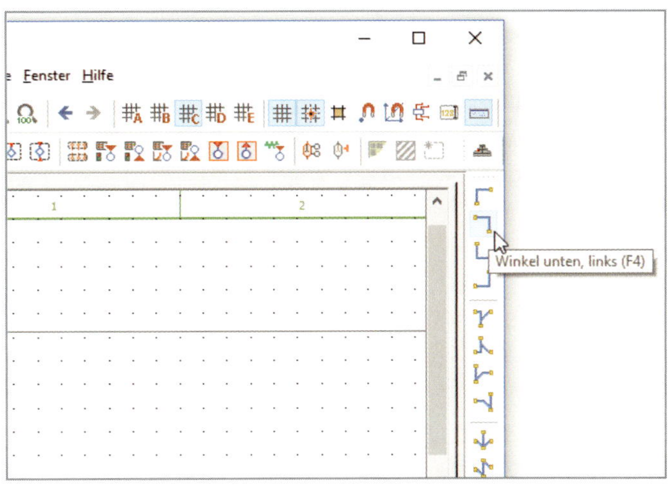

→ Nach der Winkelauswahl werden die Winkel wie folgt eingefügt.

→ Um den Gerätekasten mit dem Fehlerstromschutzschalter zu verbinden, muss, wie im Bild dargestellt, eine diagonale Linie zwischen den Anschlüssen gezogen werden. Dazu klickt man in die linke, obere Ecke der Linie und hält die Maus bis zum Erreichen des Punktes rechts unten gedrückt.

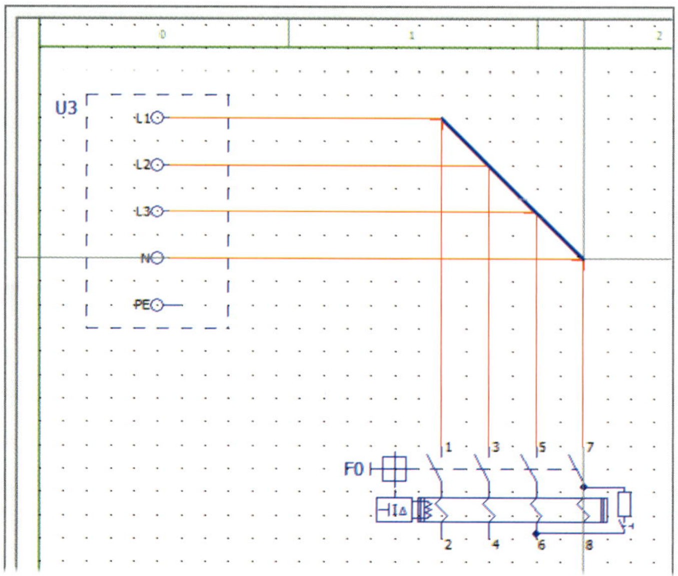

EPLAN erzeugt so automatisch alle vier nötigen Verbindungen. Diese Verbindungen können später automatisiert ausgewertet werden, um z. B. einen Verdrahtungsplan zu erstellen.

Schmelzsicherungen einfügen

Im nächsten Schritt fügen wir drei Schmelzsicherungen für die drei Phasen L1, L2 und L3 ein.

→ Dazu klicken wir wieder auf:
<Einfügen>
<Symbol...>

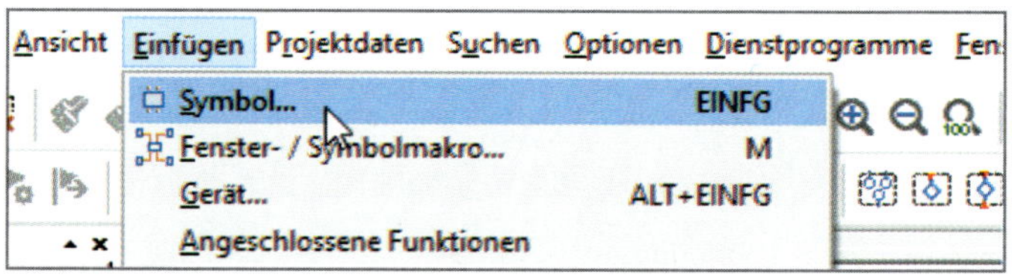

Der Dialog „Symbolauswahl“ erscheint.
→ Wir wählen:
<Elektrotechnik>
<Schutzeinrichtung>
<Schmelzsicherung>
<Einfachschmelzsicherung>
<F1>

→ Im rechten Teil des Dialoges wählen wir die Symbolvariante A und bestätigen mit <OK>.

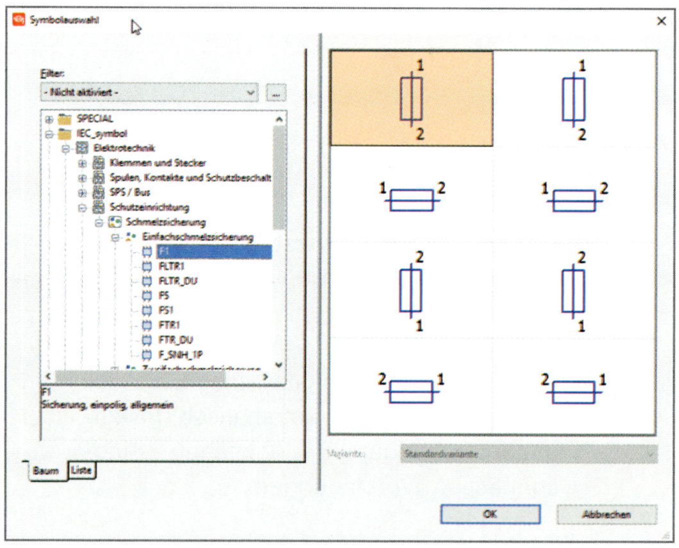

→ Die neue Schmelzsicherung hängt nun am Mauszeiger und kann mit einem Klick unterhalb des Fehlerstrom-Schutzschalters eingefügt werden.

Die Verbindung wird automatisch erstellt.

Tipp: Mit gehaltener linker Maustaste können gleich drei Sicherungen auf einmal platziert werden.

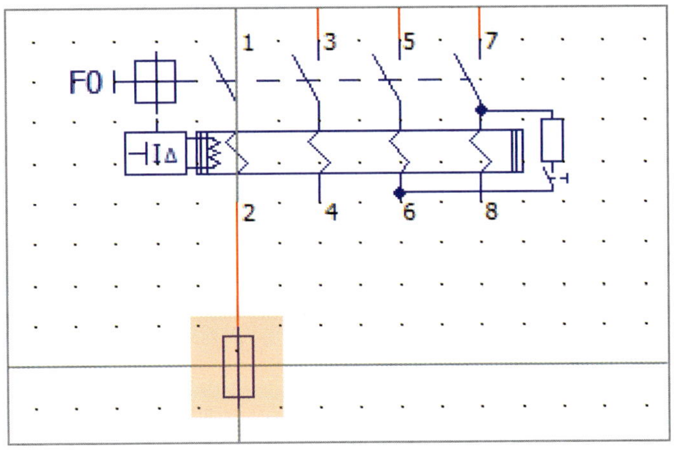

Der Dialog „Eigenschaften (Schaltzeichen)“ erscheint.

→ Wir geben nun „F1“ als BMK ein und bestätigen mit <OK>.

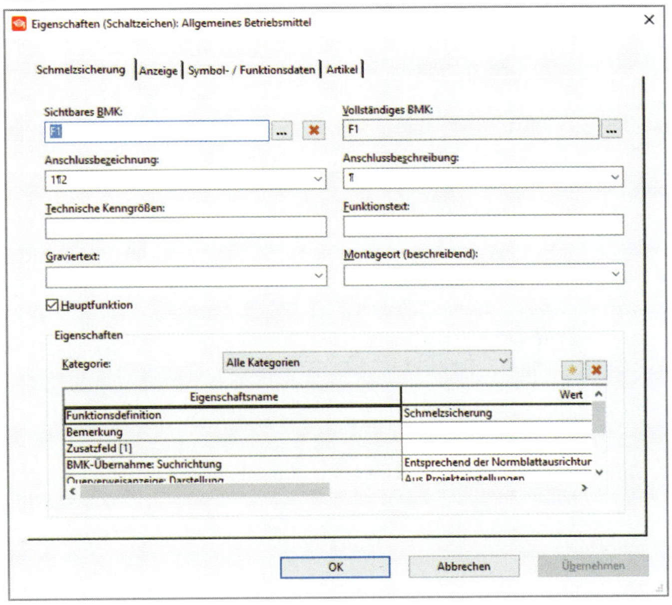

→ Nun müssen analog zur ersten Schmelzsicherung F2 und F3 erstellt und mit dem Fehlerstromschutzschalter verbunden werden.

Das Ergebnis ist im Bild dargestellt.

→ Hinweis: Die Betriebsmittelkennzeichnung der zweiten und dritten Sicherung kann verschoben werden, so dass diese nicht mehr auf dem Sicherungssymbol steht (rechte Maustaste auf die BMK > Text > Eigenschaftstext verschieben).

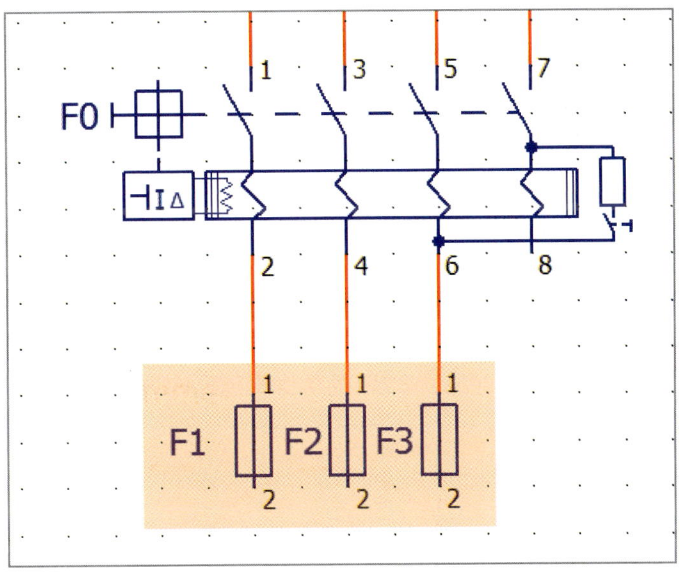

Hauptschalter einfügen

Als Nächstes soll der Hauptschalter eingefügt werden.

→ Dazu klicken wir wieder auf:
<Einfügen>
<Symbol...>

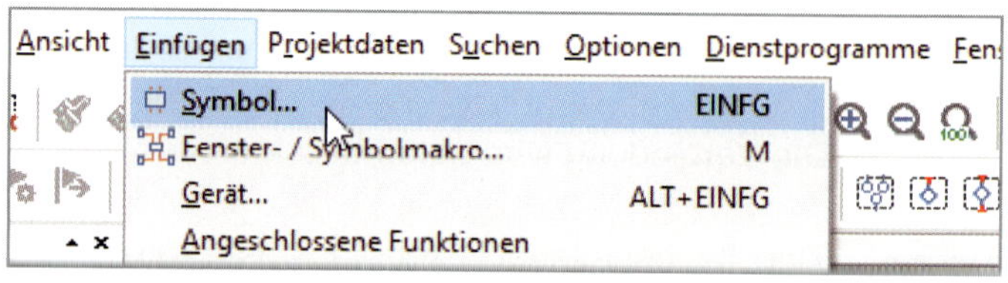

→ Im erscheinenden Dialog wählen wir:
<Elektrotechnik>
<Sensorik, Schalter und Taster>
<Schalter/Taster>
<Dreifachschalter/-taster, 6 Anschlüsse>
<Q1>

→ Wir wählen die Symbolvariante A und bestätigen mit <OK>.

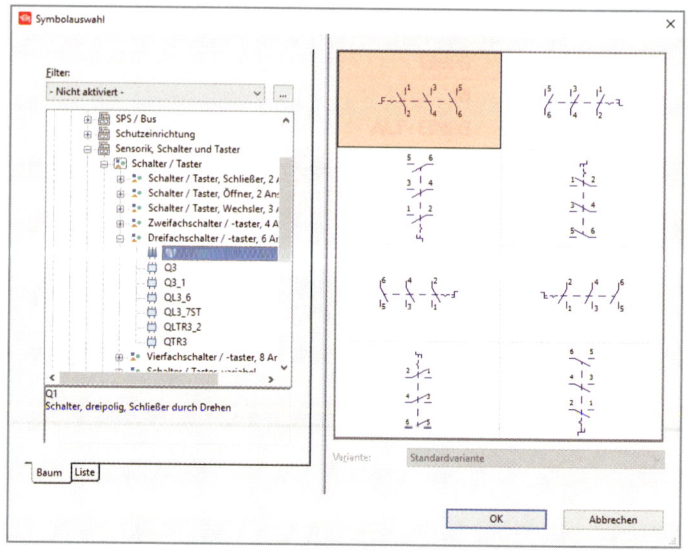

→ Der Hauptschalter hängt nun am Mauszeiger und kann mit einem Klick unter den Sicherungen platziert werden.

Die Verbindungen werden wie gewohnt automatisch erstellt.

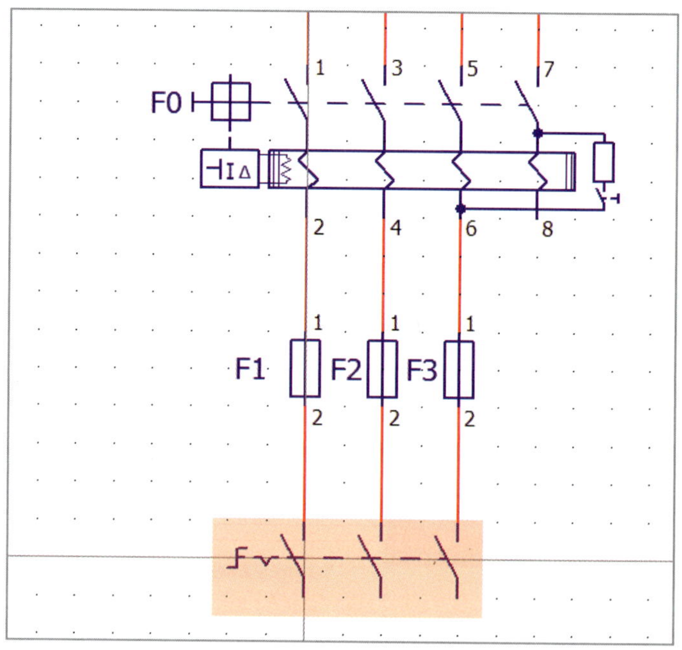

Der Dialog „Eigenschaften (Schaltzeichen)“ erscheint.

→ Wir geben „Q0“ als sichtbares BMK ein und bestätigen mit <OK>.

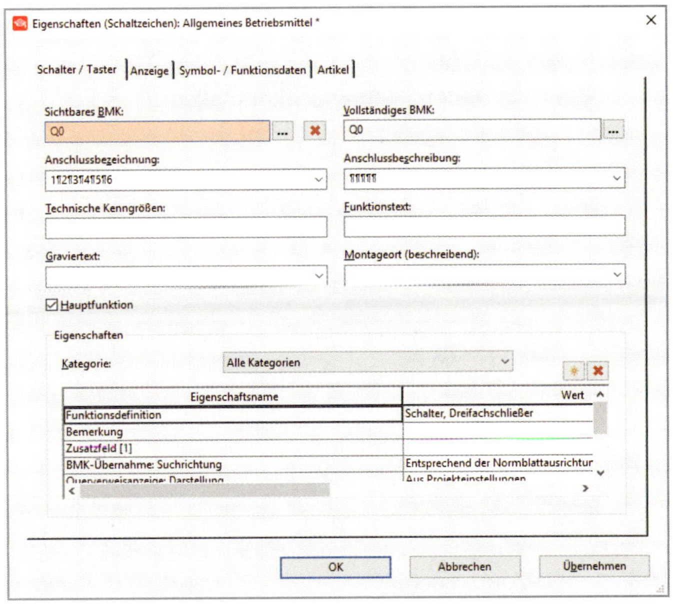

Motorschutzschalter einfügen

Um den Motor und die Leitungen vor Überlast und Kurzschlüssen zu schützen, soll als Nächstes ein Motorschutzschalter platziert werden.

→ Dazu klicken wir wieder auf:
<Einfügen>
<Symbol...>

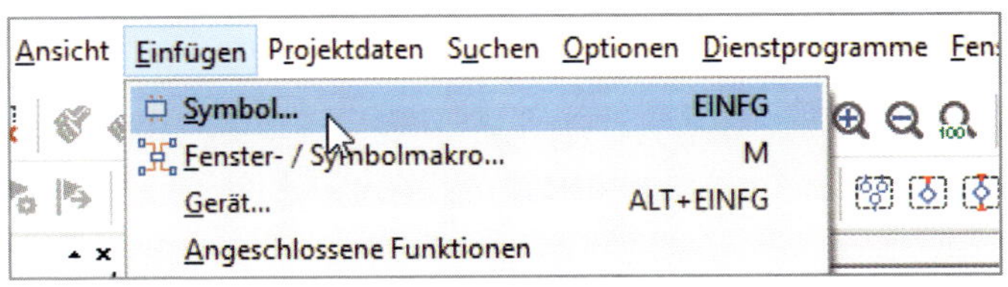

→ Im Dialog „Symbolauswahl“ wählen wir:
<Elektrotechnik>
<Schutzeinrichtung>
<Motorschutzschalter>
<Motorschutzschalter, 6 Anschlüsse>
<QL3>

→ Dann wählen wir die Variante A und bestätigen mit <OK>.

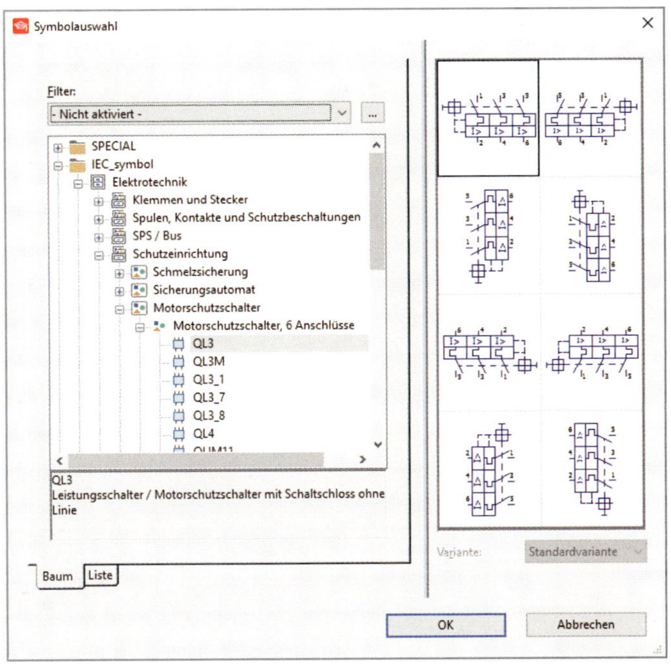

→ Der Motorschutzschalter hängt am Mauszeiger und kann mit einem Klick unter dem Hauptschalter platziert werden.

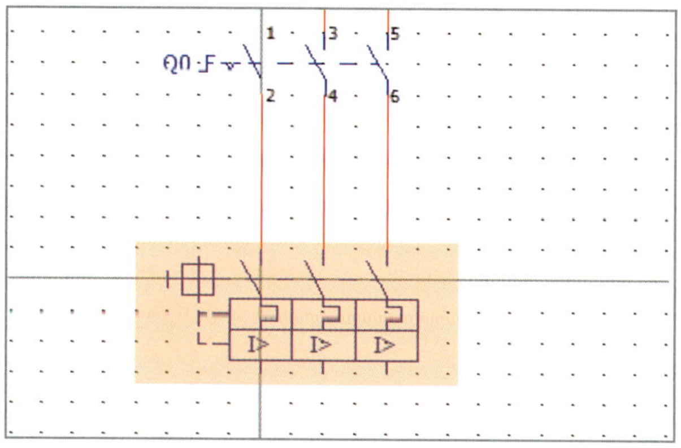

Der Dialog „Eigenschaften (Schaltzeichen)“ erscheint.

→ Wir geben „F4“ als BMK ein und bestätigen mit <OK>.

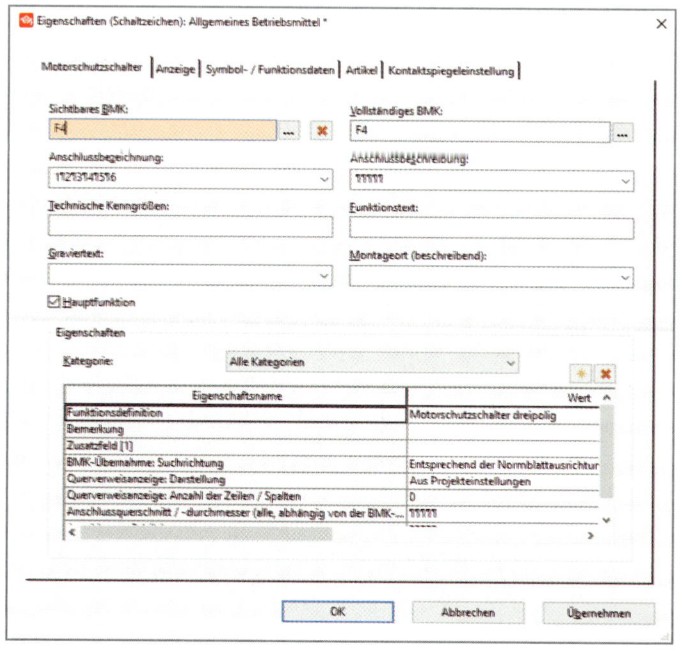

Der Schaltplan sollte nun so aussehen wie im Bild rechts dargestellt.

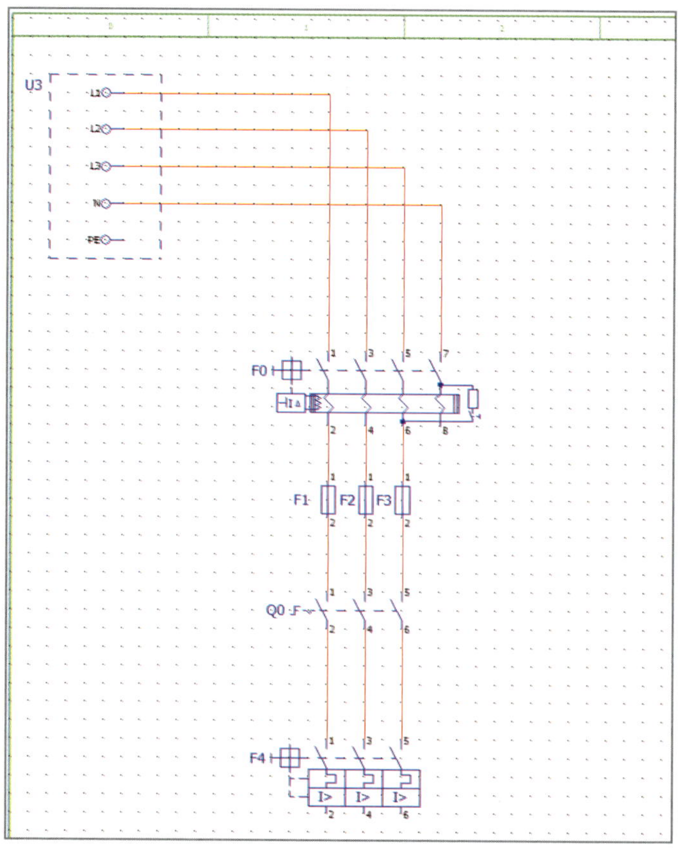

Schützkontakte einfügen

Als Nächstes müssen die Schützkontakte eingefügt werden, um die Wendeschützschaltung zu erstellen.

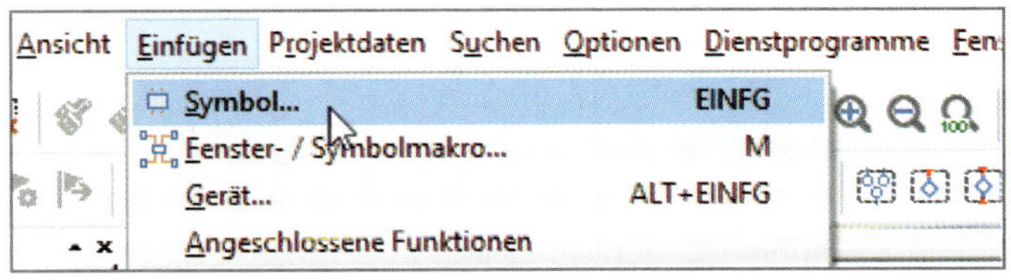

→ Dazu klicken wir wieder auf:
<Einfügen>
<Symbol...>

→ Der Dialog „Symbolauswahl" erscheint und wir wählen:
<Elektrotechnik>
<Spulen, Kontakte und Schutzbeschaltungen>
<Schließer>
<Schließer, 2 Anschlüsse>
<SL>

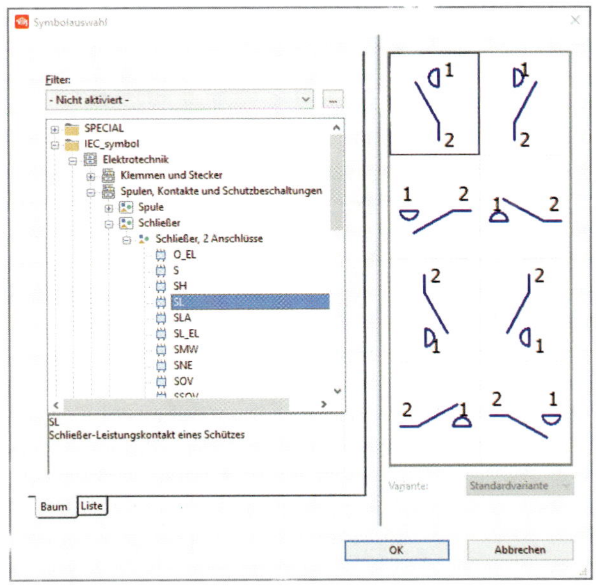

Wir nehmen <SL>-Kontakte, da es sich um Leistungskontakte eines Hauptschützes handelt.

→ Wir wählen die Symbolvariante A und bestätigen mit <OK>.

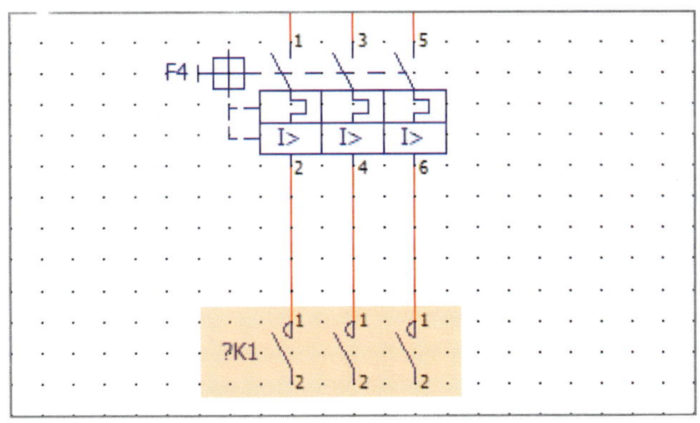

→ Der Schützkontakt hängt nun am Mauszeiger und kann mit einem Klick unter dem Anschluss 2 von F4 platziert werden. Durch Halten der linken Maustaste beim Platzieren können sofort drei Kontakte für L1, L2 und L3 gesetzt werden.

→ Den Dialog „Eigenschaften (Schaltzeichen)" erhalten wir durch einen Doppelklick auf die Schützkontakte.

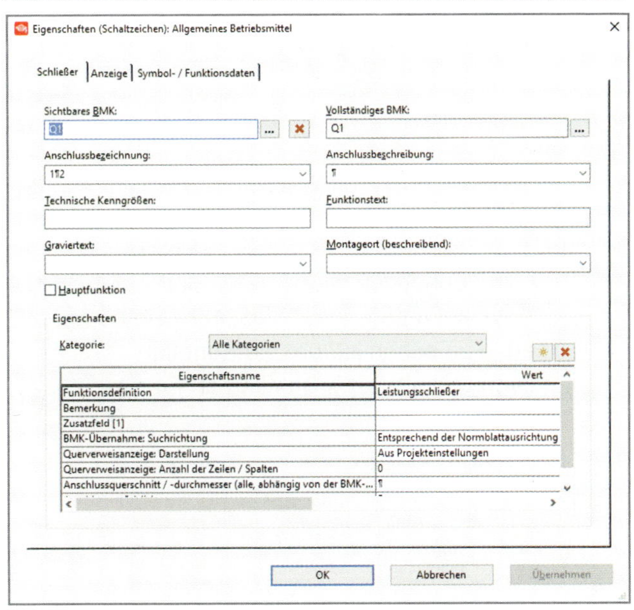

→ Wir nennen das Schütz „Q1", wählen „1¶2" als Anschlussbezeichnung für den ersten Kontakt, „3¶4" für den zweiten Kontakt und „5¶6" für den dritten Kontakt und bestätigen mit <OK>. Das „¶-Symbol" erhalten wir durch Drücken der Tastenkombination von <Alt Gr> + <Enter>.

Tipp: Wollen wir für alle Kontakte auf einmal die Anschlussbezeichnung „1¶2¶3¶4¶5¶6" eingeben, so müssen wir unter <Optionen>, <Einstellungen>, <Projekte>, *<Laserbearbeitungszelle>*, <Verwaltung>, <Kompatibilität> „Anschlussbezeichnung übernehmen" aktivieren.

→ Wir benötigen ein weiteres Schütz, Q2, für den Rückwärtslauf. Dieses kann auf die gleiche Weise wie zuvor erstellt werden oder durch das Kopieren der drei Kontakte von Q1.

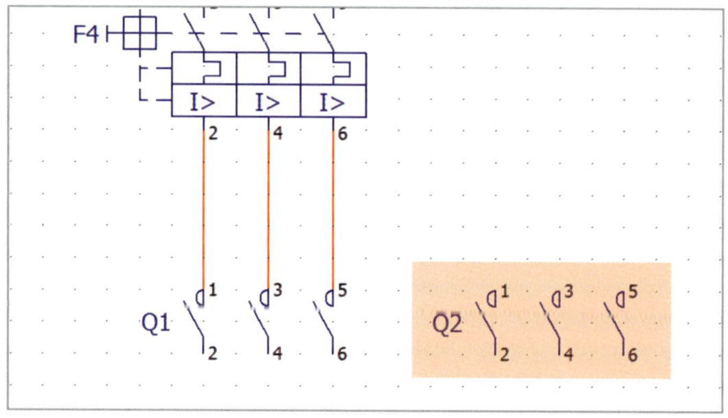

Bei Q2 ist auf die richtige Betriebsmittelkennzeichnung und Anschlussbezeichnung zu achten. Eventuell muss durch Klicken auf die einzelnen Schließer das BMK entfernt werden.

Die Schützkontakte von Q2 für den Rückwärtslauf müssen als Nächstes mit dem Motorschutzschalter verbunden werden. Dafür verwendet man T-Stücke.

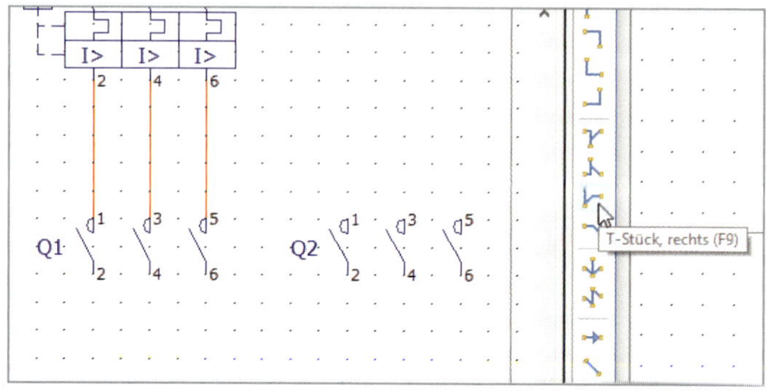

→ Dazu wählen wir das „T-Stück, rechts“ aus den Verbindungssymbolen in der rechten Symbolleiste aus.

Die T-Stücke können ebenfalls auf einmal eingefügt werden.

→ Dazu ziehen wir bei gedrückter Maustaste eine schräge Linie, wie im Bild gezeigt, von der linken zur rechten Leitung.

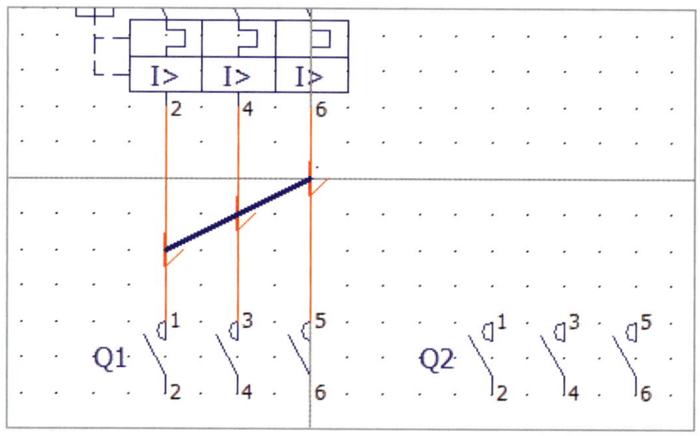

Die Schräge der blauen Linie ist hierbei wichtig, da sie den Abstand der T-Stücke zueinander bestimmt.

Wichtig: Werden die Knoten als Punkte angezeigt, kann man über <Optionen>, <Einstellungen>, <Projekte>, <Grafische Bearbeitung>, <Verbindungsabzweigung darstellen> „Mit Zielfestlegung“ aktivieren und die Winkel werden als Winkel angezeigt, siehe rechts.

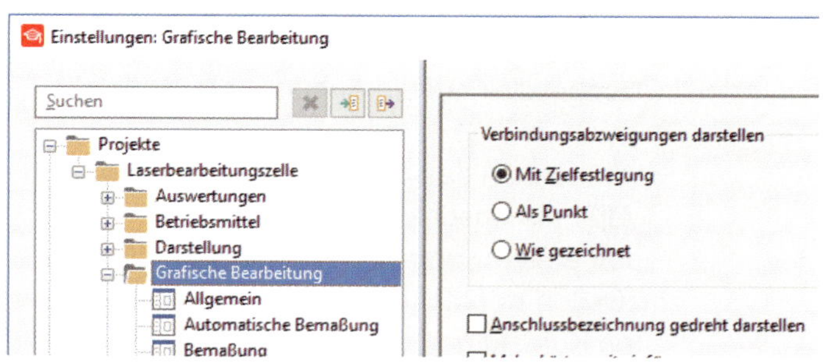

→ Nun benötigen wir das Element „Winkel unten, links“, das im rechten Bild zu sehen ist, um die Kontakte von Q2 mit den T-Stücken an F4 zu verbinden.

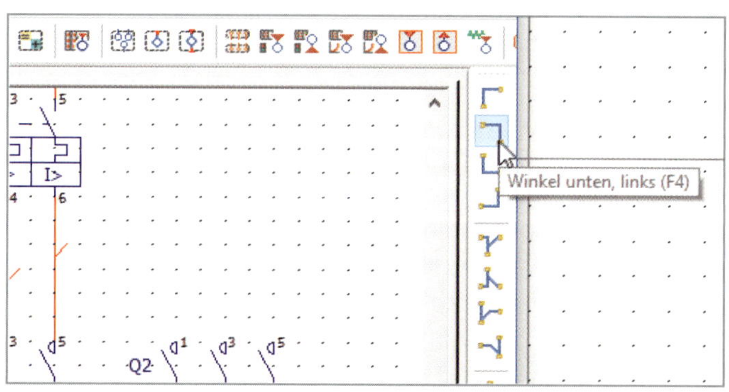

→ Diese können nun mit gehaltener Maustaste an der dargestellten Position eingefügt werden.

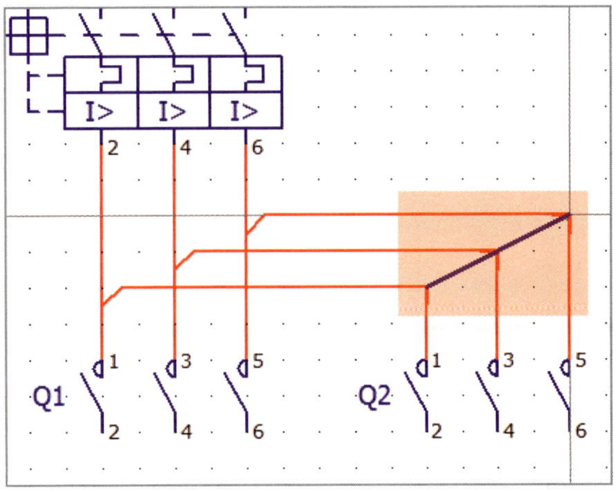

→ Wir verwenden das T-Stück, rechts, um die Kontakte der Schütze Q1 und Q2 mit Leitungen zu verbinden.

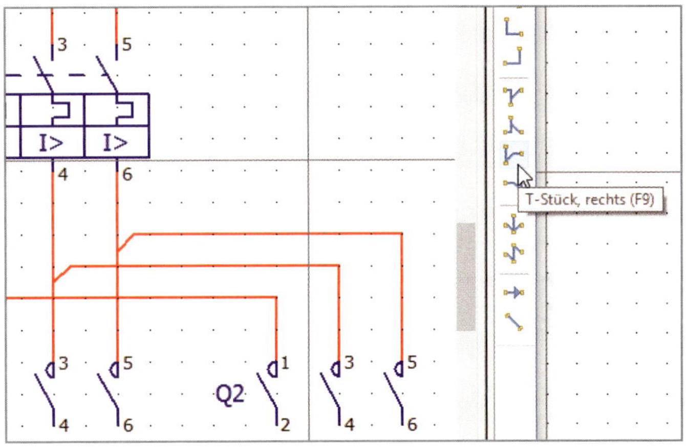

Wichtig: Hier müssen wir auf die Verdrahtungsrichtung achten. In dem rechts dargestellten Beispiel wollen wir von Q2 zu Q1 und von da nach unten gehen.
Dazu müssen wir das T-Stück, rechts durch Bestätigen der Tabulator-Taste drehen und dann platzieren.

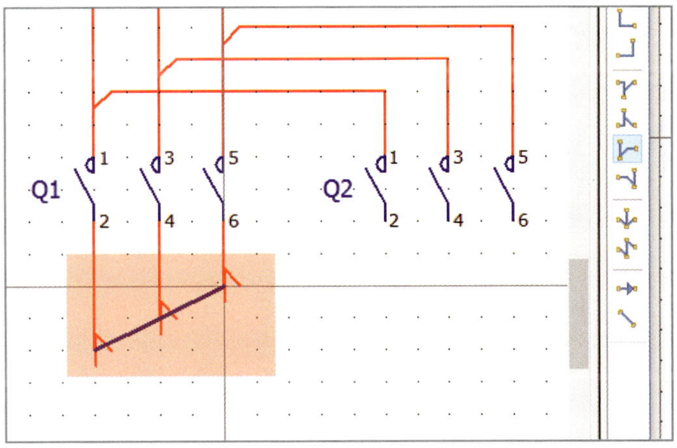

→ Die gedrehten T-Stücke, rechts fügen wir, wie dargestellt, unter Q1 ein.

→ Die Leitungen erscheinen wie gewohnt automatisch.

→ Mit dem „Winkel oben, links" können nun die Kontakte von Q2 mit den T-Stücken verknüpft werden.

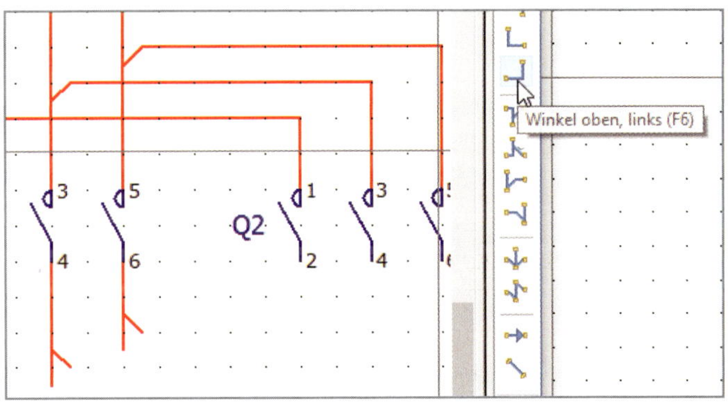

→ Wichtig ist hierbei, dass die Winkel, wie hier gezeigt, eingefügt werden. Dadurch werden die Phasen L1 und L3 getauscht, sodass ein Schütz für die Linksdrehung und das andere für die Rechtsdrehung sorgt.

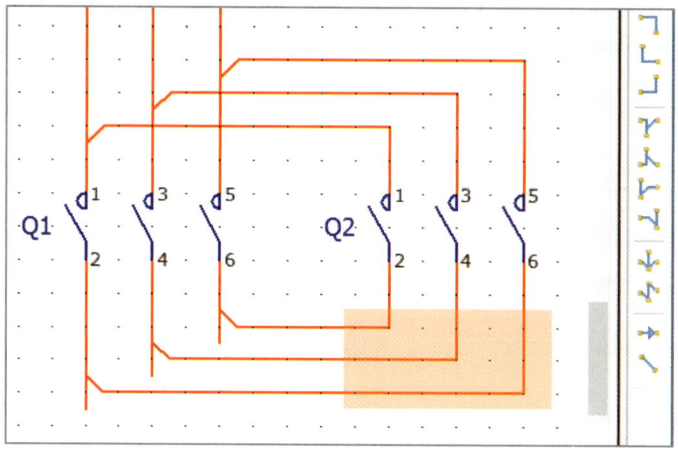

Drehstrommotor einfügen

Als letztes Betriebsmittel im Hauptstromkreis fügen wir nun den Drehstrommotor ein. Wir haben einen Motor mit drei Phasen und PE-Anschluss.

Dazu klicken wir wieder auf:
<Einfügen>
<Symbol...>

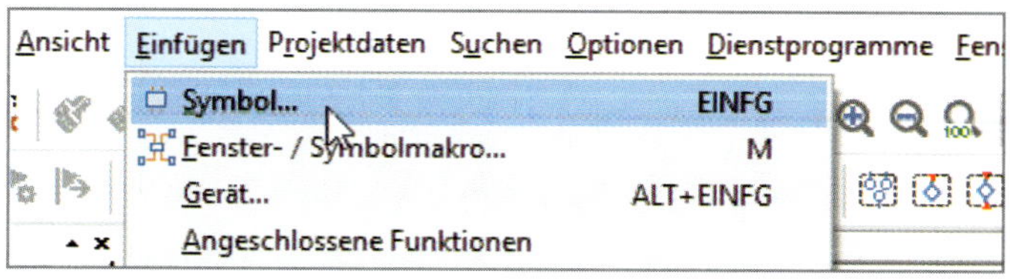

→ Im Dialog „Symbolauswahl" unter
<Elektrotechnik>
<Leistungsverbraucher>
<Motor>
<Motor mit PE, 4 Anschlüsse>
<M3_1>
wählen wir Symbolvariante E.

→ Durch einen Klick auf <OK> schließen wir die Auswahl ab.

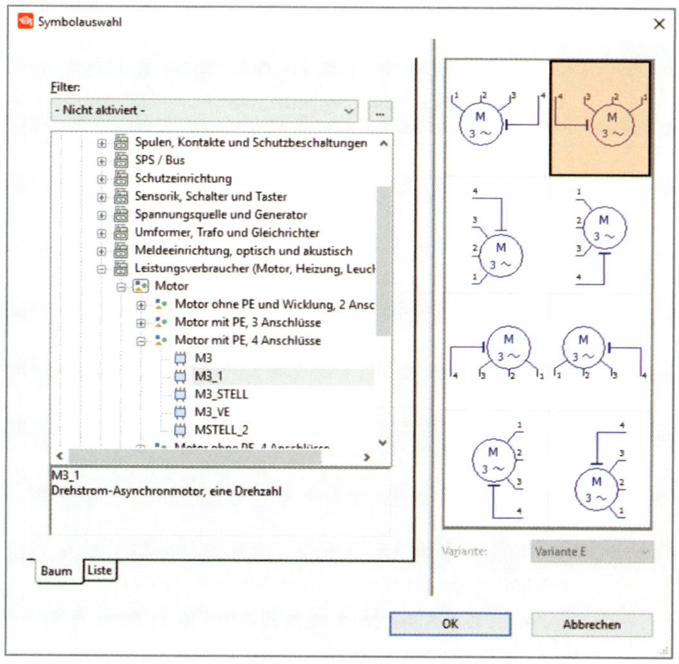

→ Den Motor platzieren wir unter den T-Stücken.

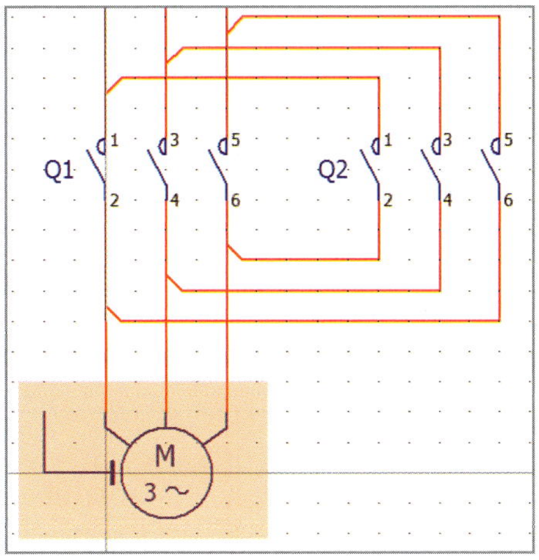

→ Im darauffolgenden Dialog benennen wir den Drehstrommotor mit „M1“, ändern die Anschlussbezeichnung zu „W1¶V1¶U1¶PE“ und bestätigen mit <OK>.

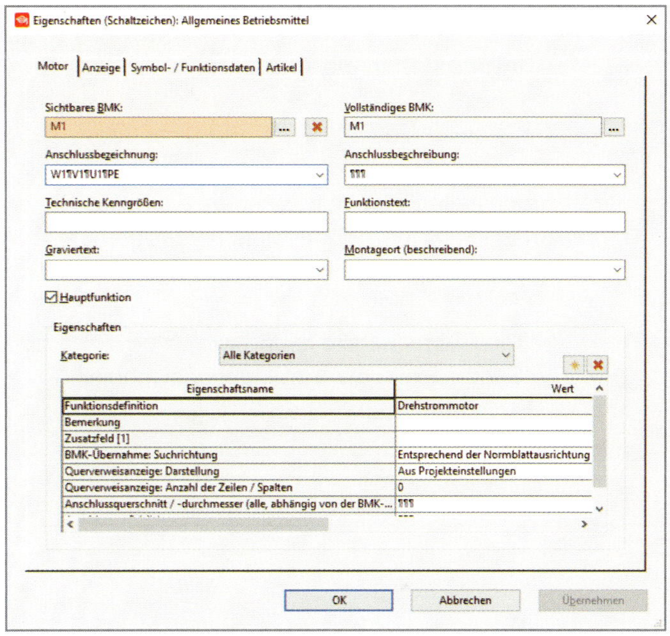

Nun muss noch der Schutzleiter aus dem Gerätekasten mit dem Motor verbunden werden.

→ Dies erreicht man durch das Setzen von drei Winkeln.

Der Schaltplan sollte nun wie rechts dargestellt aussehen.

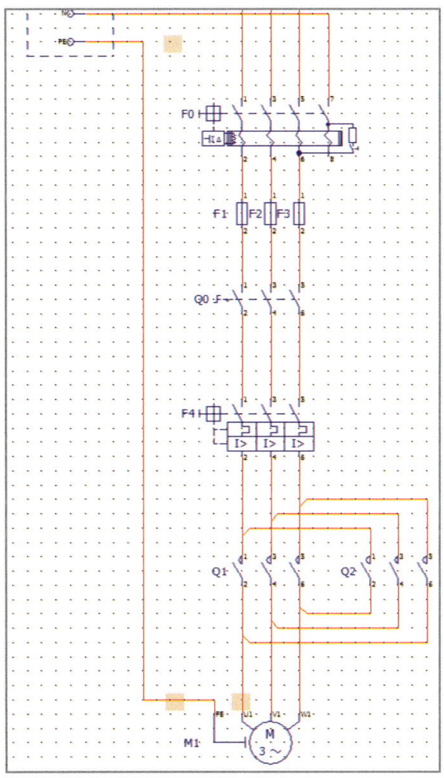

Der Neutralleiter wird im Hauptstromkreis nicht verwendet und kann daher direkt in den Steuerstromkreis weitergeführt werden.

→ Dazu fügen wir die notwendigen Winkel ein, um die Leitung zum rechten Rand des Blattes zu führen.

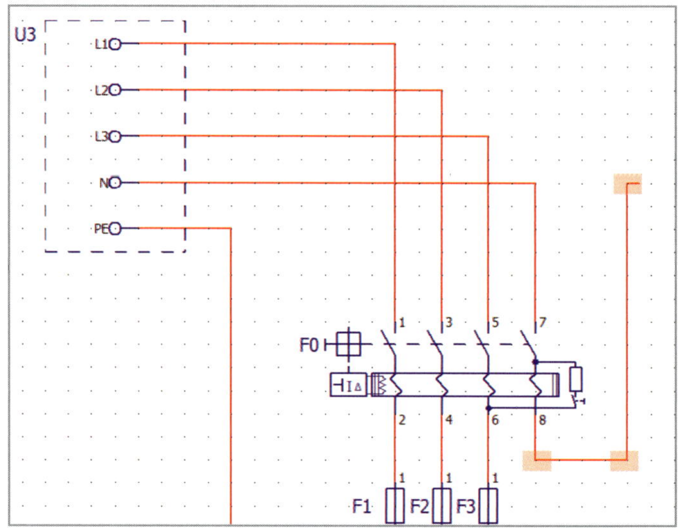

Abbruchstellen einfügen

Um Potenziale (L1, L2, N, PE ...) auf anderen Seiten weiterzuführen, müssen Abbruchstellen eingefügt werden. Eine Abbruchstelle führt das Potenzial auf einer anderen Schaltplanseite weiter.

→ Die Abbruchstelle finden wir in der Symbolleiste der Verbindungssymbole auf der rechten Seite.

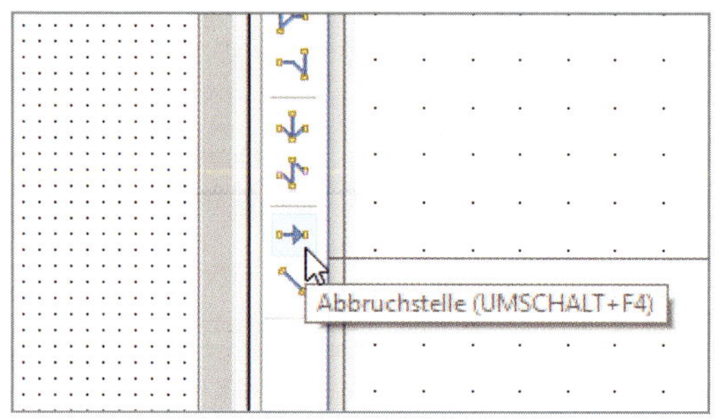

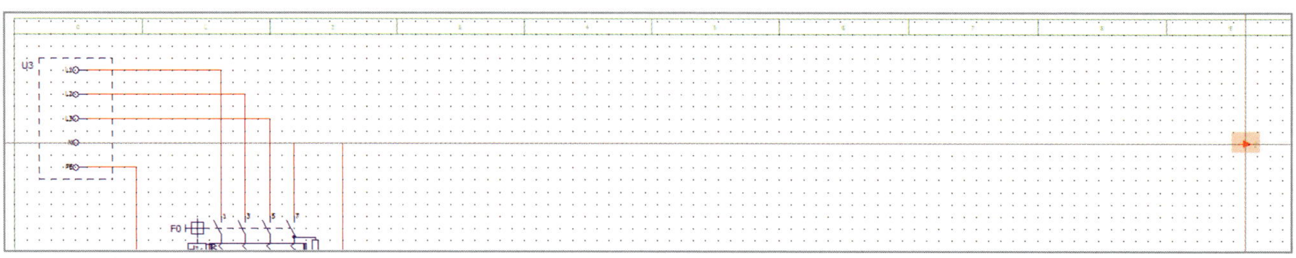

→ Der Pfeil wird dazu am rechten Rand der Seite platziert und die Leitung wird automatisch erstellt, siehe Abbildung oben.

→ Im Dialog „Eigenschaften (Schaltzeichen)“ geben wir als Bezeichnung „N“ ein und bestätigen mit <OK>.

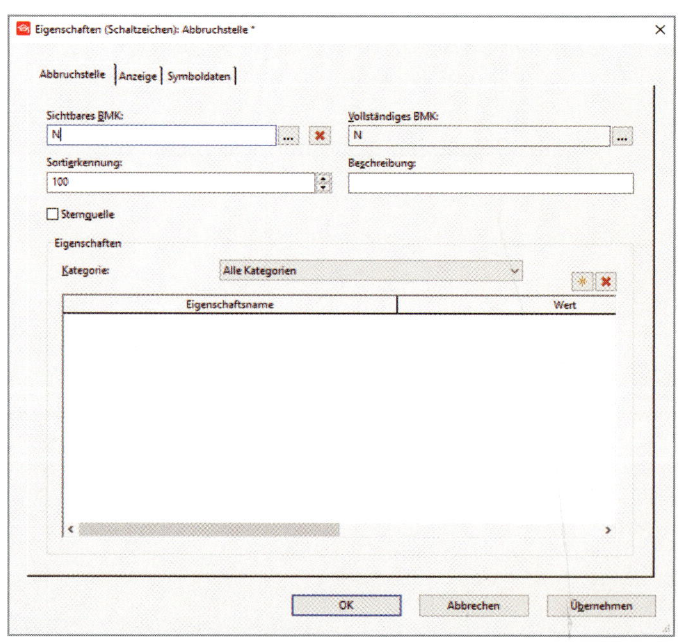

→ Die Phase L1 muss ebenfalls in den Steuerstromkreis weitergegeben werden.

→ Dafür setzen wir das passende T-Stück an die dargestellte Position.

→ Die Phase wird erst hinter dem Hauptschalter abgegriffen, damit der Steuerstromkreis ebenfalls durch den Hauptschalter getrennt wird.

→ Durch eine neue Abbruchstelle und weitere Winkel wird L1 zum rechten Rand geführt und die Abbruchstelle mit „L1“ benannt, siehe Abbildung unten.

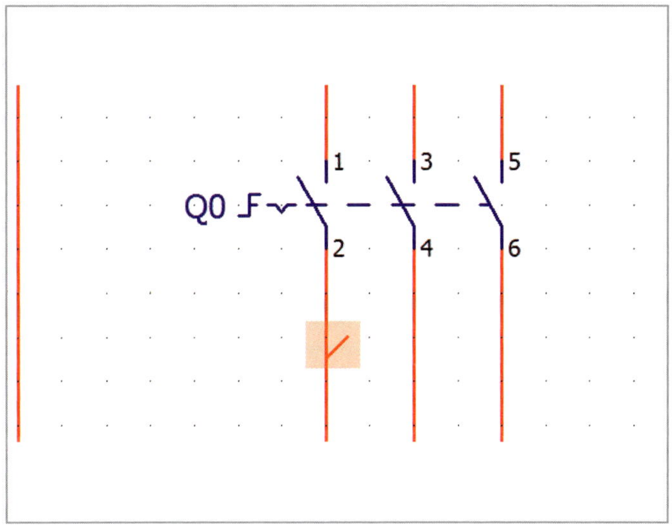

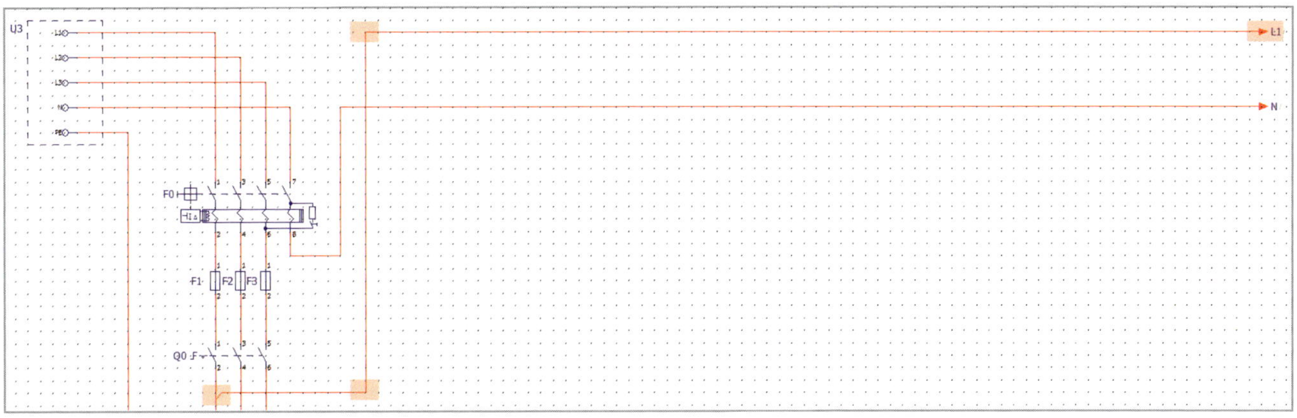

Der Hauptstromkreis ist nun fertig und sollte wie in der Abbildung unten aussehen.

Die Klemmen, Stecker und technischen Größen werden erst später hinzugefügt.

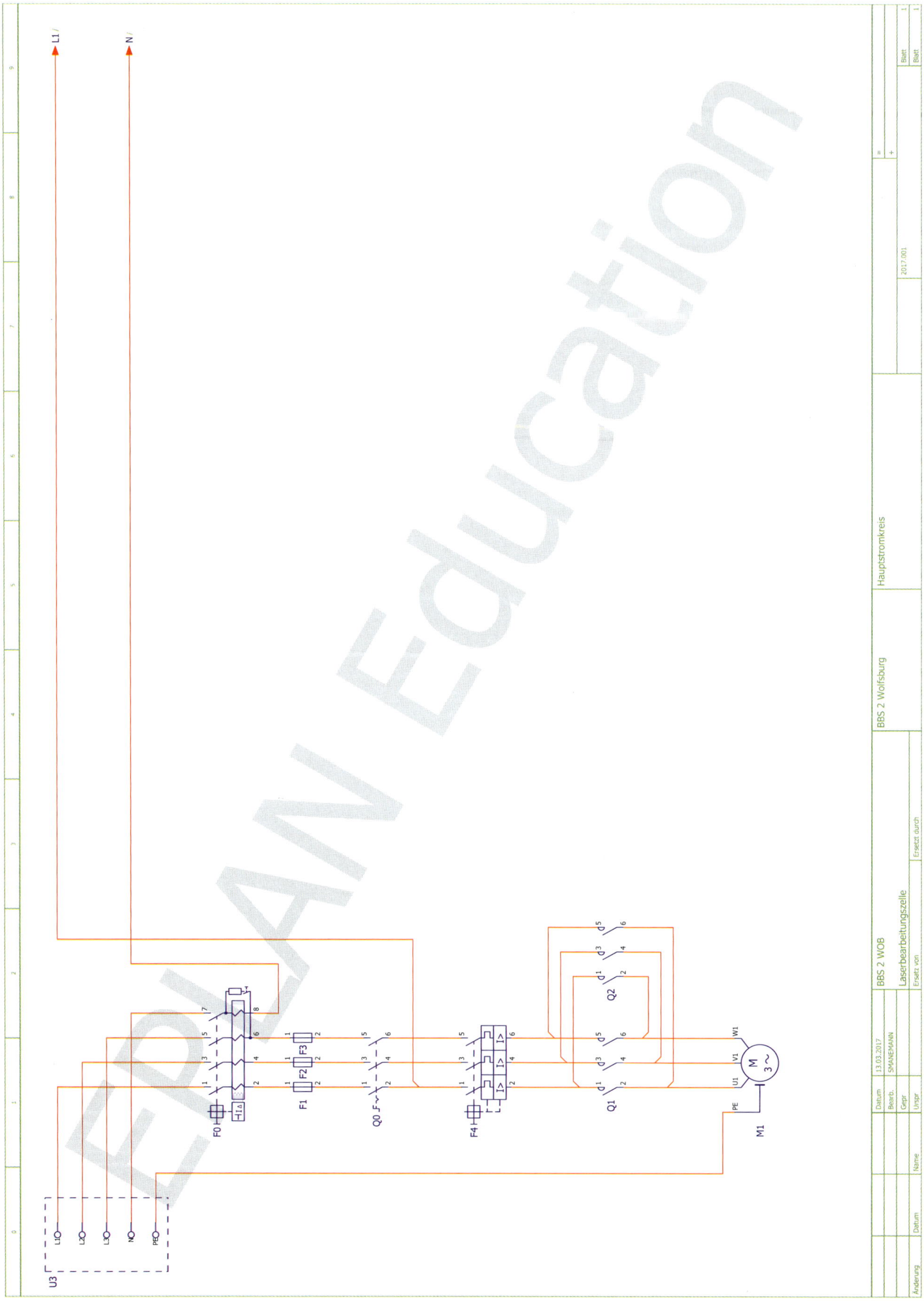

4 Den Steuerstromkreis zeichnen

Jetzt folgt der Steuerstromkreis. Im Steuerstromkreis werden die Betriebsmittel eingefügt, die für die Steuerung der Anlage zuständig sind. Über den Steuerstromkreis wird in diesem Fall der Motor im Hauptstromkreis angesteuert.

Für den Steuerstromkreis werden u. a. eine 24-VDC-Stromversorgung, ein NOT-AUS-Schalter, Start- und Stopp-Taster für die Freigabe der Steuerspannung sowie Taster für den Rechts-/Linkslauf zum Ansteuern des Motors benötigt. Zur Anzeige der Betriebszustände der Anlage werden Leuchtmelder eingesetzt.

Dazu fügen wir für den Steuerstromkreis wieder eine neue Seite ein.

Seite den für Steuerstromkreis einfügen

→ Durch einen Rechtsklick auf unser Projekt öffnet sich das Menü und wir erstellen über <Neu...> eine neue Seite.

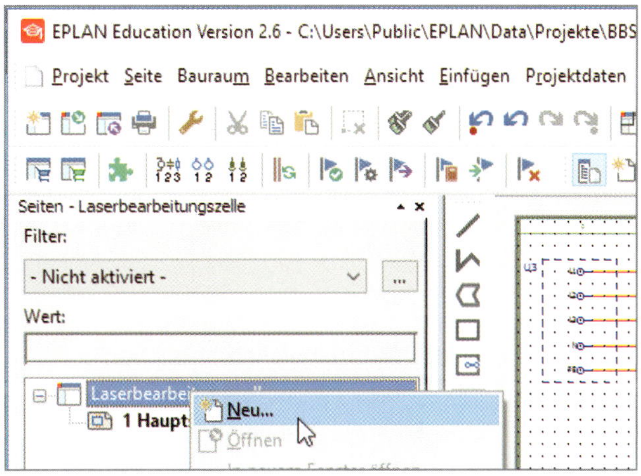

→ Bei „Vollständiger Seitenname“ geben wir „2“ ein und wählen unter Seitentyp „Schaltplan allpolig (I)“ aus.

→ Als Seitenbeschreibung wählen wir „Steuerstromkreis“ und bestätigen mit <OK>.

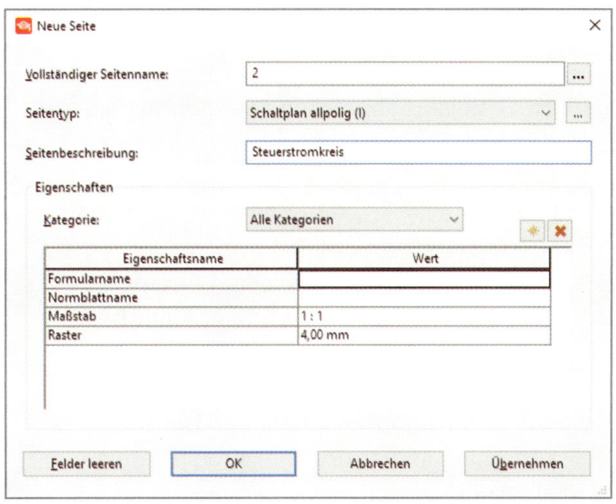

Abbruchstellen einfügen

Die neue Seite erscheint und als Erstes führen wir die Abbruchstellen vom Hauptstromkreis in den Steuerstromkreis ein.

→ Dazu wählen wir das Symbol „Abbruchstelle“ aus.

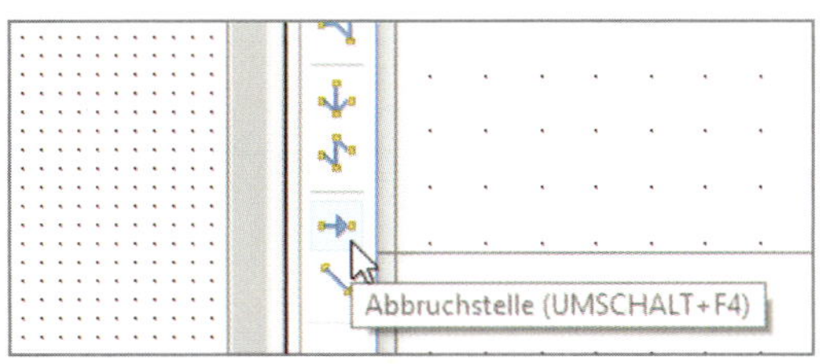

→ Wir fügen die Abbruchstelle für L1 in der linken oberen Ecke der Seite ein.

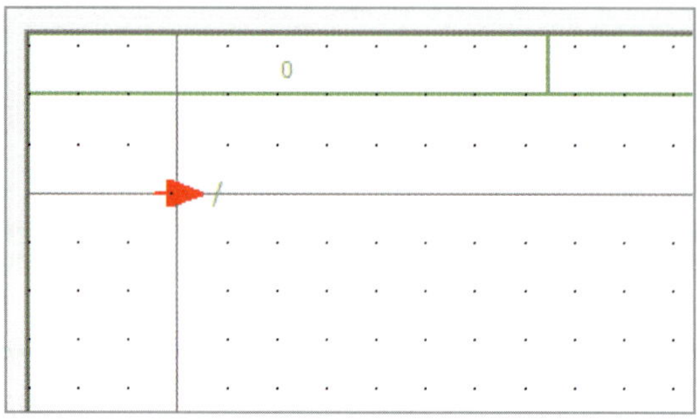

Der Dialog „Eigenschaften (Schaltzeichen)“ öffnet sich.

→ Unter „Sichtbares BMK“ geben wir dieses Mal nichts selbst ein, sondern klicken auf <...>.

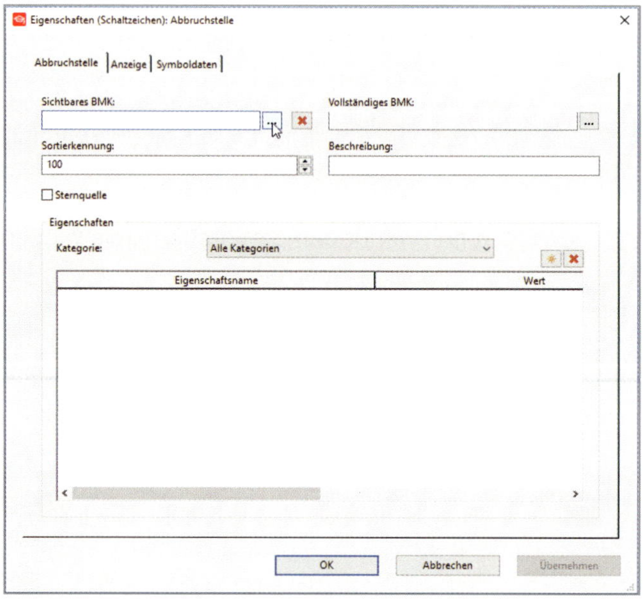

→ Im Dialog „Abbruchstellen abbuchen“ wählen wir unsere Abbruchstelle aus dem Hauptstromkreis für L1 aus und klicken auf <OK>.

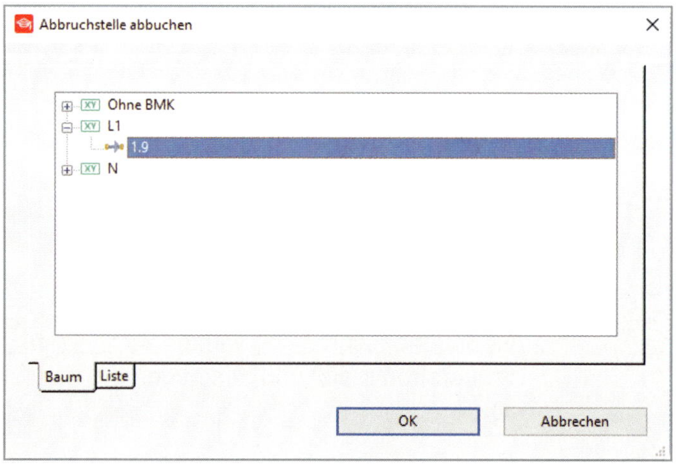

Die Abbruchstellen werden nun automatisch verknüpft. So kann an beiden Abbruchstellen abgelesen werden, woher das Potenzial kommt bzw. wohin das Potenzial geht.

Tipp: Je nachdem, in welchem Strompfad die Abbruchstelle von L1 liegt, kann hier statt 1.9 auch 1.5 oder Ähnliches stehen. Der Strompfad ist die Spalte, in der sich der verknüpfte Punkt befindet. Die Spalte kann man immer oben im Arbeitsbereich ablesen.

→ Im Register „Anzeige“ muss nun noch die Position der BMK verändert werden, damit die Betriebsmittelkennzeichnung links neben der Abbruchstelle erscheint.

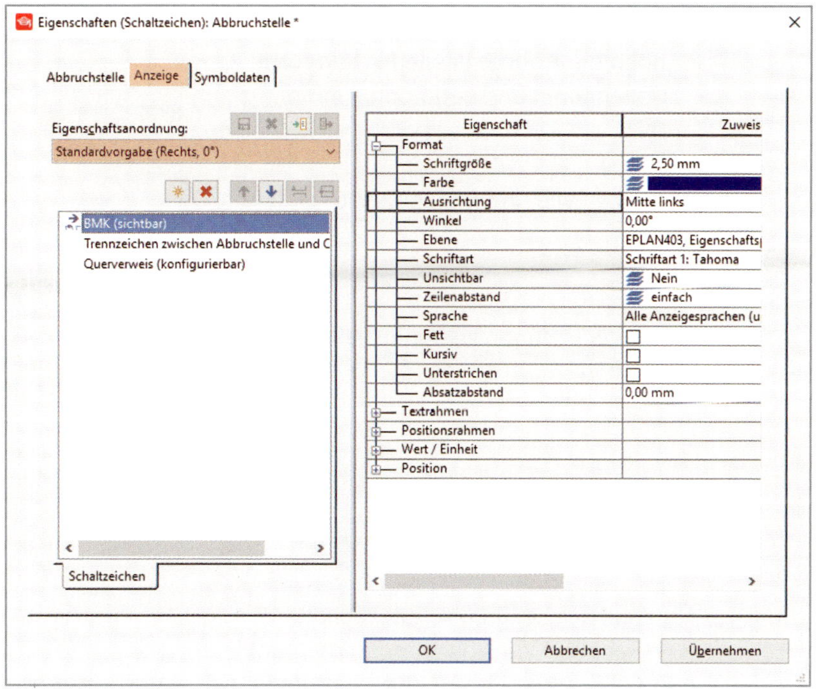

→ Unter „Eigenschaftsanordnung“ wählen wir dafür „Links, 0°“ und bestätigen mit <OK>.

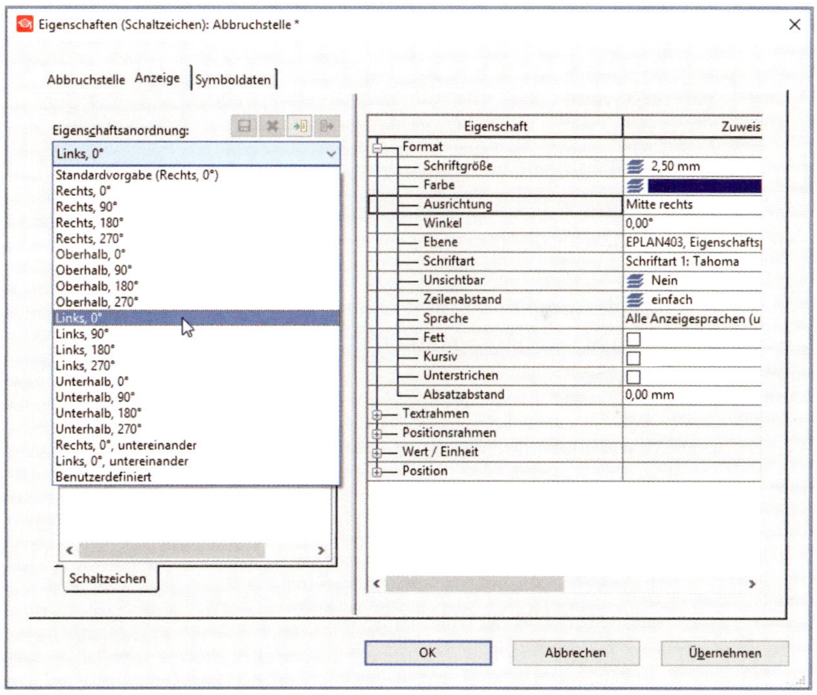

→ Analog zur Phase L1 fügen wir nun noch die Abbruchstelle für den Neutralleiter ein und verknüpfen ihn mit „N“.

Er sollte, wie im Bild gezeigt, platziert werden.

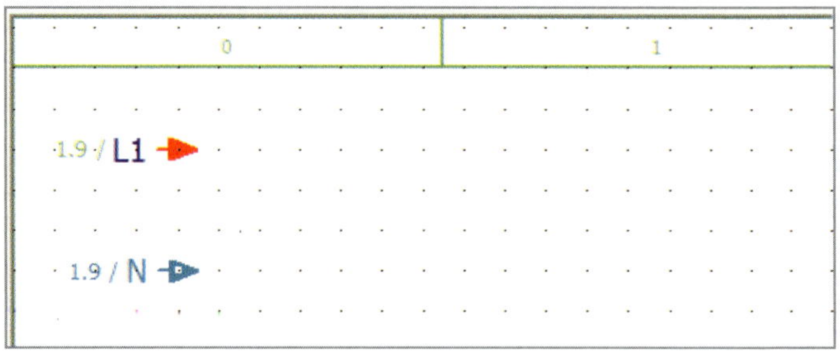

→ Neben L1 fügen wir einen Winkel ein.

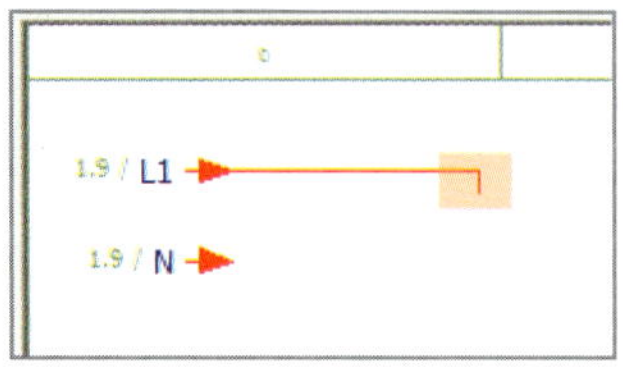

Leitungsschutzschalter einfügen

Nun soll der Leitungsschutzzschalter (LS-Schalter) zur Absicherung der nachfolgenden Stromversorgung eingefügt werden.

→ Wir klicken dazu auf:
<Einfügen>
<Symbol...>

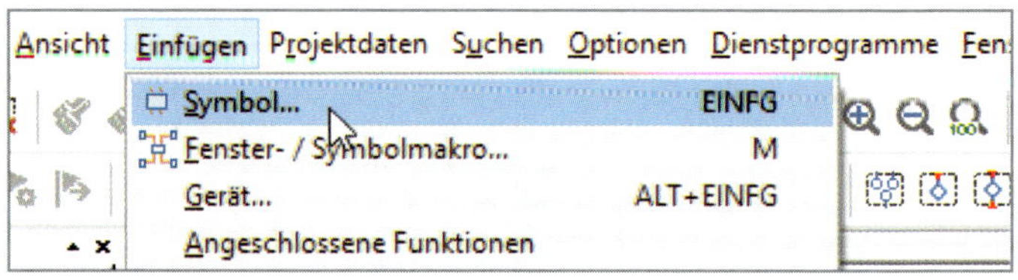

→ Der Dialog „Symbolauswahl“ erscheint und wir wählen:
<Elektrotechnik>
<Schutzeinrichtung>
<Sicherungsautomat>
<Einfachsicherungsautomat>
<FA1>

→ Wir wählen die Variante A und bestätigen mit <OK>.

→ Die Sicherung platzieren wir unter dem Winkel und benennen sie im nächsten Dialog mit „F5“.

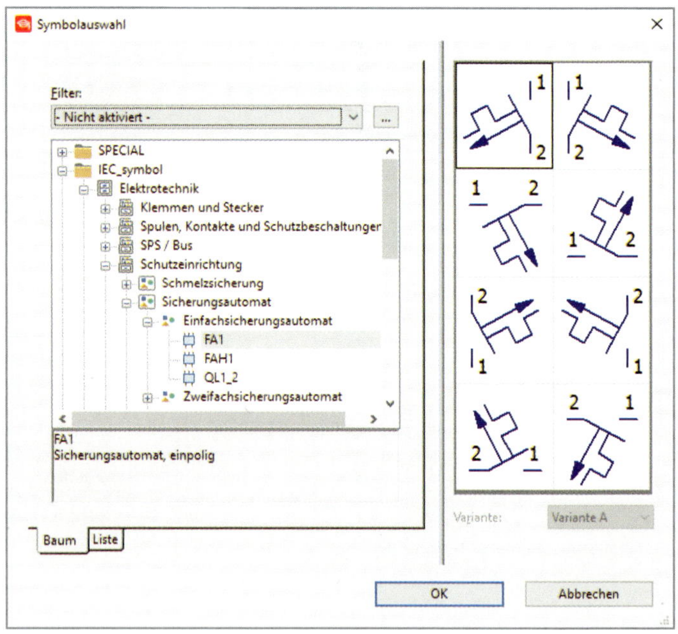

→ Als Nächstes muss ein Winkel, wie dargestellt, eingefügt werden.

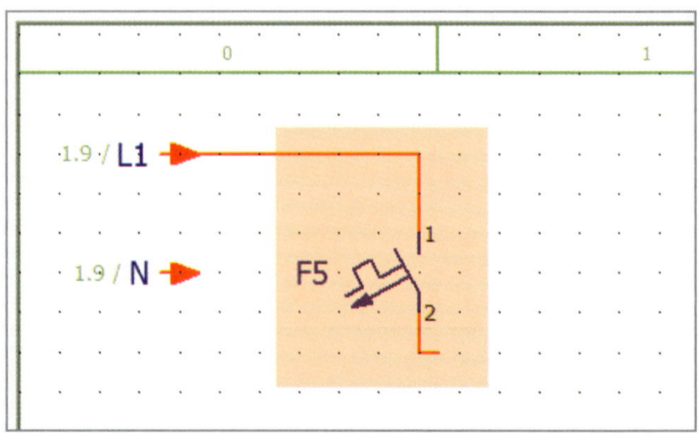

Stromversorgung einfügen

Nun soll die Stromversorgung für den Steuerstromkreis eingefügt werden.

→ Wir klicken dazu erneut auf:
<Einfügen>
<Symbol…>

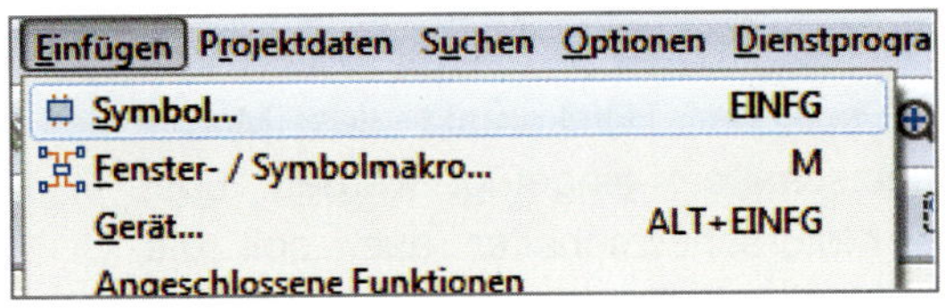

Da ein Schaltnetzteil verwendet werden soll, müssen wir das Symbol aus der Gruppe „Gleichrichter" wählen.

→ Im Dialog wählen wir
<Elektrotechnik>
<Umformer, Trafo und Gleichrichter>
<Gleichrichter>
<Gleichrichter, variabel>
<G22>
<Variante F>
und bestätigen mit <OK>.

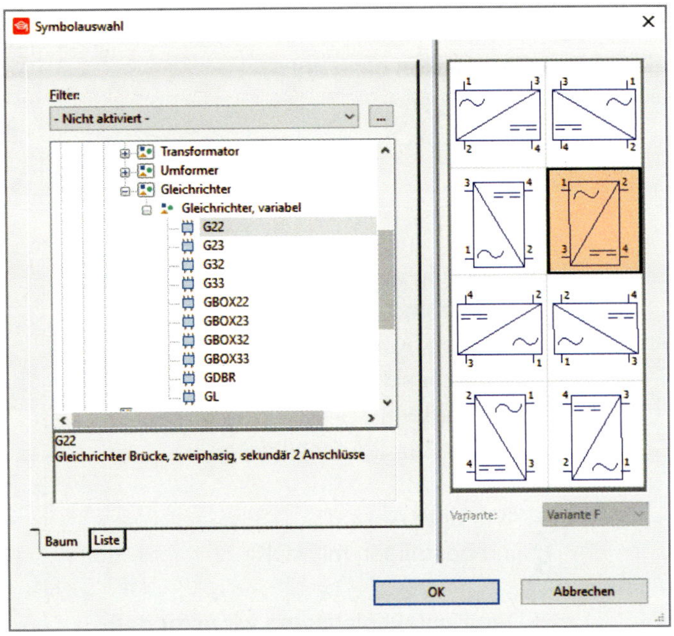

→ Wir platzieren das Gerät so, dass der Kontakt 1 am eben eingefügten Winkel anliegt.

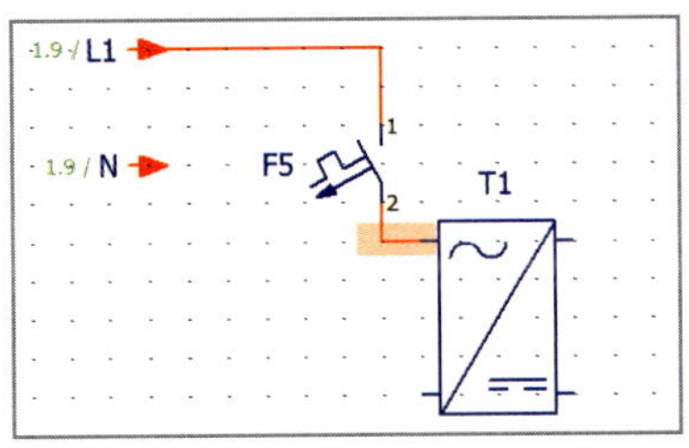

→ Im Anschluss ändern wir das sichtbare BMK auf T1 sowie die Anschlussbezeichnungen auf L1, +24V, N und 0V.

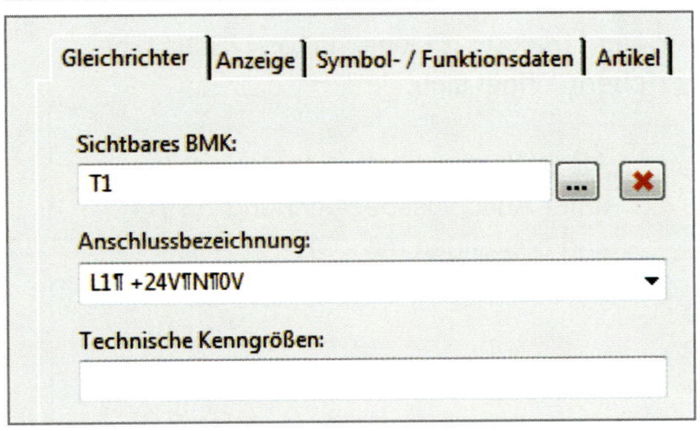

→ Um den Steuerstromkreis weiterzuführen, platzieren wir nun wie rechts dargestellt ein „T-Stück, unten".

→ Außerdem verbinden wir mittels zweier weiterer Winkel den Kontakt 3 der Stromversorgung mit dem N-Leiter.

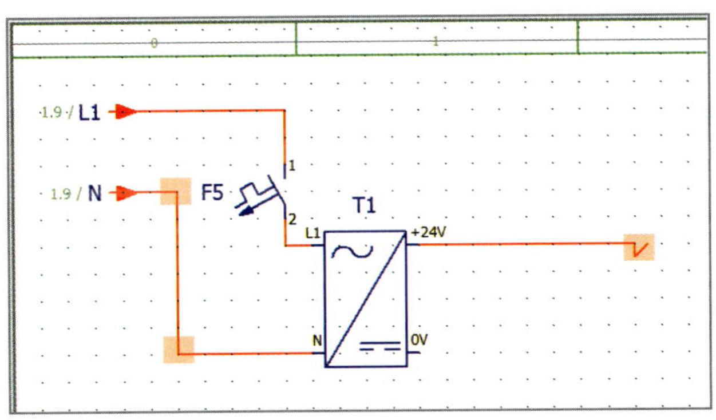

Hilfskontakte des Motorschutzschalters aus dem Hauptstromkreis einfügen

Nun soll der Hilfskontakt des Motorschutzschalters eingefügt werden. Löst der Motorschutzschalter aus, soll die Steuerspannung ebenfalls abgeschaltet werden.

→ Wir klicken dazu auf:
<Einfügen>
<Symbol...>

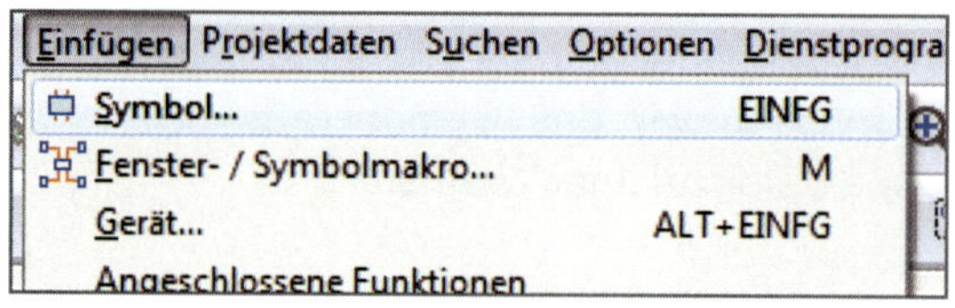

→ Im Dialog wählen wir
<Elektrotechnik>
<Spulen, Kontakte und Schutzbeschaltungen>
<Schließer>
<Schließer, 2 Anschlüsse>
<S>
<Variante A>
und bestätigen mit <OK>.

→ Den Kontakt platzieren wir unter dem T-Stück.

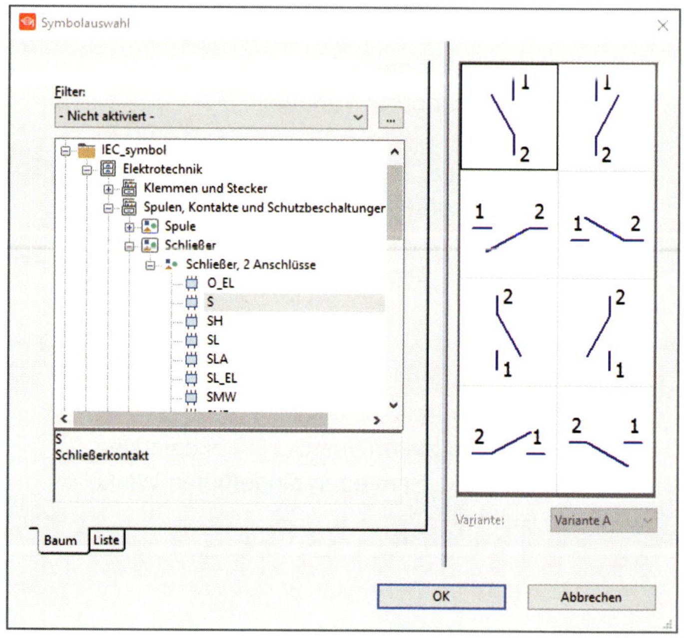

Der Dialog „Eigenschaften (Schaltzeichen)“ öffnet sich.

→ Als BMK geben wir „F4“ ein, wählen unter Anschlussbezeichnung „13¶14“ und bestätigen mit <OK>.

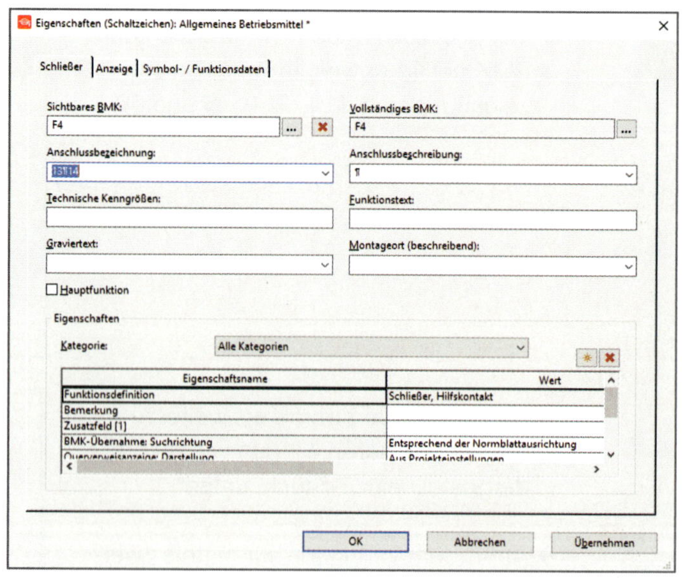

Es wurde automatisch erkannt, dass F4 zu dem Motorschutzschalter im Hauptstromkreis gehört.

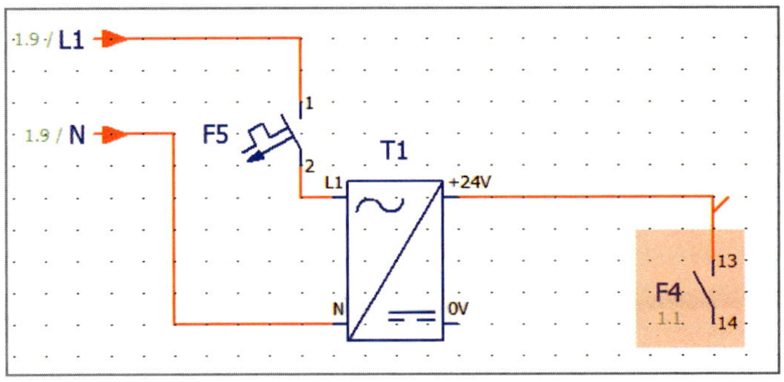

Die „1.1“ deutet an, dass das Gegenstück des Bauteils auf Seite 1 in Strompfad 1 liegt.

Dies ist besonders in umfangreichen Schaltplänen sehr hilfreich.

Tipp: Über einen Klick mit der rechten Maustaste und der Auswahl „Gehe zu (Gegenstück)“ gelangen Sie direkt zum Motorschutzschalter F4.

Ein weiterer Öffnerkontakt von F4 muss auf der rechten Schaltplanseite unter einem Winkel eingefügt werden, damit der ausgelöste Zustand über einen Leuchtmelder angezeigt werden kann.

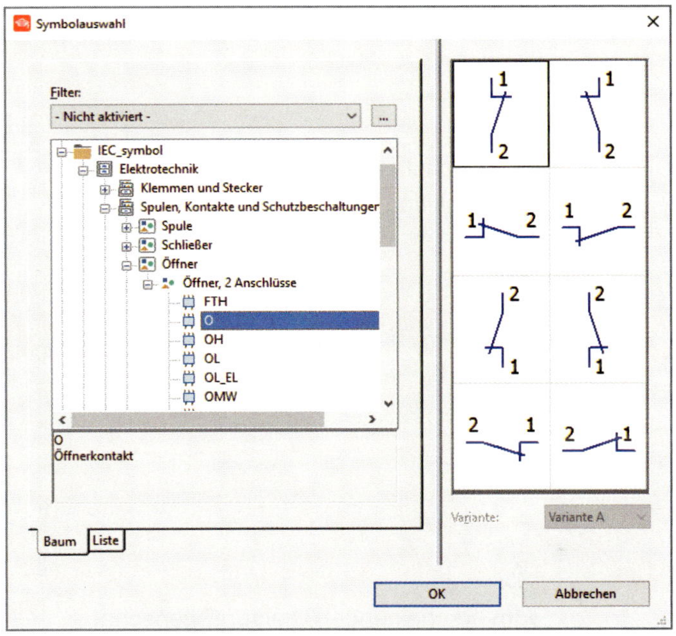

→ Dafür fügen wir ein neues Symbol ein und wählen:
<Elektrotechnik>
<Spulen, Kontakte und Schutzbeschaltungen>
<Öffner>
<Öffner, 2 Anschlüsse>
<O>

→ Wir wählen die Symbolvariante A und bestätigen mit <OK>.

→ Im folgenden Dialog muss beachtet werden, dass die BMK „F4“ gewählt wird und die Anschlüsse „21¶22“ ausgewählt werden.

Das Ergebnis sollte dem unteren Bild ähnlich sehen.

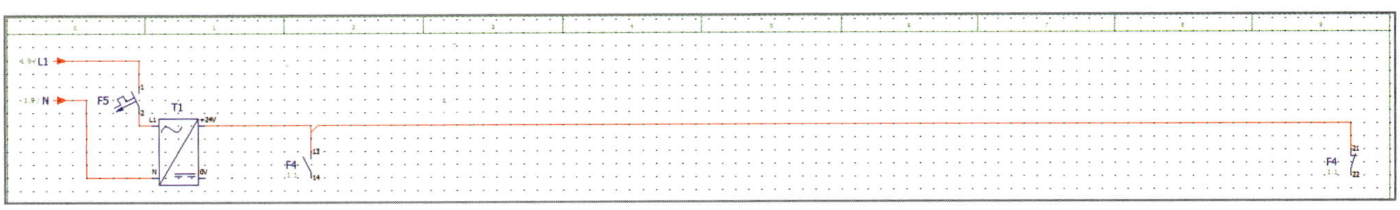

NOT-AUS-Schalter einfügen

Als Nächstes soll ein NOT-AUS-Schalter eingefügt werden. Zum Einsatz kommen soll ein verrastender NOT-AUS-Schalter mit Drehentriegelung.

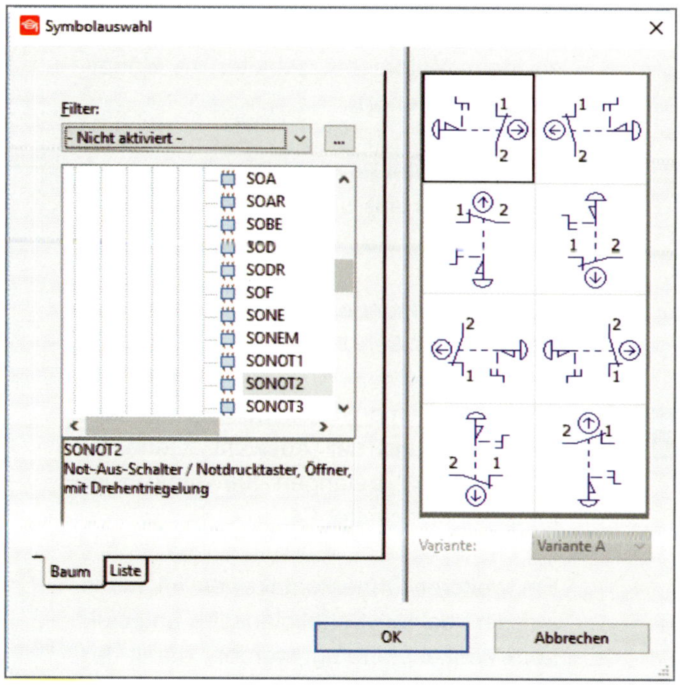

→ Dazu klicken wir auf:
<Elektrotechnik>
<Sensorik, Schalter und Taster>
<Schalter/Taster>
<Schalter/Taster, Öffner,
2 Anschlüsse>
<SONOT2>

→ Wir wählen die Symbolvariante A und bestätigen mit <OK>.

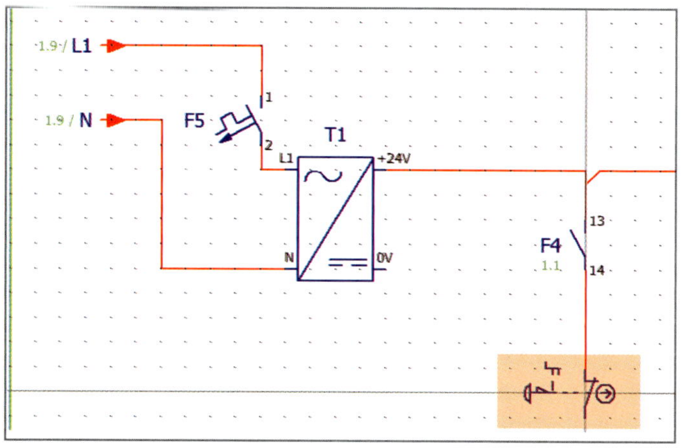

→ Der Schalter muss an der dargestellten Position platziert werden.

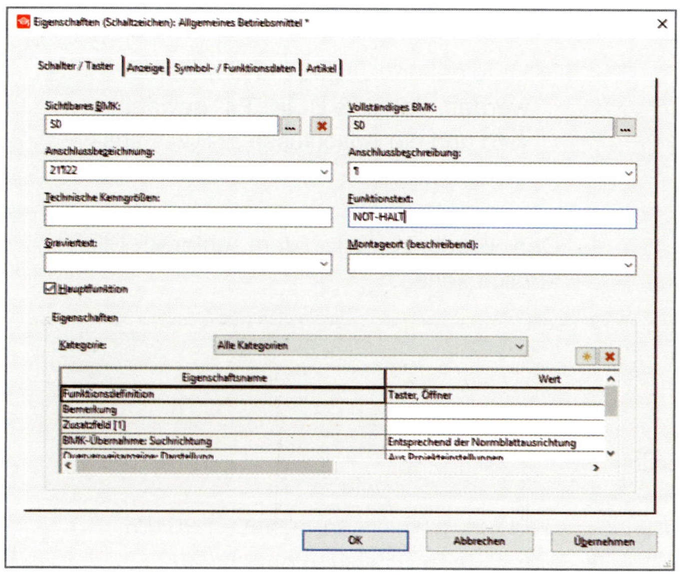

→ Im erscheinenden Dialog „Eigenschaften (Schaltzeichen)“ müssen die BMK „S0“, Anschlüsse „21¶22“ und der Funktionstext „NOT-HALT“ eingetragen werden.

Hinweis: Wird nicht die Spannung weggeschaltet, sondern nur ein Antrieb abgeschaltet, so ist dies ein NOT-HALT und kein NOT-AUS.

STOPP-Taster einfügen

Nun fügen wir den Öffner des STOPP-Tasters ein.

→ Wir wählen unter
<Elektrotechnik>
<Sensorik, Schalter und Taster>
<Schalter/Taster>
<Schalter/Taster, Öffner, 2 Anschlüsse>
<SOA>
die Symbolvariante A aus und bestätigen mit <OK>.

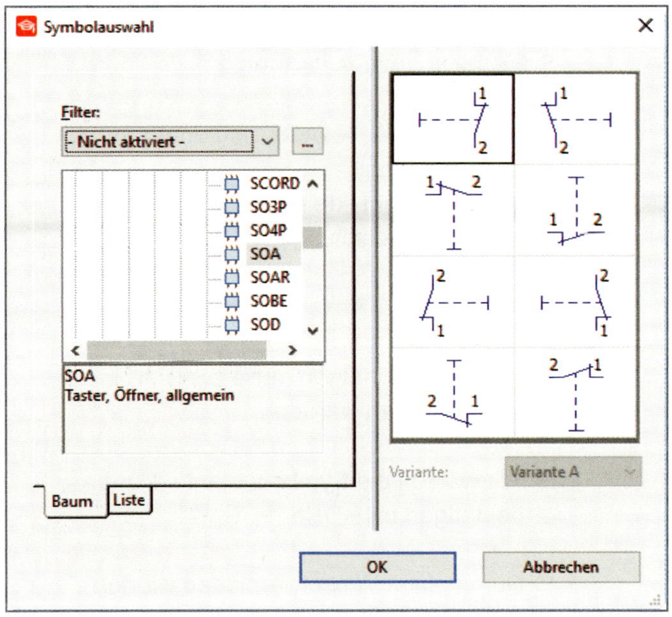

→ Den Taster platzieren wir im Schaltplan, geben als BMK „S2“ und als Funktionstext „STOPP“ ein.

→ Unter dem Taster benötigen wir ein T-Stück und fügen dieses ein.

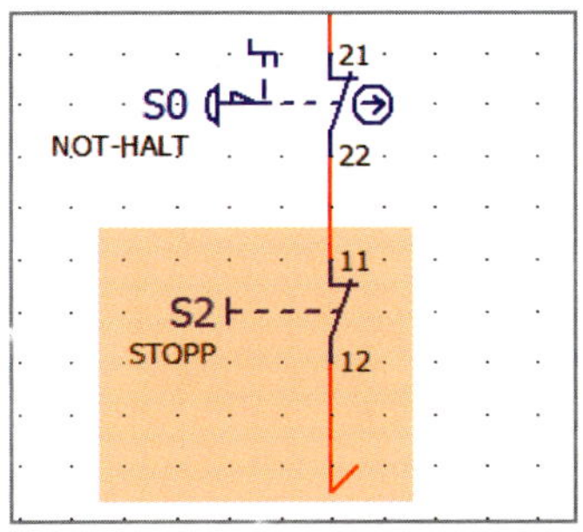

Starttaster einfügen

Anschließend fügen wir den Starttaster als Schließer ein.

→ Dazu wählen wir:
<Elektrotechnik>
<Sensorik, Schalter und Taster>
<Schalter/Taster>
<Schalter/Taster, Schließer, 2 Anschlüsse>
<SSA>

→ Wir wählen die Symbolvariante A und bestätigen mit <OK>.

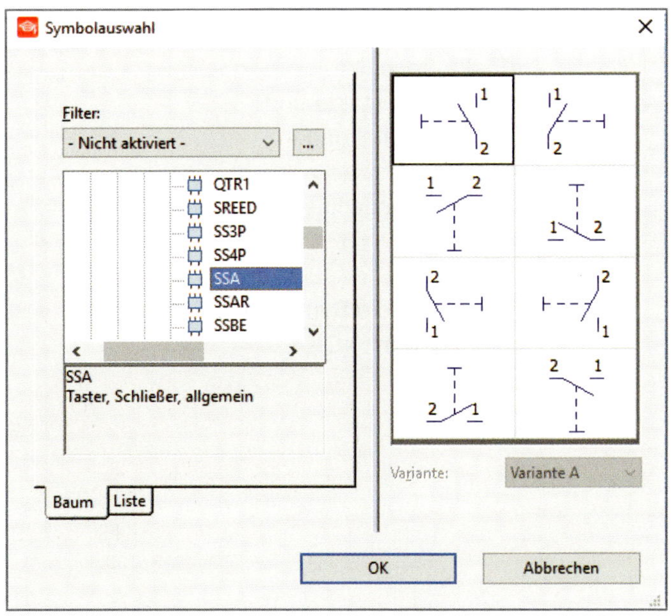

→ Wir platzieren den Schließer an der gegebenen Position und ändern BMK in „S1“ und den Funktionstext in „Start“.

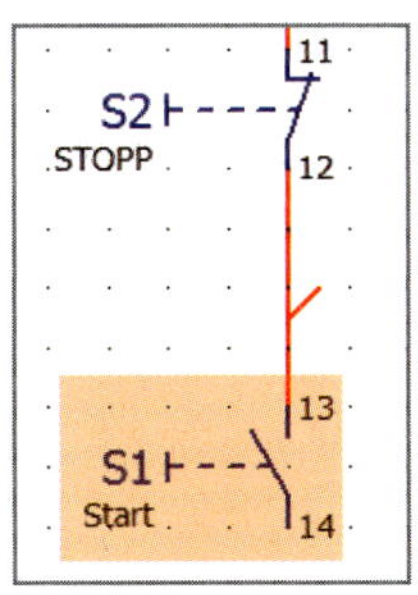

Als Nächstes soll die Selbsthaltung umgesetzt werden. Dazu fügen wir einen Schließer von Schütz K0 ein, um die Selbsthaltung zu realisieren.

→ Der Schließer befindet sich unter:
<Elektrotechnik>
<Spulen, Kontakte und Schutzbeschaltungen>
<Schließer>
<Schließer, 2 Anschlüsse>
<S>
Nach dem Einfügen muss die BMK in „K0“ geändert werden.

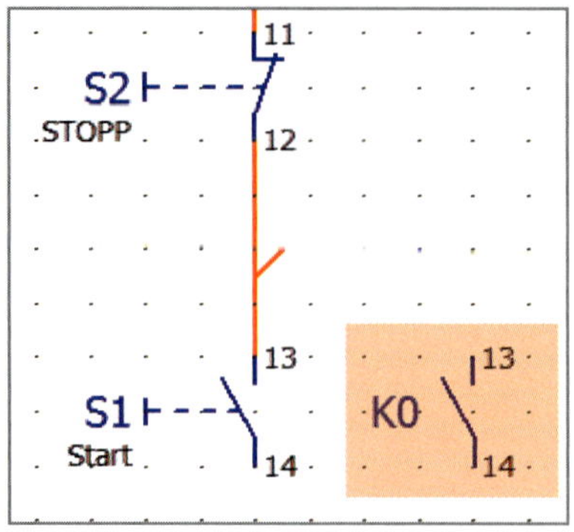

→ Wir wählen die Symbolvariante A und bestätigen mit <OK>.

→ Durch einen Winkel verbinden wir den Schützkontakt mit dem Schalter.

→ Ein T-Stück setzen wir unter den Taster S1.

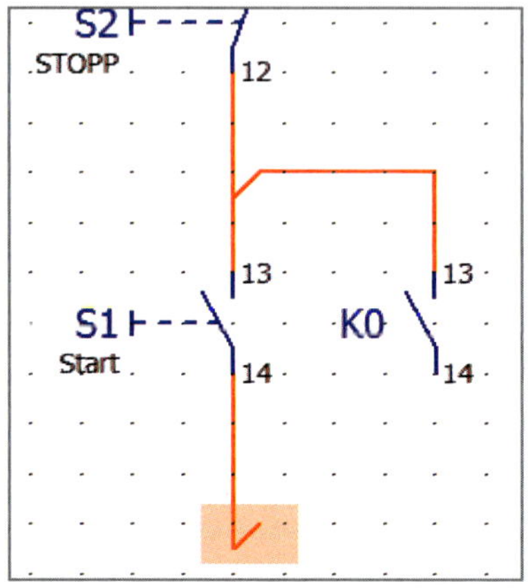

Schütz einfügen

→ Schließlich suchen wir die Schützspule im Katalog. Dazu klicken wir auf:
<Elektrotechnik>
<Spulen, Kontakte und Schutzbeschaltungen>
<Spule>
<Spule, 2 Anschlüsse>
<K>

→ Wir wählen die Symbolvariante A und bestätigen mit <OK>.

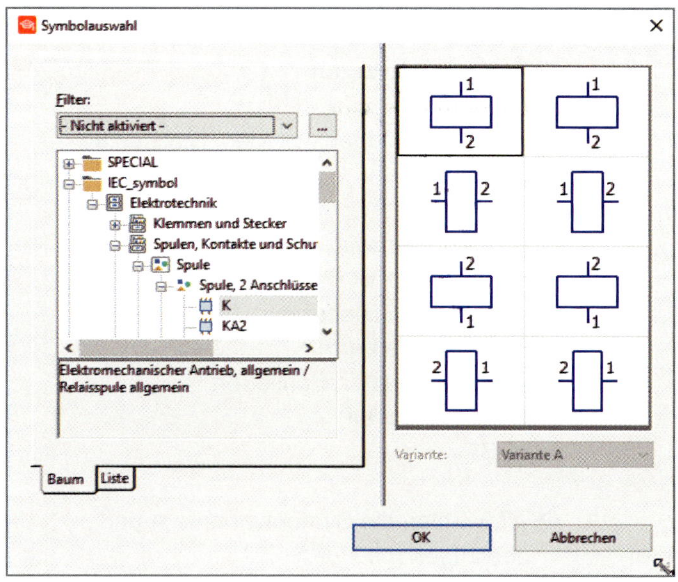

→ Die Schützspule zur Selbsthaltung platzieren wir unter dem Taster S1.

→ Das BMK lautet „K0“.

Automatisch wird der Schützspiegel unter dem Schütz erstellt, der anzeigt, welche Schützkontakte wo verbaut sind.

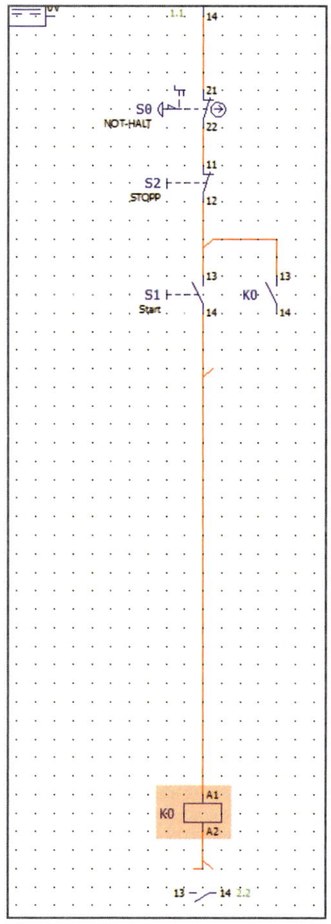

Tipp: Sollte der Schützspiegel falsch platziert sein, kann man dieses über zwei Möglichkeiten ändern:
1. Über Klick mit der rechten Maustaste auf die Schützspule > Eigenschaften > Register „Anzeige“ > „Kontaktspiegel“ > „...“ > „Y-Position“.
2. Über Klick mit der rechten Maustaste auf die Schützspule > Text > „Eigenschaftstext verschieben“.

→ Nun verbinden wir mit einem Winkel und einem „T-Stück, oben“ das Minuspotenzial der Stromversorgung mit dem Anschluss A2 der Spule K0.

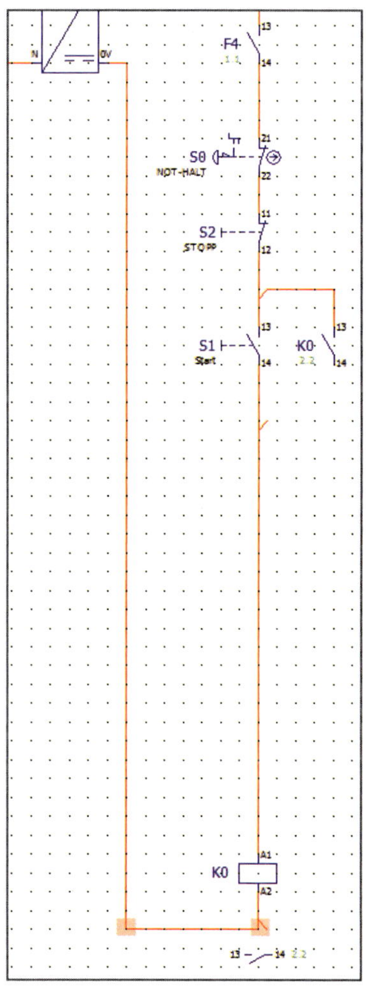

→ Wir fügen als Nächstes weitere T-Stücke, wie abgebildet, für den Steuerstromkreis ein.

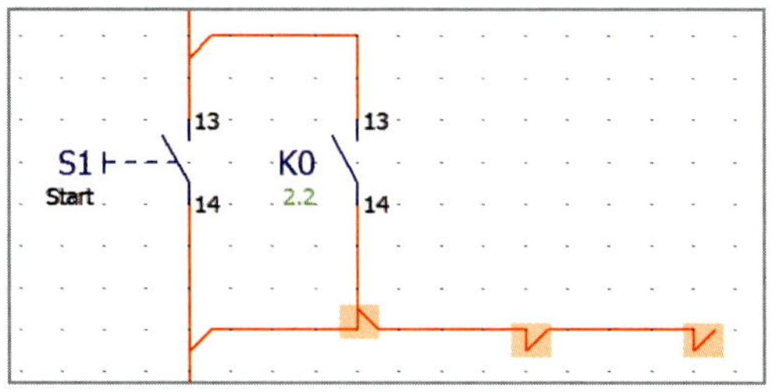

Taster für den Linkslauf einfügen

→ An dem mittleren T-Stück fügen wir den Taster S3 für den Linkslauf des Motors ein. Er befindet sich unter:
<Elektrotechnik>
<Sensorik, Schalter und Taster>
<Schalter / Taster>
<Schalter / Taster, Schließer, 2 Anschlüsse>
<SSA>

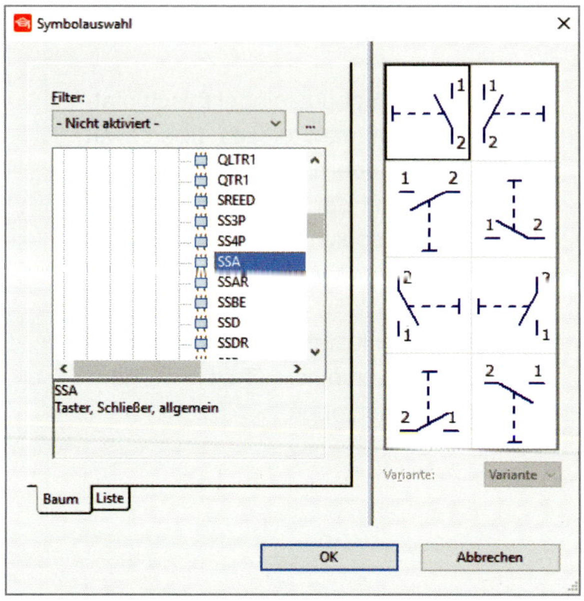

→ Wir wählen die Symbolvariante A und bestätigen mit <OK>.

→ Wir platzieren den Taster an der gegebenen Stelle, benennen ihn mit „S3" und geben als Funktionstext „Band links" an.

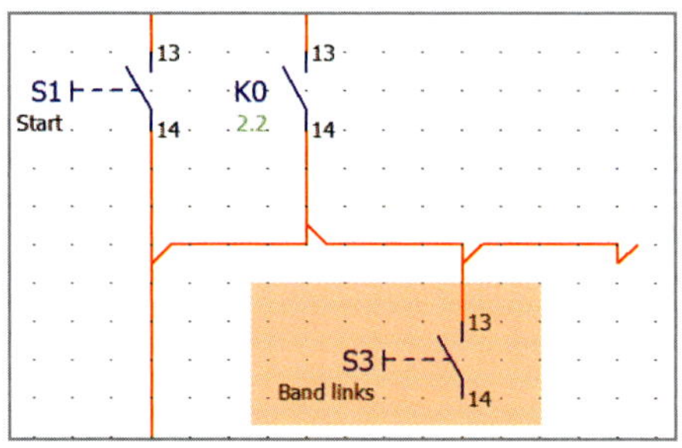

Um den Motor mit Selbsthaltung ansteuern zu können, werden die Hilfskontakte von Schütz Q1 benötigt.

→ Dazu wird der Schließer (13/14) von Q1 für den Linkslauf neben dem Taster S3 platziert. Das Symbol befindet sich unter:
<Elektrotechnik>
<Spulen, Kontakte und Schutzbeschaltungen>
<Schließer>
<Schließer, 2 Anschlüsse>
<S>

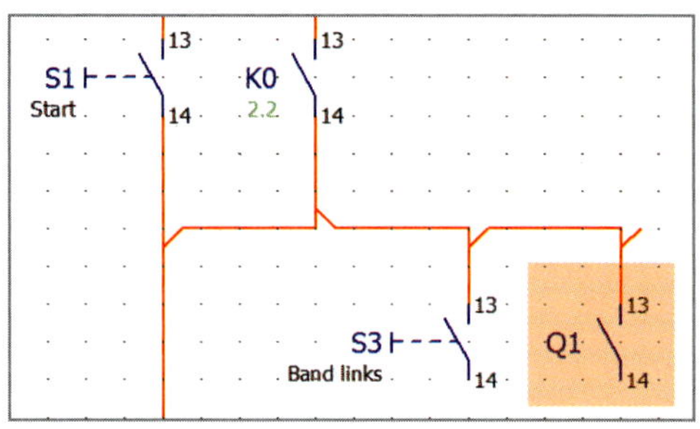

→ Wir wählen die Symbolvariante A und bestätigen mit <OK>.

→ Die BMK muss auf „Q1" geändert werden.

→ Durch einen Winkel und ein T-Stück vervollständigen wir auch diese Selbsthaltung.

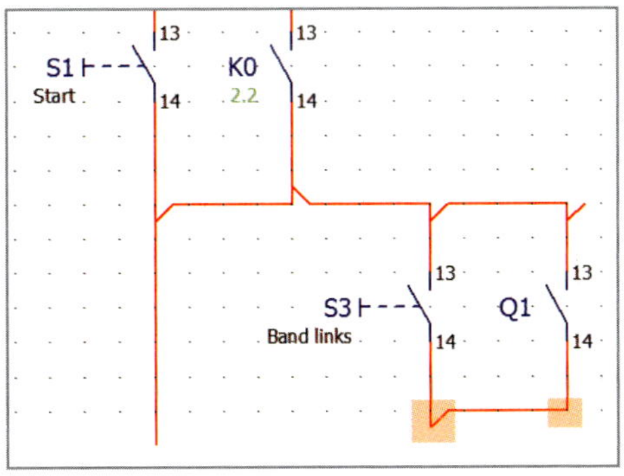

Taster für den Rechtslauf einfügen

Wird der Taster S4 „Band rechts“ betätigt, soll der Linkslauf direkt beendet werden. Daher wird unter dem Taster S3 der Öffnerkontakt des Tasters S4 benötigt.

→ Den Öffner von Taster 4 platzieren wir unter S3 und geben als BMK „S4“, als Funktionstext „Band rechts“ und als Anschlussbezeichnung „21 22“, wie auf der Abbildung zu erkennen ist, ein.
Das Symbol befindet sich unter:
<Elektrotechnik>
<Sensorik, Schalter und Taster>
<Schalter/Taster>
<Schalter/Taster, Öffner, 2 Anschlüsse>
<SOA> in der Variante A.

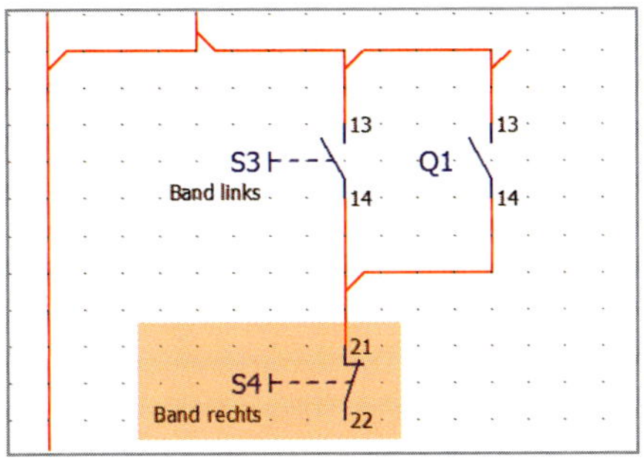

Koppelrelaiskontakt einfügen

→ Als Nächstes fügen wir den Wechsler aus dem Koppelrelais für den linken Endschalter (Sensor) ein. Wir klicken dazu auf:
<Einfügen>
<Symbol...>

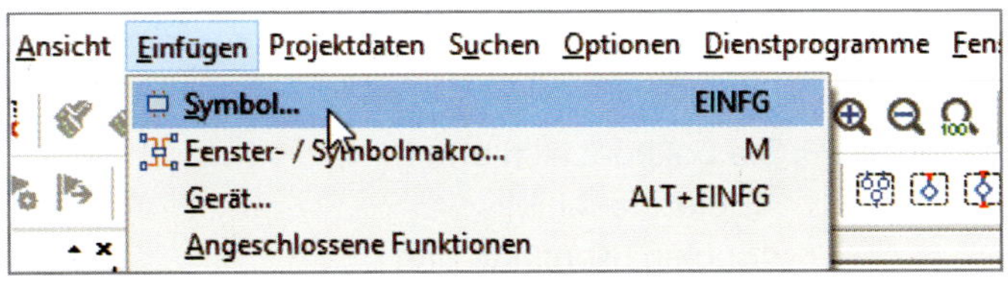

→ Wir wählen als Symbol:
<Elektrotechnik>
<Spulen, Kontakte und Schutzbeschaltungen>
<Wechsler>
<Wechsler, 3 Anschlüsse>
<W2>

→ Wir wählen die Symbolvariante G und bestätigen mit <OK>.

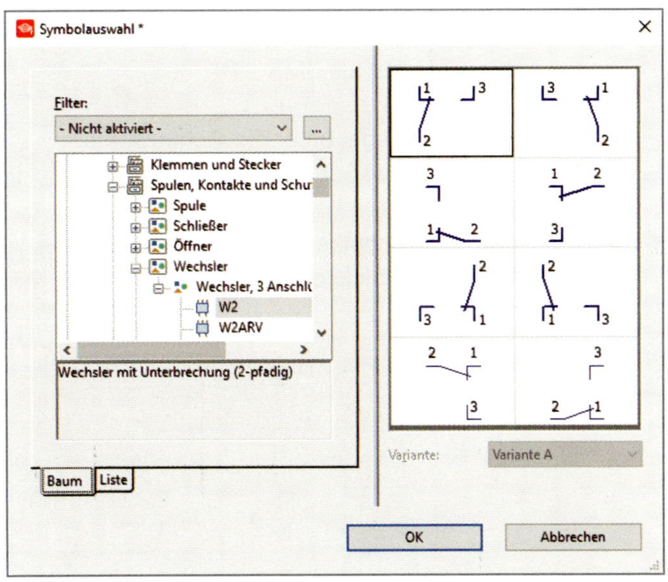

→ Wir positionieren das Symbol unterhalb von S4 und vergeben als BMK „K2“ und als Anschlussbezeichnungen „12“, „11“ und „14“.

Da wir später an dieser Stelle noch eine Klemme einfügen, lassen wir etwas mehr Platz zwischen S4 und K2.

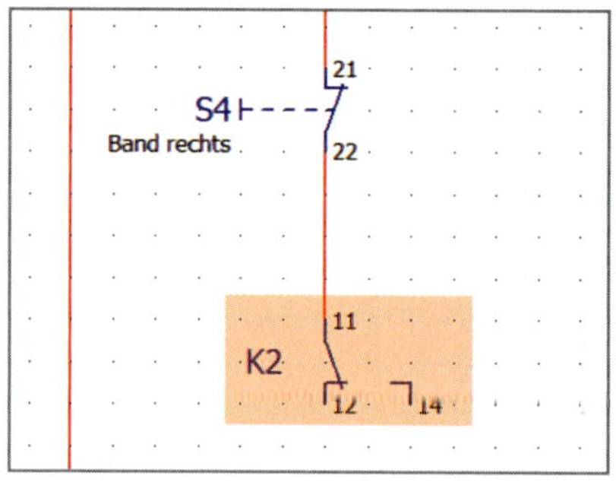

Als Nächstes fügen wir einen Öffner von Q2 als Schützverriegelung ein.

→ Dazu wählen wir das Symbol:
<Elektrotechnik>
<Spulen, Kontakte und Schutzbeschaltungen>
<Öffner>
<Öffner, 2 Anschlüsse>
<O> in der Variante A.

→ Das Symbol sollte an der gezeigten Stelle positioniert werden. Als BMK wählen wir „Q2“ und als Anschlussbezeichnungen „21“ und „22“.

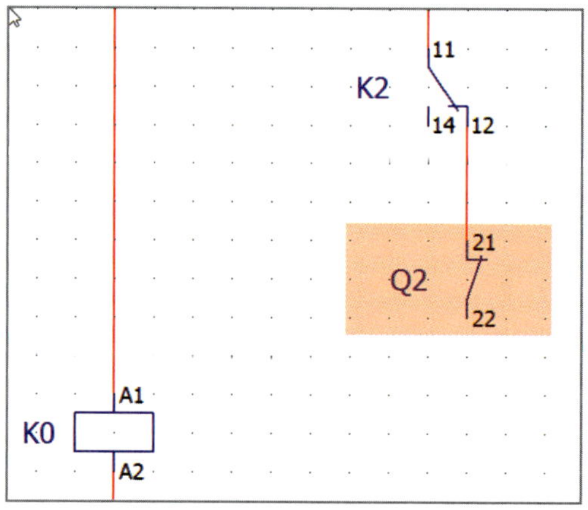

Jetzt folgt die Schützspule des Schützes Q1 für den Linkslauf.

→ Sie befindet sich unter:
<Elektrotechnik>
<Spulen, Kontakte und Schutzbeschaltungen>
<Spule>
<Spule, 2 Anschlüsse>
<K> in der Variante A.

→ Wir vergeben als BMK „Q1“.

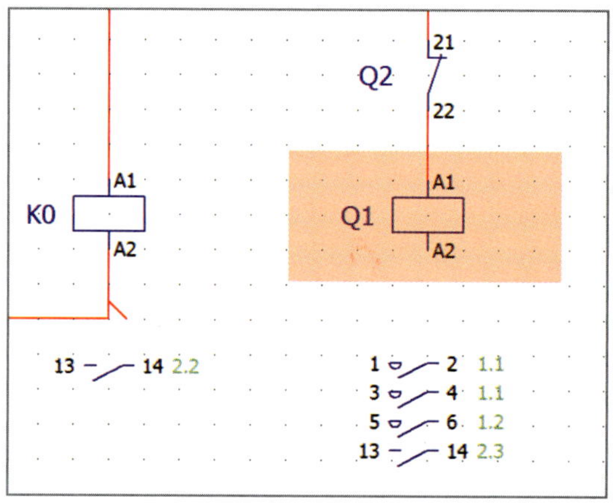

Der Schützspiegel unter der Schützspule wird von EPLAN automatisch erzeugt.

→ Unter der Schützspule von Q1 fügen wir das „T-Stück, oben“ ein.

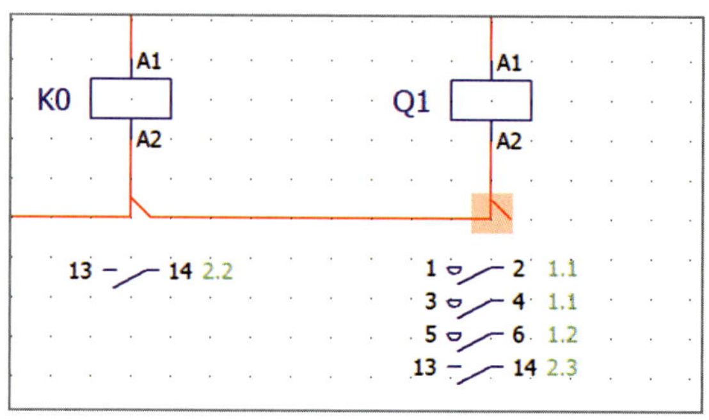

Eine Übersicht über den eben erstellten Strang sehen Sie rechts.

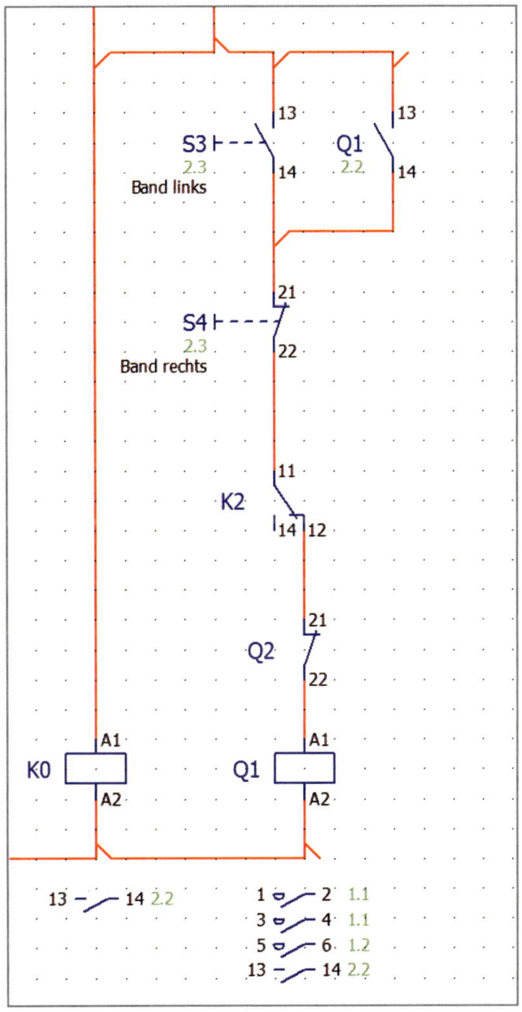

→ Es folgen sechs weitere „T-Stücke, unten“ und ein „Winkel unten, links“ für die weiteren Ansteuerungen.

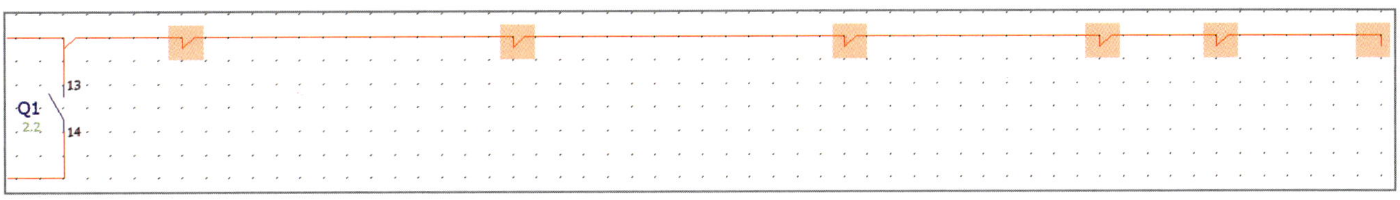

Wir fügen als Nächstes die Lichtschranke B2 (Endschalter, Sensor) ein.

→ Für die Lichtschranke von B2 verwenden wir als Symbol:
<Elektrotechnik>
<Sensorik, Schalter und Taster>
<Näherungsschalter>
<Näherungsschalter, variabel>
<SWNS> in der Variante F.

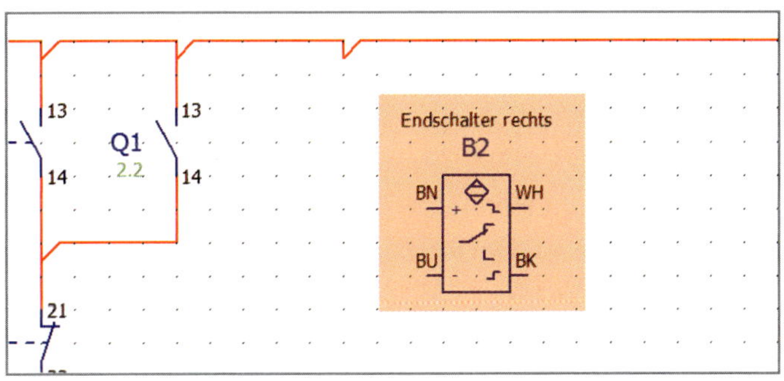

→ Die BMK ist „B2“ und die Anschlussbezeichnungen sind „BN“, „WH“, „BU“ und „BK“.

→ Als Funktionstext tragen wir „Endschalter rechts“ ein.

Die Lichtschranke B2 verbinden wir mit einem Winkel nach oben und einem T-Stück sowie Winkel an 0 V nach unten.

An den Öffnerkontakt (WH) von B2 wird im Folgenden die Ansteuerung für den Rechtslauf über das Schütz Q2 angeschlossen.

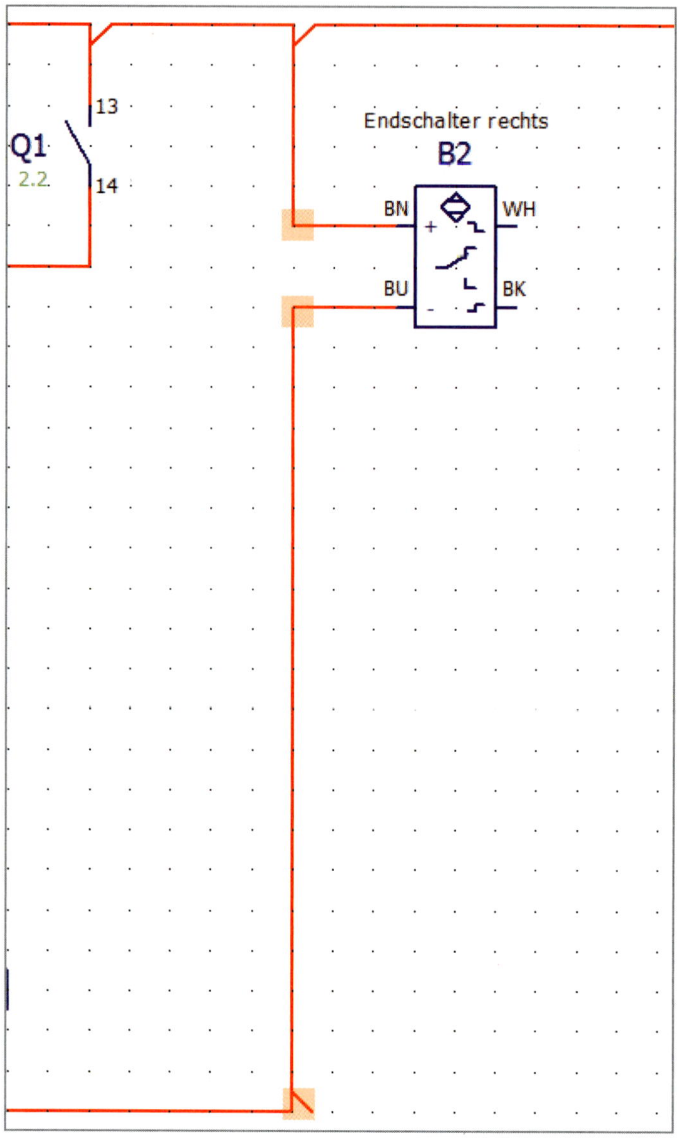

Dazu beginnen wir mit dem Taster S4, den wir unterhalb von dem Sensor B2 platzieren.

→ Dazu wählen wir:
<Elektrotechnik>
<Sensorik, Schalter und Taster>
<Schalter/Taster>
<Schalter/Taster, Schließer, 2 Anschlüsse>
<SSA>

→ Wir wählen die Symbolvariante A und bestätigen mit <OK>.

→ Als Funktionstext tragen wir „Band rechts“ ein.

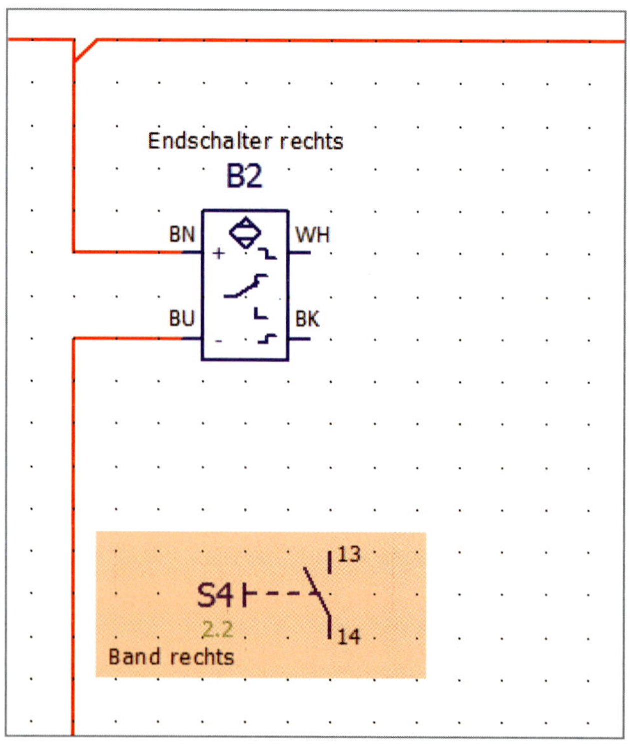

Um den Motor auch im Rechtslauf mit Selbsthaltung ansteuern zu können, werden die Hilfskontakte von Schütz Q2 benötigt.

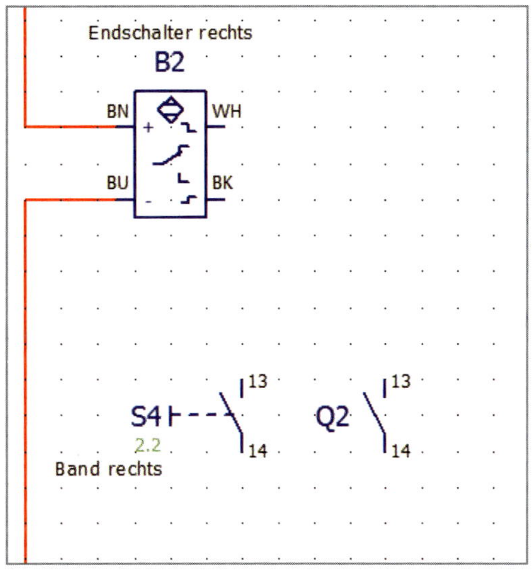

→ Dazu wird der Schließer (13/14) von Q2 für den Linkslauf neben dem Taster S3 platziert. Das Symbol befindet sich unter:
<Elektrotechnik>
<Spulen, Kontakte und Schutzbeschaltungen>
<Schließer>
<Schließer, 2 Anschlüsse>
<S>

→ Wir wählen die Symbolvariante A und bestätigen mit <OK>.

→ Die BMK muss auf „Q2“ geändert werden.

Tipp: Wir hätten auch den Schließer von dem Schütz Q1 kopieren, einfügen und dann die BMK auf Q2 ändern können. Eine weitere Option ist das vollständige Kopieren eines kompletten Strangs. Dabei ist nach dem Kopieren sorgfältig darauf zu achten, alle Betriebsmittel im kopierten Strang richtig anzupassen. Die Querverweise an den Betriebsmitteln müssen ggf. über das Betätigen der Taste <F5> anschließend aktualisiert werden.

Da das Förderband nach einer eingestellten Zeit automatisch wieder nach rechts fahren soll, wird neben der Selbsthaltung von Q2 ein Schließer des Zeitrelais K1 benötigt.

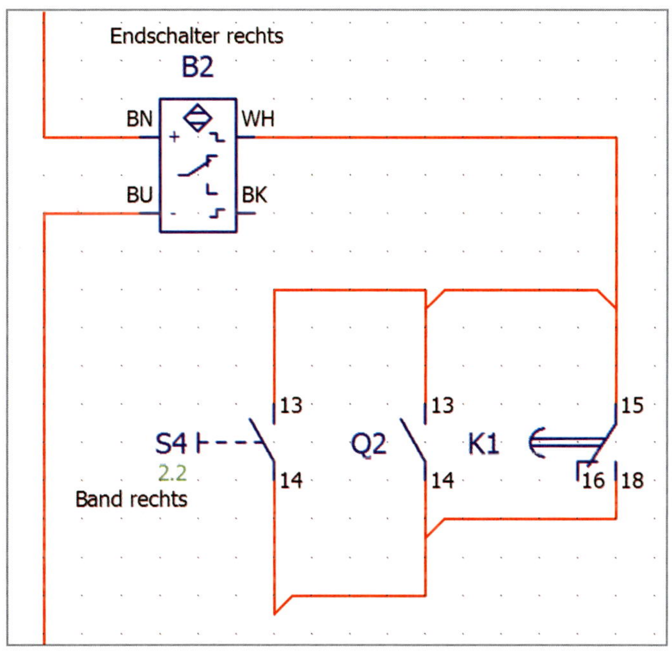

Dazu ist es notwendig, den Zeitkontakt des Zeitrelais in Form eines Wechslers an der rechten Stelle zu positionieren.

→ Wir wählen dazu einen Wechsler unter
<Elektrotechnik>
<Spulen, Kontakte und Schutzbeschaltungen>
<Wechsler>
<Wechsler, 3 Anschlüsse>
<W2AV_2>
<Variante G>
und vergeben als BMK „K1“.

→ Wir verbinden die eingefügten Bauteile wie dargestellt mit den entsprechenden T-Stücken und Winkeln.

Wir fügen nun den Öffner des Tasters S3 für den Linkslauf ein.

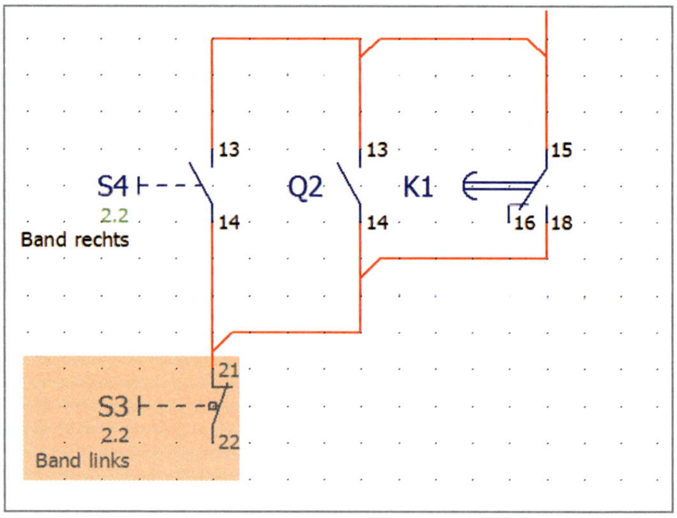

→ Dazu verwenden wir folgendes Symbol:
<Elektrotechnik>
<Sensorik, Schalter und Taster>
<Schalter/Taster>
<Schalter/Taster, Öffner, 2 Anschlüsse>
<SOA> in der Variante A.

→ Die BMK für dieses Bauteil ist „S3", die Anschlussbezeichnungen sind „21" und „22" und die Funktionsbeschreibung ist „Band links".

Tipp: Das Einfügen von neuen Symbolen geht schneller, wenn man den Kurznamen oder die Zahl des Symbols unter EPLAN kennt. Drücken Sie die Taste „Einfg" und gehen Sie in der Symbolauswahl in die Listenauswahl „Liste". Wenn Sie in der Direkteingabe den Symbolnamen „SOA" eingeben, bekommen Sie direkt den Öffnertaster angezeigt, siehe Abbildung rechts. Bitte anschließend ggf. wieder die Auswahl „Baum" auswählen.

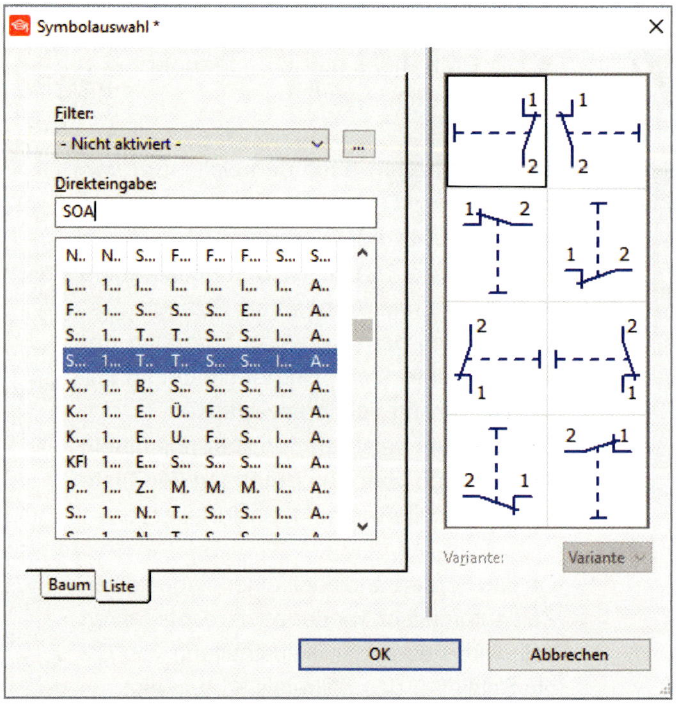

Als Nächstes fügen wir einen Öffner von Q1 als Schützverriegelung ein.

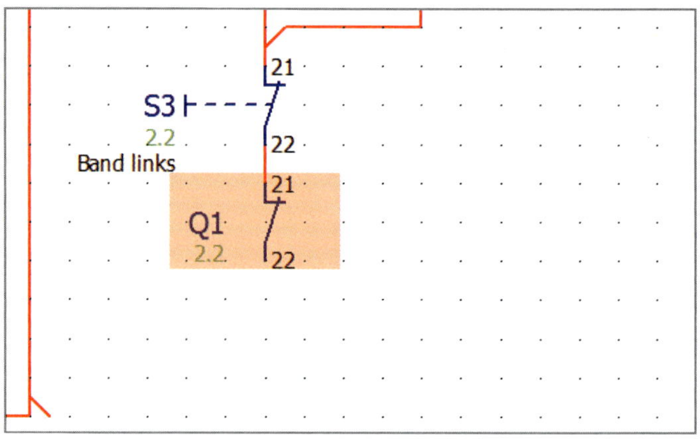

→ Dazu wählen wir das Symbol:
<Elektrotechnik>
<Spulen, Kontakte und Schutzbeschaltungen>
<Öffner>
<Öffner, 2 Anschlüsse>
<O> in der Variante A.

→ Das Symbol sollte an der gezeigten Stelle positioniert werden. Als BMK wählen wir „Q1" und als Anschlussbezeichnungen „21" und „22".

Am Ende dieses Strompfads muss noch die Schützspule von Q2 positioniert werden.

→ Das Symbol dafür ist:
<Elektrotechnik>
<Spulen, Kontakte und Schutzbeschaltungen>
<Spule>
<Spule, 2 Anschlüsse>
<K> in der Variante A.

→ Als BMK tragen wir „Q2“ ein.

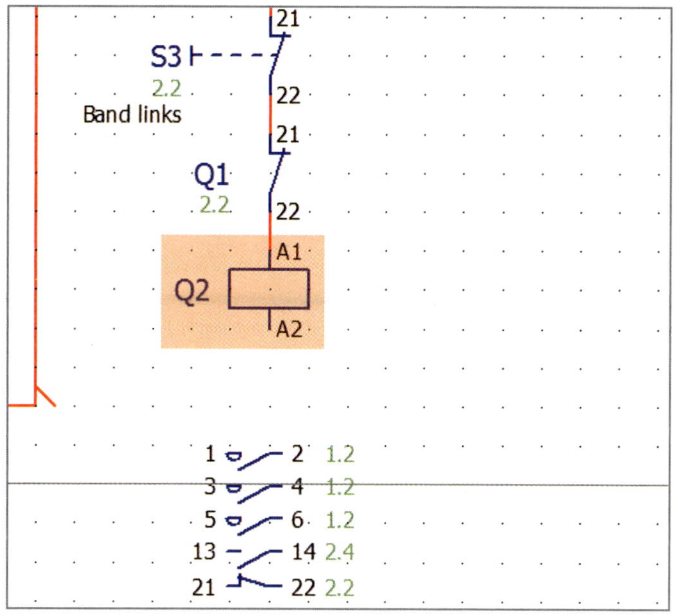

→ Wir ergänzen den Schaltplan um das gezeigten T-Stück an der entsprechenden Position unten.

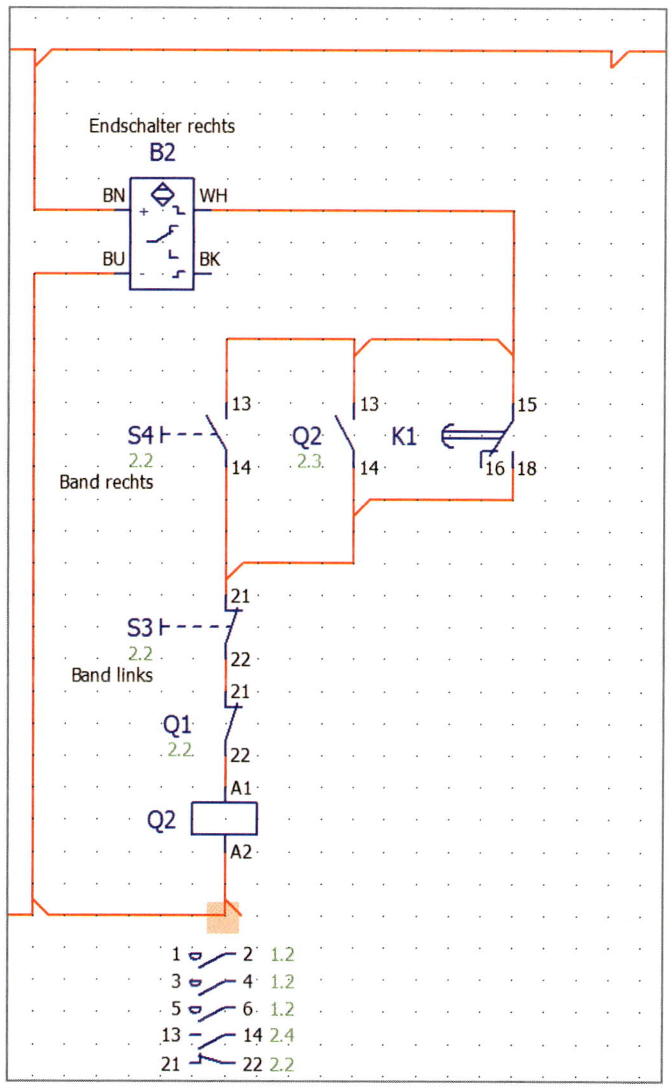

Wir nehmen uns jetzt den linken Endschalter B1 (Sensor/Lichtschranke) mit dem Koppelrelais vor. Dieser Sensor stellt fest, ob das Werkstück in der Laserzelle angekommen ist.

→ Für die Lichtschranke von B1 verwenden wir als Symbol:
<Elektrotechnik>
<Sensorik, Schalter und Taster>
<Näherungsschalter>
<Näherungsschalter, variabel>
<SWNS> in der Variante F.

→ Die BMK ist „B1“ und die Anschlussbezeichnungen sind „BN“, „WH“, „BU“ und „BK“.

→ Als Funktionstext tragen wir „Endschalter links“ ein

→ Am Anschluss BN ist ein Winkel einzutragen, um die Verbindung zu 24 V sicherzustellen.

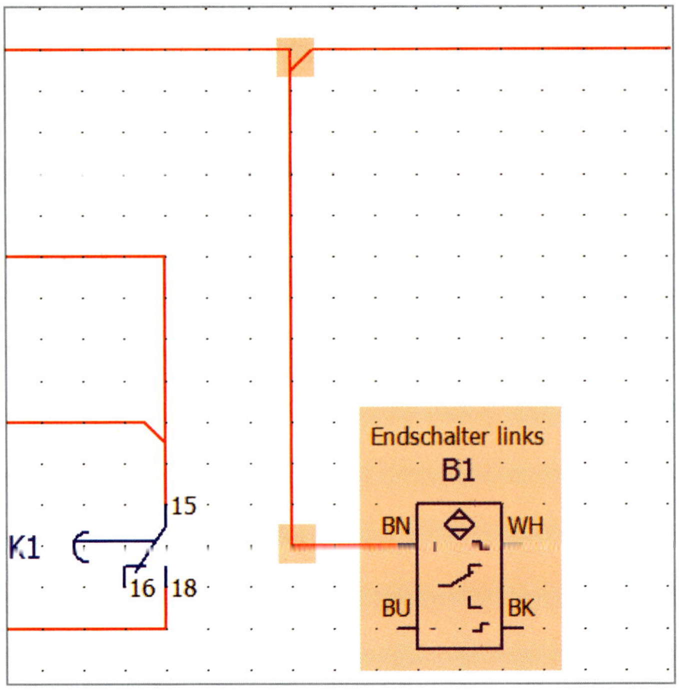

Am Ende dieses Strompfads muss die Schützspule des Koppelrelais K2 positioniert werden.

Das Koppelrelais wird benötigt, da der Sensor B2 keine potentialfreien Kontakte hat, die wir zuvor in dem Strompfad von der Schützspule Q1 eingebaut haben.

→ Das Symbol dafür ist:
<Elektrotechnik>
<Spulen, Kontakte und Schutzbeschaltungen>
<Spule>
<Spule, 2 Anschlüsse>
<K> in der Variante A.

→ Als BMK tragen wir „K2“ ein.

→ Wir ergänzen den Schaltplan um die gezeigten T-Stücke und Winkel an den entsprechenden Positionen oben und unten.

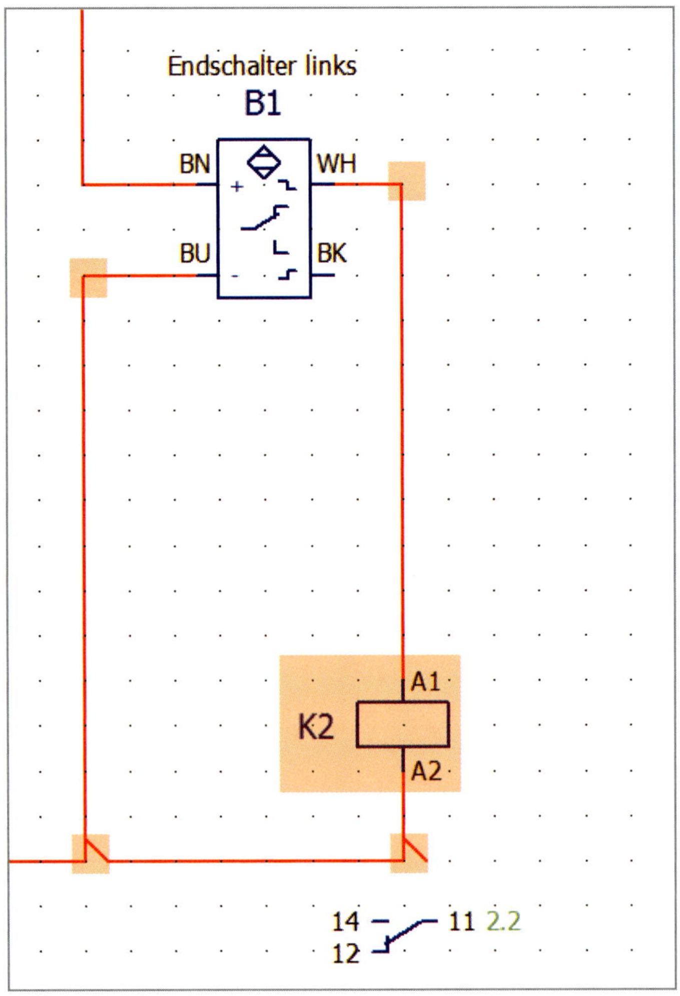

Tipp: Die Lichtschranken B1 und B2 benötigten dauerhaft eine Spannungsversorgung, damit sie leuchten. Dies sind die Anschlüsse BN und BU. Bei der praktischen Realisierung muss darauf geachtet werden, dass die Ausgänge genügend Strom treiben können.

Es folgt der zweite Wechsler von K2.

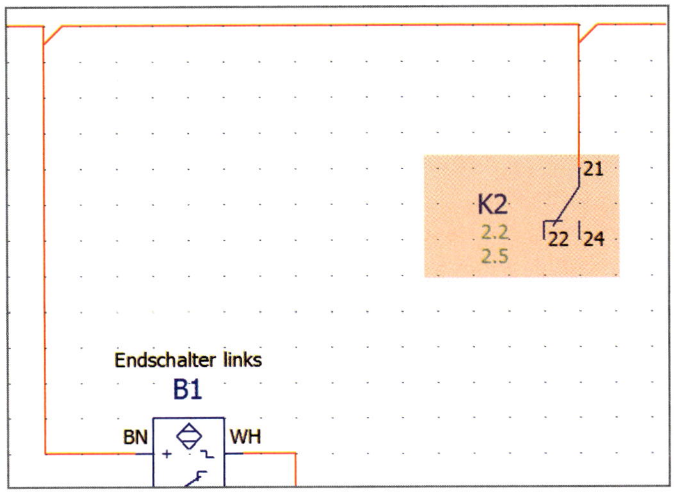

→ Dazu verwenden wir folgendes Symbol:
<Elektrotechnik>
<Spulen, Kontakte und Schultzbeschaltungen>
<Wechsler>
<Wechsler, 3 Anschlüsse>
<W2> in der Variante G.

→ Die BMK ist „K2“ und die Anschlussbezeichnungen sind „22“, „21“ und „24“.

→ Jetzt platzieren wir das T-Stück und den Winkel an der gezeigten Stelle.

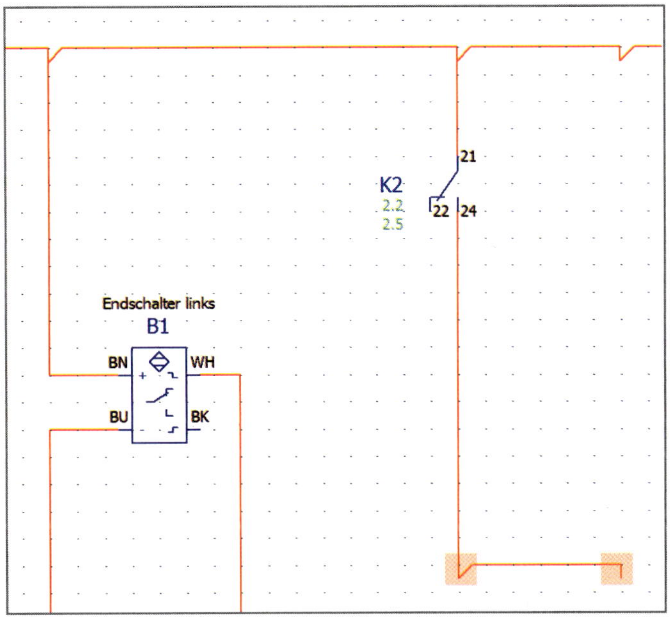

Als Nächstes fügen wir die Spule des Zeitrelais K1 ein.

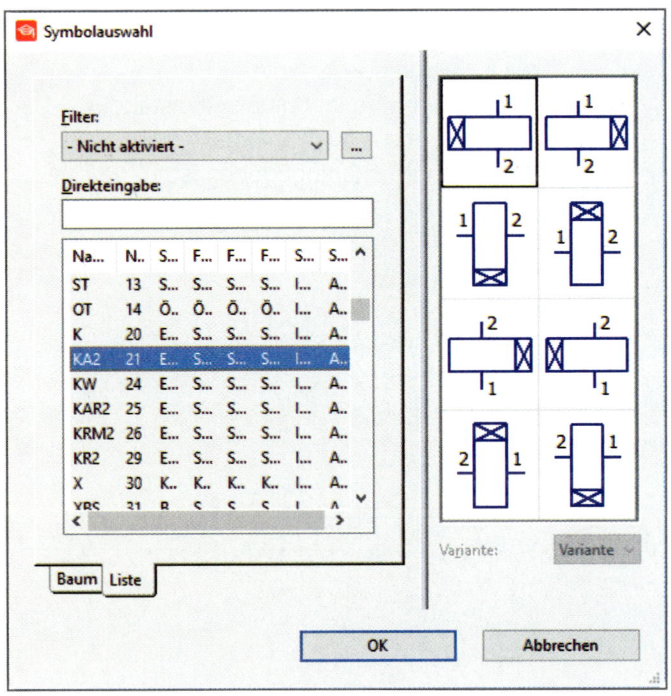

→ Dafür verwenden wir das Symbol einer Zeitrelaisspule, welches unter
<Elektrotechnik>
<Spulen, Kontakte und Schutzbeschaltungen>
<Spule>
<Spule, 2 Anschlüsse>
<KA2>
zu finden ist.

→ Wir wählen die „Variante A“

→ Als BMK tragen wir „K1“ ein. und vergeben den Funktionstext „Zeitrelais¶t = 30 s“.

Die Spule ist parallel zur Spule von K2 zu platzieren.

Weiterhin ist das gekennzeichnete T-Stück zu ergänzen.

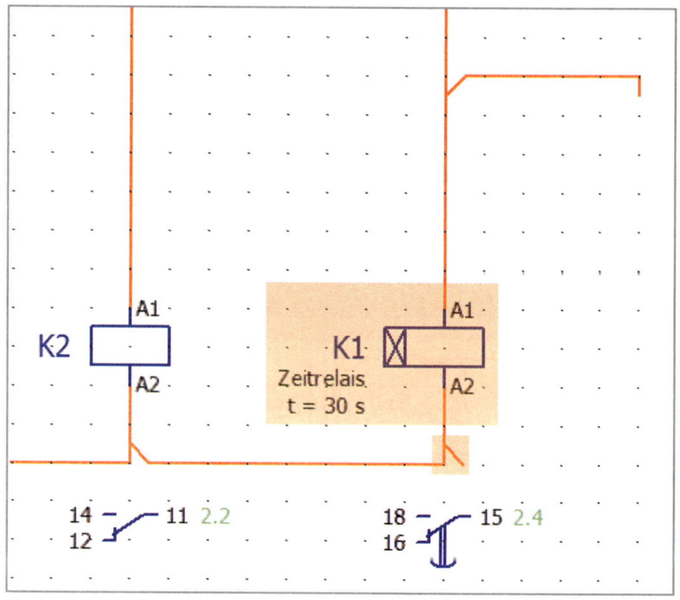

Kontrollleuchten einfügen

Als Nächstes fügen wir die Kontrollleuchte ein, die signalisiert, dass ein Werkstück bearbeitet wird.

→ Dafür verwenden wir das Symbol, das unter
<Elektrotechnik>
<Meldeeinrichtung, optisch und akustisch>
<Meldeleuchte>
<Lampe, einfach>
<H>
zu finden ist.

Wir wählen die Variante A.
Im weiteren Verlauf bitte selbstständig die Variante A auswählen, wenn keine andere Variante angegeben ist.

→ Das BMK ist „P1" und der Funktionstext „Bearbeitung".

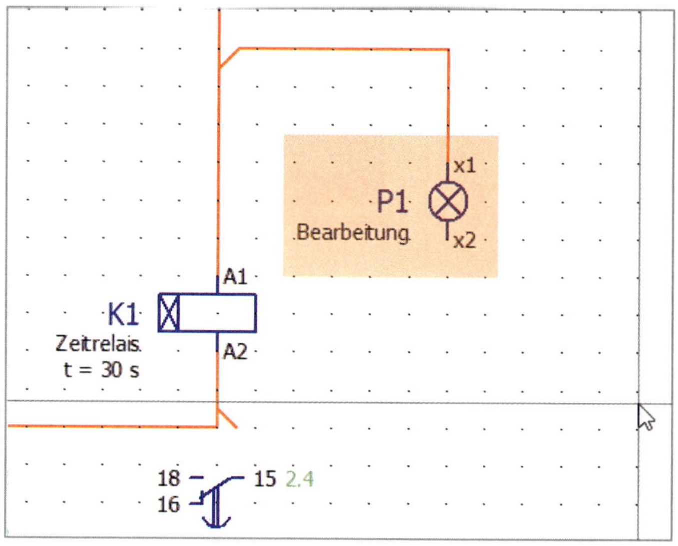

→ Für die weiteren Bauteile fügen wir einen Winkel und ein T-Stück, rechts ein, siehe Abbildung rechts.

Wir versetzen das 0V-Potenzial über das T-Stück etwas nach oben, da später die 0V für die Leuchtmelder über eine Klemme gespeist werden.
Diese Klemme wird später zwischen Winkel und T-Stück platziert.

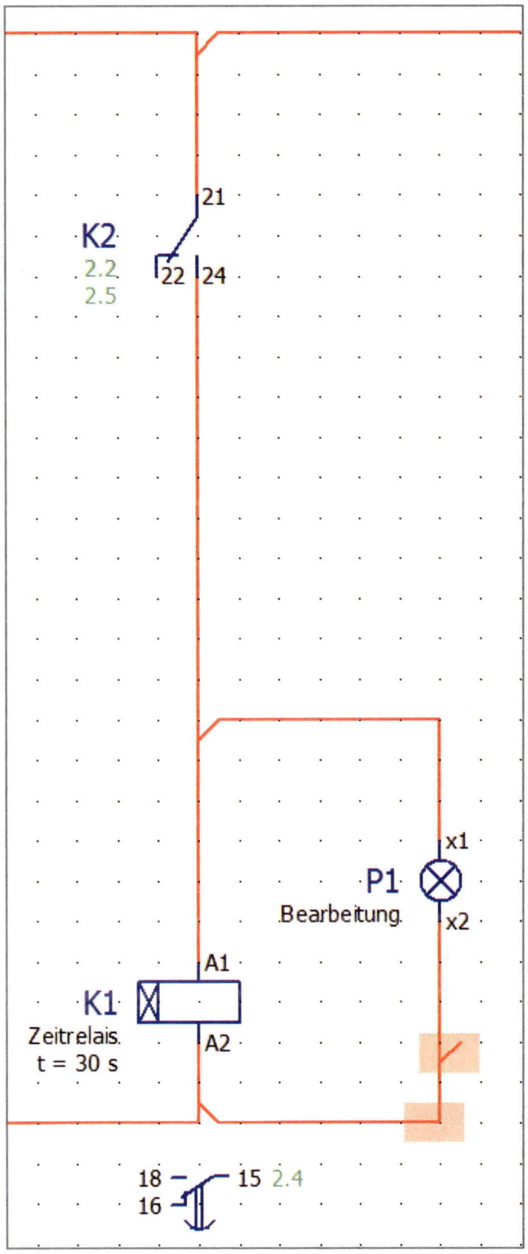

Ein Schließer von Q1 wird nun platziert, um den Bandlauf links über einen Leuchtmelder anzeigen zu können.

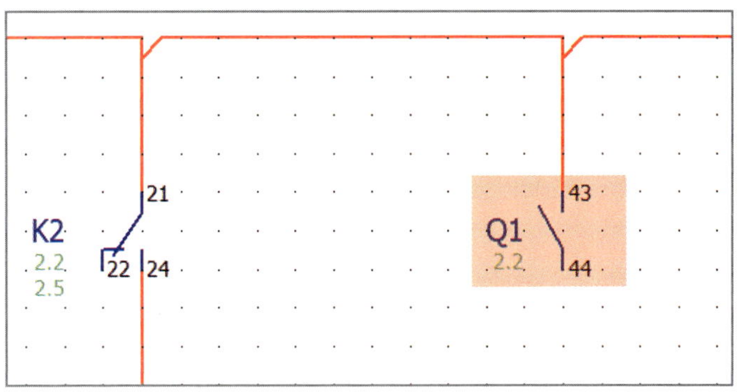

→ Das Symbol befindet sich unter:
<Elektrotechnik>
<Spulen, Kontakte und Schutzbeschaltungen>
<Schließer>
<Schließer, 2 Anschlüsse>
<S>

→ Das BMK muss auf „Q1“ geändert werden.

→ Die Anschlussbezeichnung wird auf „43“ und „44“ geändert.

Wir fügen jetzt die Kontrollleuchte für den Bandlauf links ein.

→ Wir verwenden das Symbol:
<Elektrotechnik>
<Meldeeinrichtung, optisch und akustisch>
<Meldeleuchte>
<Lampe, einfach>
<H>

→ Das BMK ist „P2“ und der Funktionstext „Band links“.

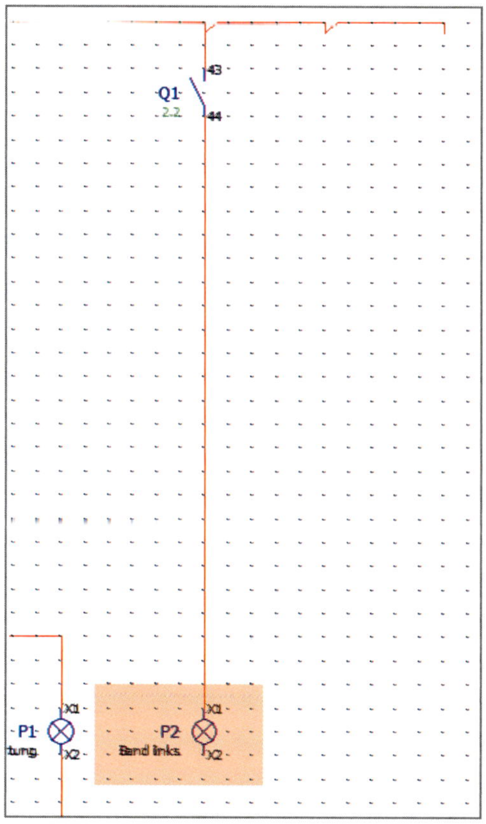

→ Ein Schließer von Q2 wird nun platziert. Das Symbol befindet sich unter:
<Elektrotechnik>
<Spulen, Kontakte und Schutzbeschaltungen>
<Schließer>
<Schließer, 2 Anschlüsse>
<S>

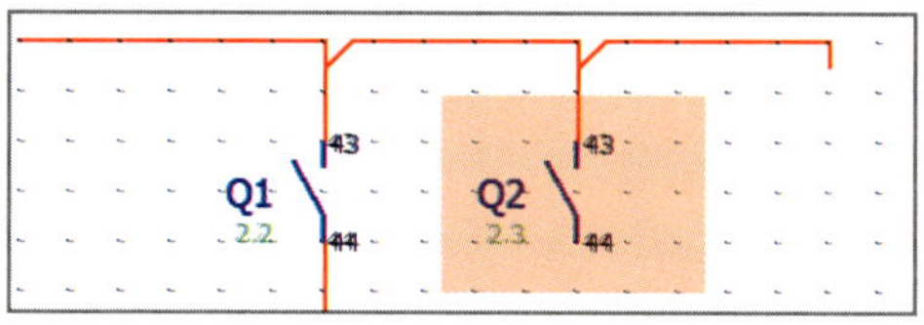

→ Das BMK muss auf „Q2“ geändert werden und die Anschlussbezeichnung wird auf „43“ und „44“ geändert.

→ Wir fügen dann die Kontrollleuchte für den Bandlauf rechts ein. Wir verwenden das Symbol:
<Elektrotechnik>
<Meldeeinrichtung, optisch und akustisch>
<Meldeleuchte>
<Lampe, einfach>
<H>

→ Das BMK ist „P3“ und der Funktionstext „Band rechts“.

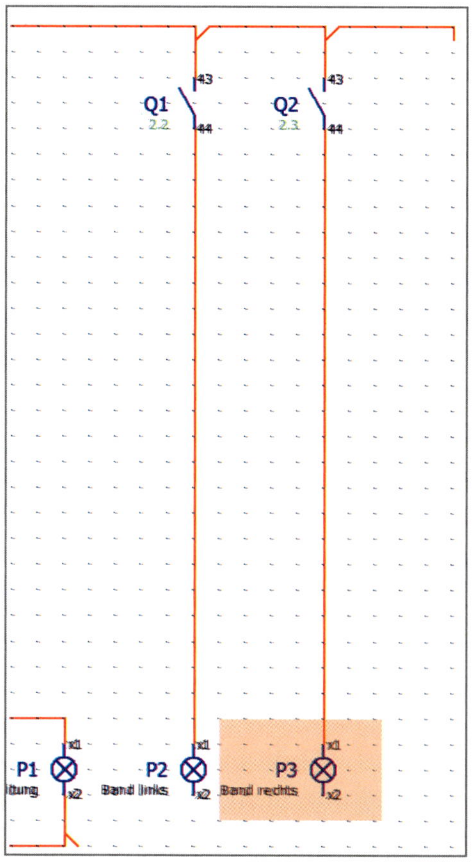

Als Nächstes fügen wir die Kontrollleuchte für „Steuerung EIN“ ein. Diese Kontrollleuchte zeigt an, ob die Spannung für den Steuerstromkreis anliegt.

→ Wir verwenden das Symbol:
<Elektrotechnik>
<Meldeeinrichtung, optisch und akustisch>
<Meldeleuchte>
<Lampe, einfach>
<H>

→ Das BMK ist „P4“ und der Funktionstext „Steuerung EIN“.

Nun fügen wir unterhalb vom Öffner von F4 noch eine Kontrollleuchte für den Fall ein, dass F4 ausgelöst hat.

→ Wir verwenden das Symbol:
<Elektrotechnik>
<Meldeeinrichtung, optisch und akustisch>
<Meldeleuchte>
<Lampe, einfach>
<H>

→ Das BMK ist „P5“ und der Funktionstext „F4 ausgelöst“.

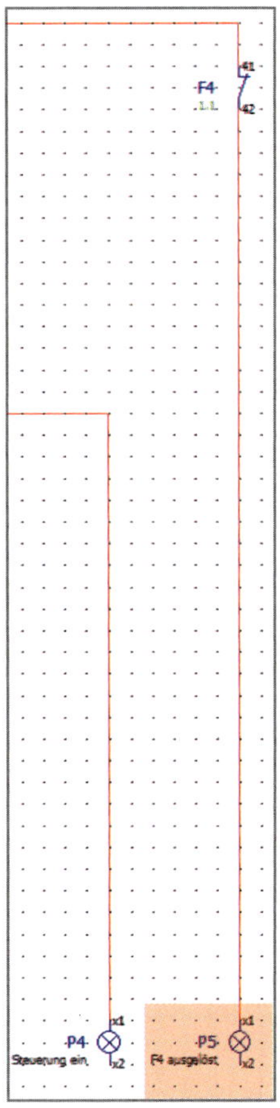

→ Wir beenden den Steuerstromkreis, indem wir noch die letzten Winkel und T-Stücke einfügen.

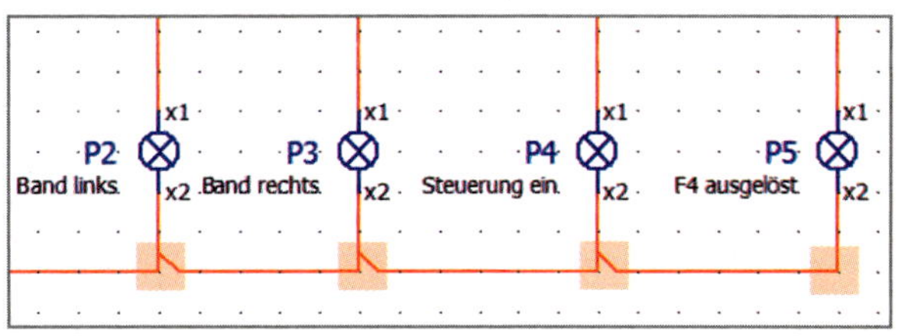

So sollte das Zwischenergebnis aussehen.

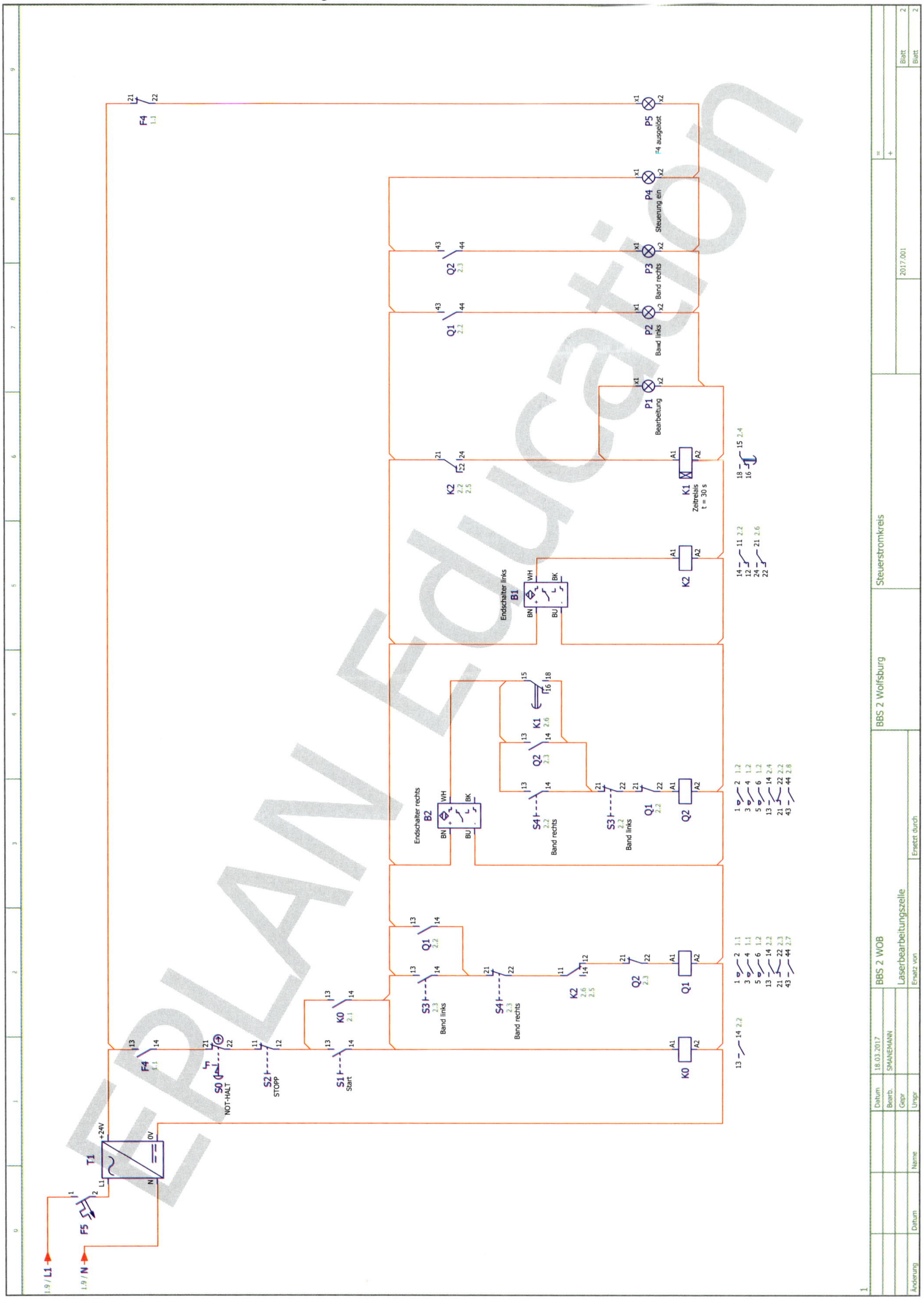

5 Klemmleiste, Klemmen und Stecker einfügen

In diesem Kapitel werden wir Klemmen in den Stromlaufplan einfügen und den dazugehörigen Klemmenplan erzeugen. Die Klemmen verbinden die einzelnen Betriebsmittel miteinander und werden im Schaltschrank üblicherweise zu einer oder mehreren Klemmleisten zusammengefasst.

Der folgende Praxisteil führt durch die Konfiguration des Klemmenplans.

5.1 Eine Klemmleiste erstellen

→ Um eine Klemmleiste zu erzeugen, öffnen wir den Klemmenleistennavigator unter
<Projektdaten>
<Klemmenleisten>
<Navigator>

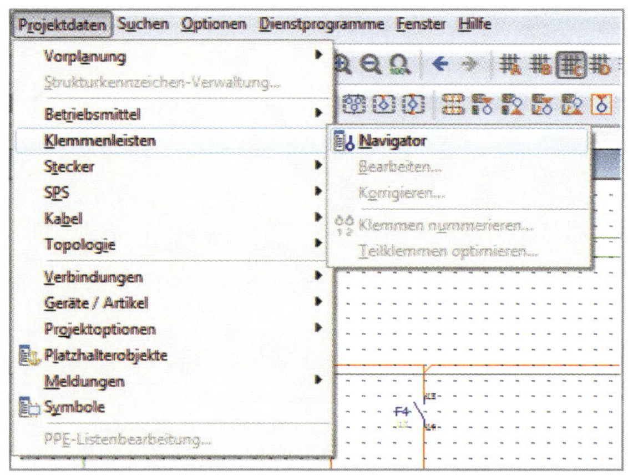

→ Nachdem der Navigator geöffnet ist, mit rechter Maustaste ins freie Feld klicken oder auf blauen Pfeil im Navigatorkopf klicken.

→ Im geöffneten Kontextmenü wählen wir „Neue Funktionen…“.

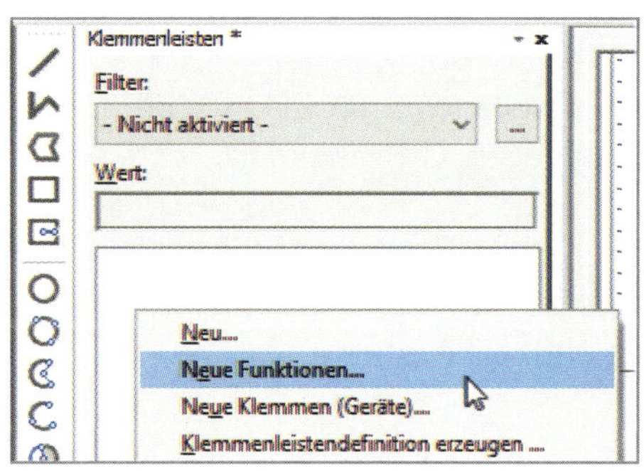

Der Dialog „Funktionen erzeugen“ öffnet sich.

→ Im Feld „Vollständiges BMK“ fügen wir den Namen der Klemmleiste ein, z. B. „X1“.

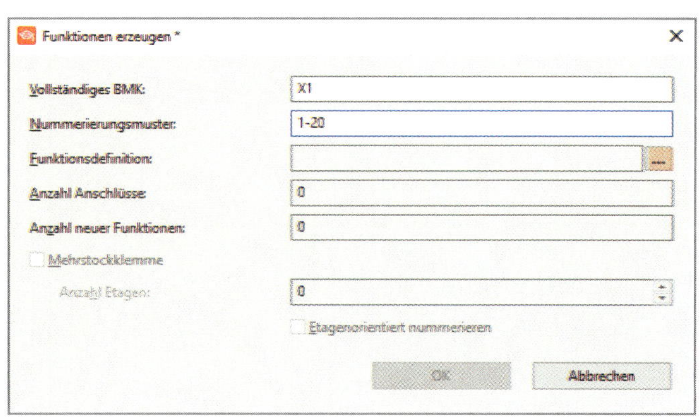

→ Unter „Nummerierungsmuster“ erfolgt die Angabe der Anzahl der Klemmen, in unserem Fall tragen wir „1-20“ ein. Dies sind die Klemmen für den Hauptstromkreis mit Reserveklemmen.

→ Nun wird die „Funktionsdefinition“ bestimmt mit einem Klick auf die Schaltfläche <…>.

→ Ausgewählt wird:
<Elektrotechnik>
<Klemmen und Stecker>
<Klemme>
<Klemmen mit Steg, 2 Anschlüsse>
<Klemme mit Steg, 2 Anschlüsse>

→ Wir bestätigen mit <OK>.

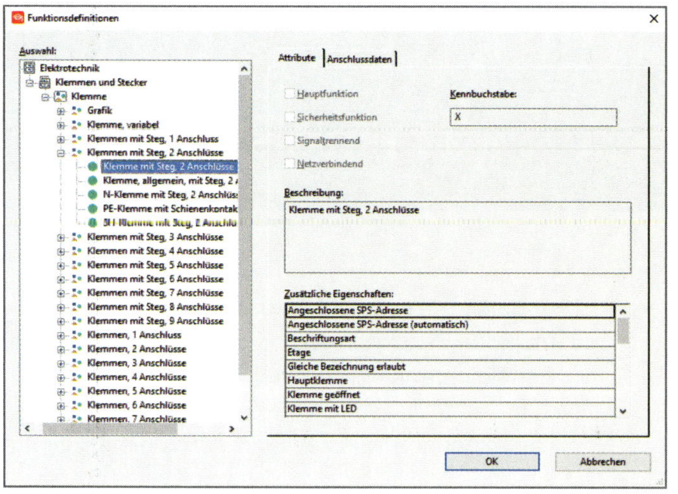

→ Den Dialog „Funktionen erzeugen“ beenden wir mit <OK>.

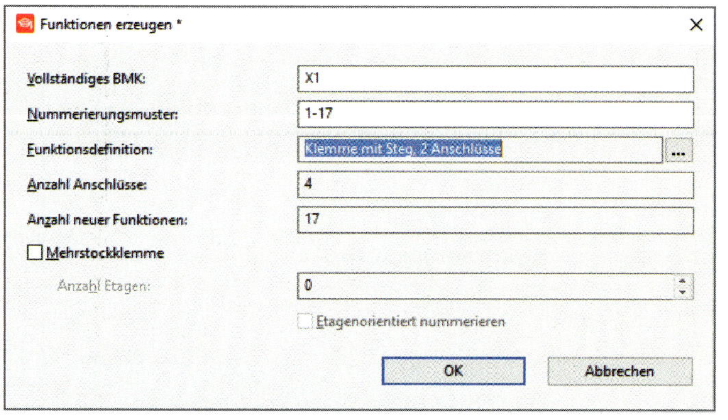

Unter „X1“ im Klemmenleistennavigator befinden sich nun die 20 Klemmen für den Hauptstromkreis.

Als Nächstes wollen wir die Eigenschaften der Klemmleiste X1 bestimmen.

→ Nach einem Klick mit der rechten Maustaste auf „X1“ wählen wir im Kontextmenü <Eigenschaften>.

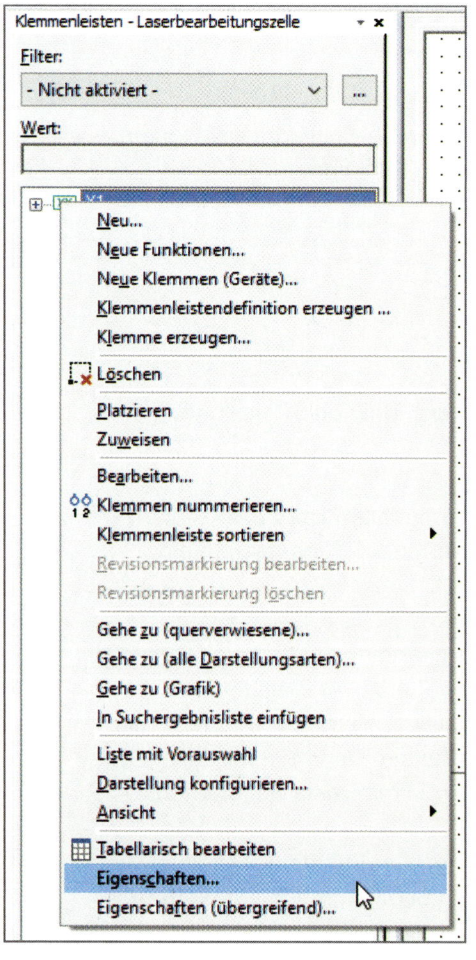

→ Wir wählen unter <Symbol/Funktionsdaten> ein anderes Symbol für diese Klemme aus.

→ Dazu klicken wir unter „Nummer/Name“ auf <...>.

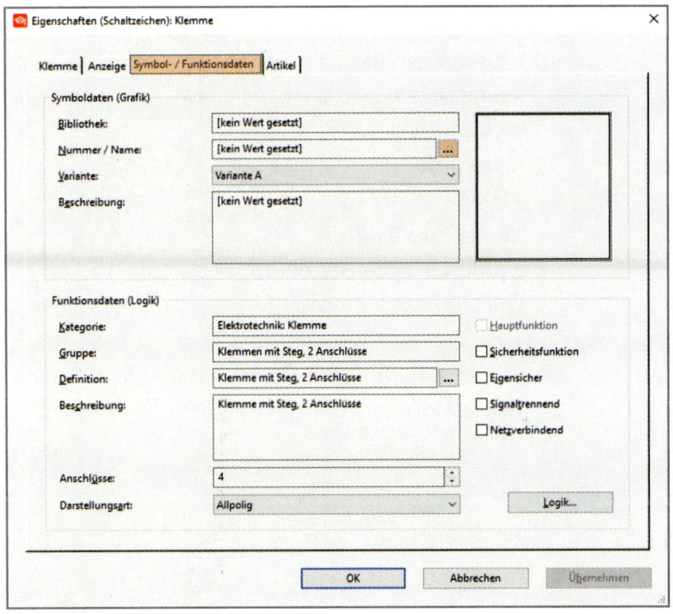

→ Im erscheinenden Dialog wählen wir das Symbol
<IEC_SYMBOL>
<Elektrotechnik>
<Klemmen und Stecker>
<Klemme>
<Klemmen mit Steg, 2 Anschlüsse>
<X2>
in der Variante A.

→ Wir bestätigen mit <OK>.

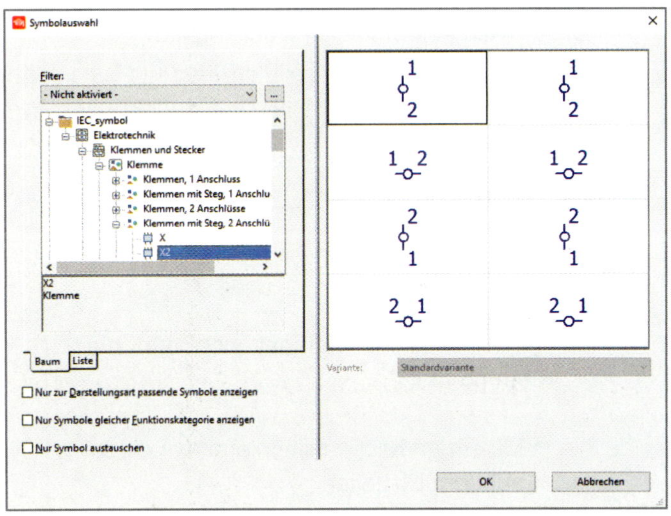

→ Im Registerreiter „Artikel“ klicken wir in der ersten Spalte unter „Artikelnummer“ auf die Schaltfläche <...>. Dadurch öffnen wir die Artikelauswahl.

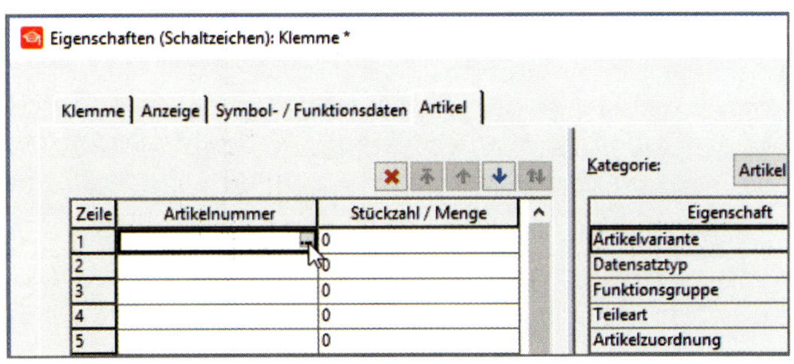

→ Unter
<Elektrotechnik>
<Einzelteil>
<Klemmen>
<Klemme>
<PXC>
<PXC.3031212>
wählen wir die benötigte Durchgangsklemme.

→ Alle erscheinenden Dialoge mit <OK> bestätigen.

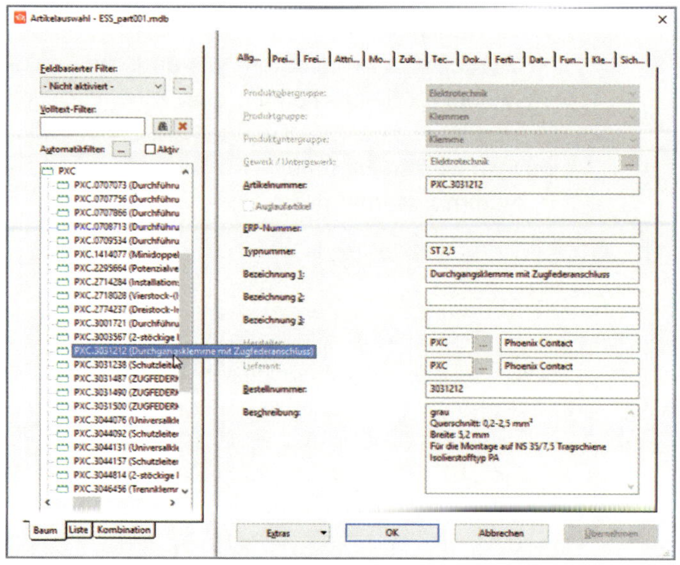

Nun werden die einzelnen Klemmen im Stromlaufplan eingefügt. Dazu gehen wir zuerst in den Hauptstromkreis.

→ Dann markieren wir die erste Klemme.

→ Nach einem Klick mit der rechten Maustaste auf die Markierung öffnet sich das Kontextmenü. Hier wählen wir:
<Platzieren>.

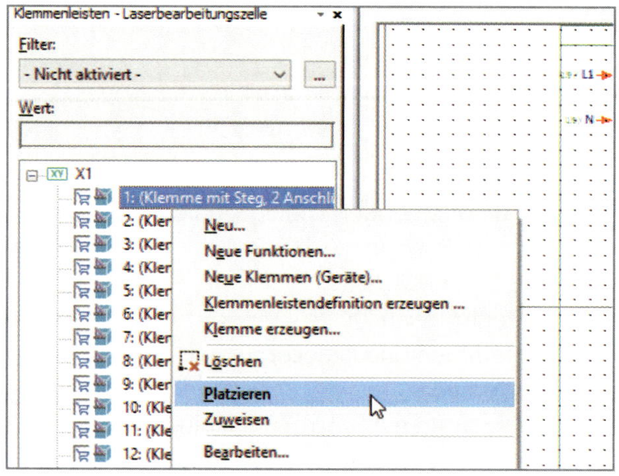

Am Mauszeiger befindet sich nun die Klemme „X1:1“.

→ Mit einem Klick positionieren wir diese auf dem L1-Leiter.

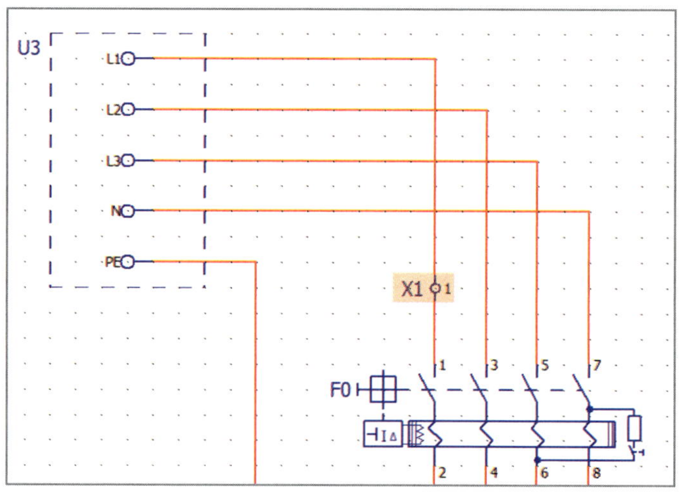

→ Wir markieren die nächsten drei Klemmen im Klemmenleistennavigator mit der Steuerungstaste (<Strg>) und anklicken. Anschließend ziehen wir diese mit gedrückter Steuerungstaste und linker Maustaste in den Hauptstromkreis.

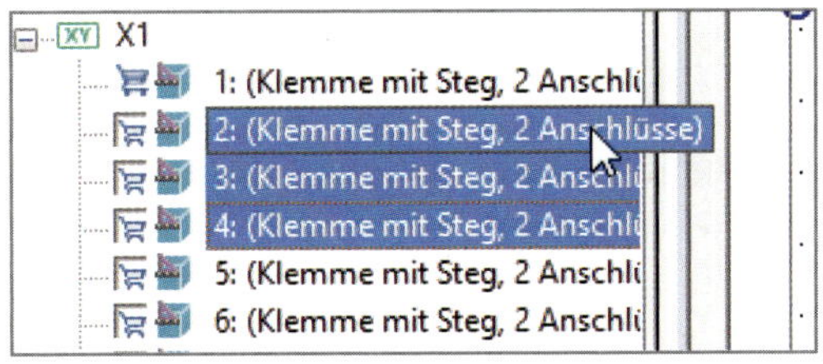

Am Mauszeiger befinden sich die Klemmen „X1:2" bis „X1:4".

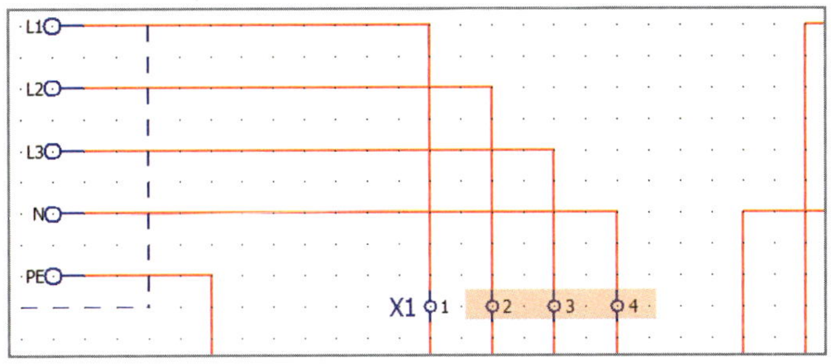

→ Wie bereits gelernt, platzieren wir die Klemmen auf die Leitungen der Phasen und dem Neutralleiter mit einem Klick.

→ Nach demselben Schema werden nun die restlichen Klemmen im Hauptstromkreis verteilt. Die Seite 61 zeigt, an welchen Stellen die Klemmen platziert werden.

Analog fügen wir eine Klemmleiste X2 mit 20 Klemmen für den Steuerstromkreis ein. Die Klemmen werden, wie auf Seite 62 zu sehen ist, platziert.

PE-Klemmen

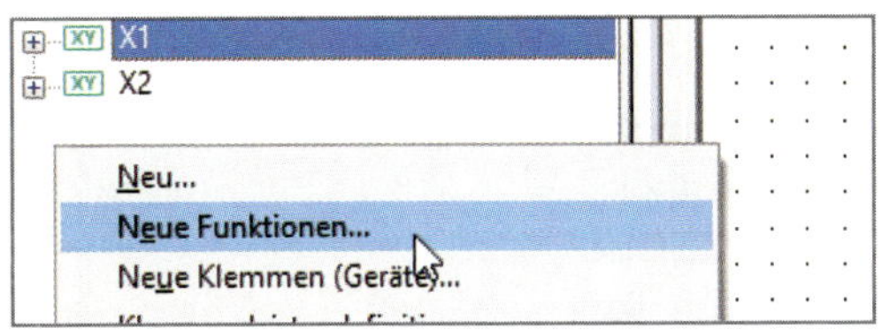

→ Die PE-Klemmen bilden eine eigene Klemmleiste, sodass wir für diese eine eigene Funktion über „Neue Funktionen ..." anlegen müssen, wie wir dies zuvor für die Klemmleiste X1 durchgeführt haben.

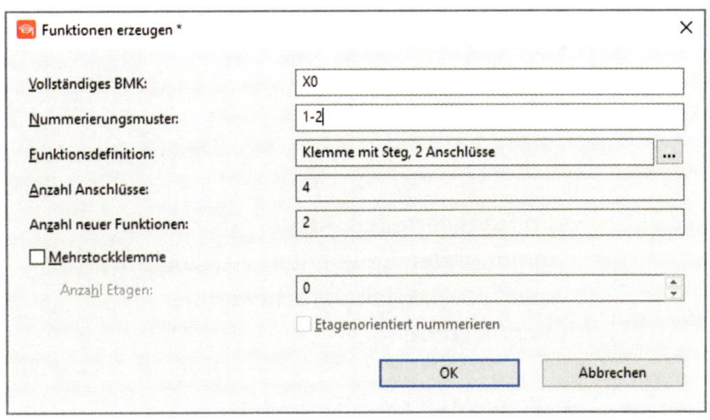

→ Die „Vollständige BMK" lautet „X0".

→ Unter „Nummerierungsmuster" erfolgt die Angabe der Anzahl der PE-Klemmen, in unserem Fall tragen wir „1-2" für zwei PE-Klemmen ein.

→ Anschließend wird die „Funktionsdefinition" bestimmt, mit einem Klick auf die Schaltfläche <...>.

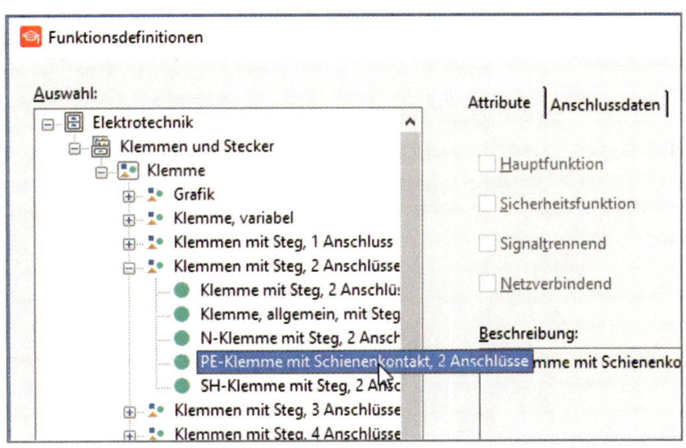

→ Hier wählen wir eine „PE-Klemme mit Schienenkontakt, 2 Anschlüsse" und bestätigen mit <OK>.

→ Den Dialog „Eigenschaften" beenden wir ebenfalls mit <OK>.

→ Als Nächstes legen wir die Eigenschaften der PE-Klemmleiste fest. Hierzu gehen wir auf die Eigenschaften der PE-Klemmleiste.

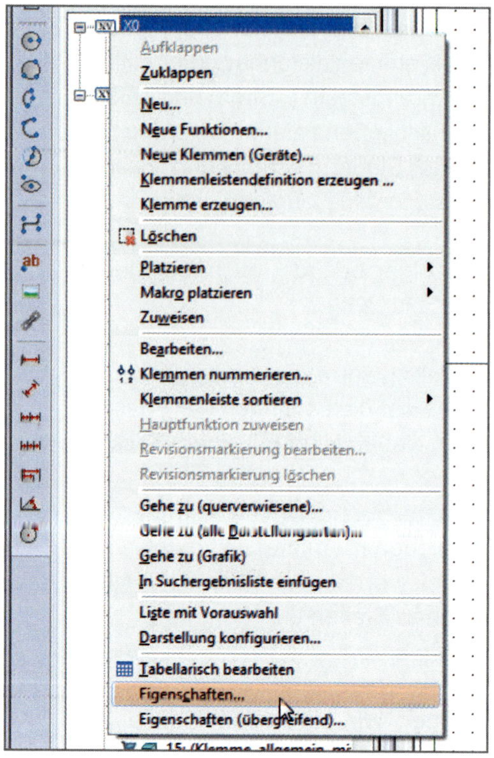

→ Dann klicken wir im Registerreiter „Symbol-/Funktionsdaten“ unter „Nummer/Name“ auf <...>.

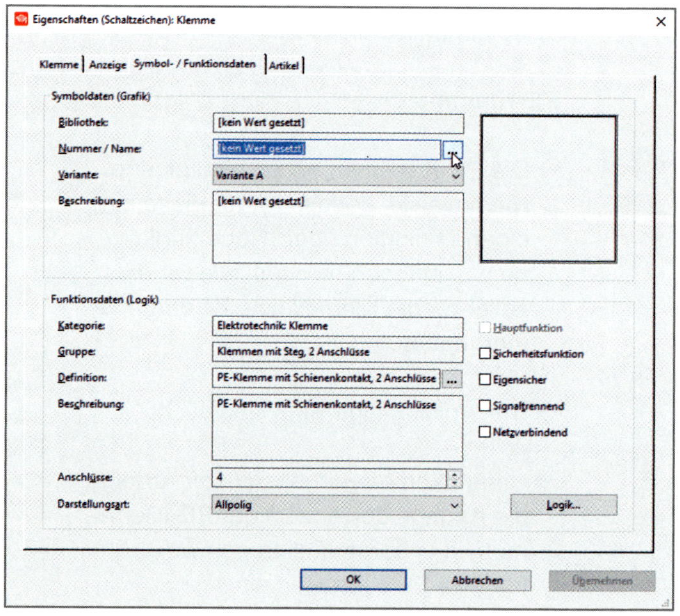

→ Im erscheinenden Dialog wählen wir das Symbol:
<IEC_SYMBOL>
<Elektrotechnik>
<Klemmen und Stecker>
<Klemme>
<Klemmen mit Steg,
 2 Anschlüsse>
<X2>

→ Im Registerreiter „Artikel“ klicken wir in der ersten Zeile unter „Artikelnummer“ auf die dann erscheinende Schaltfläche <…>.

→ Wir wählen die PE-Klemme „PXC.3031238“ und bestätigen mit <OK>.

→ Die PE-Klemme 1 platzieren wir auf der PE-Leitung links neben den X1-Klemmen.

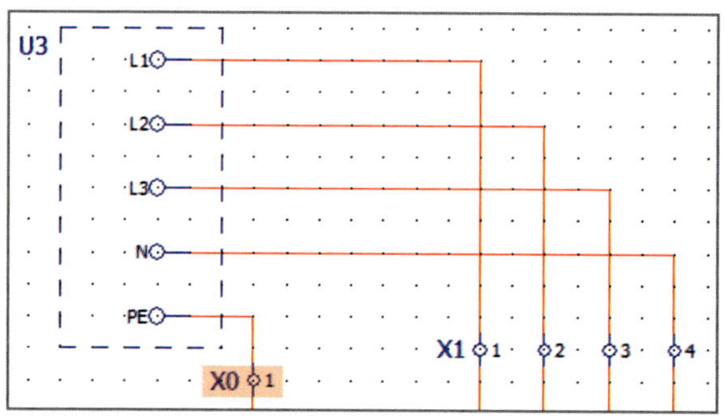

Der Hauptstromkreis mit Klemmen

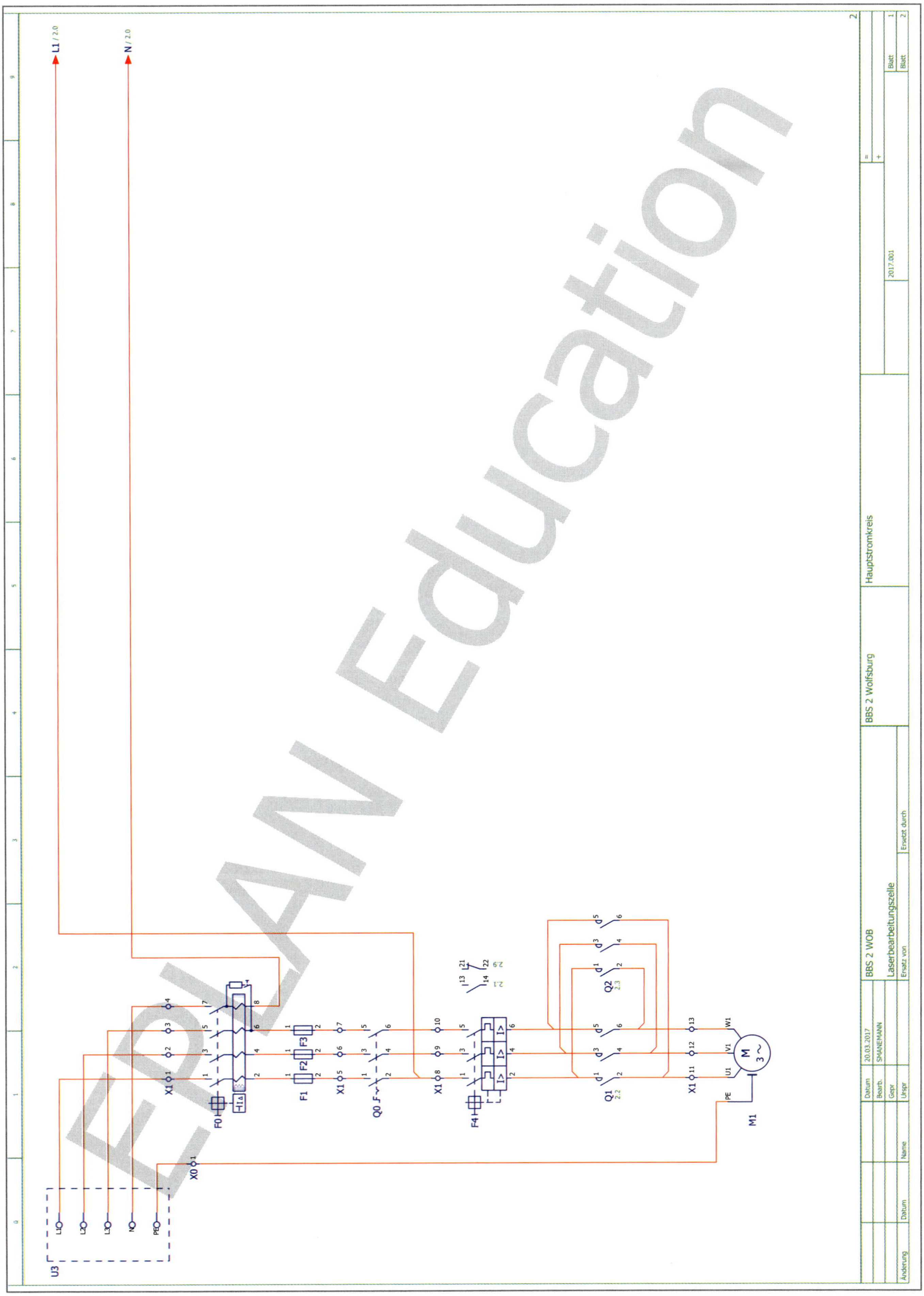

Der Steuerstromkreis mit Klemmen

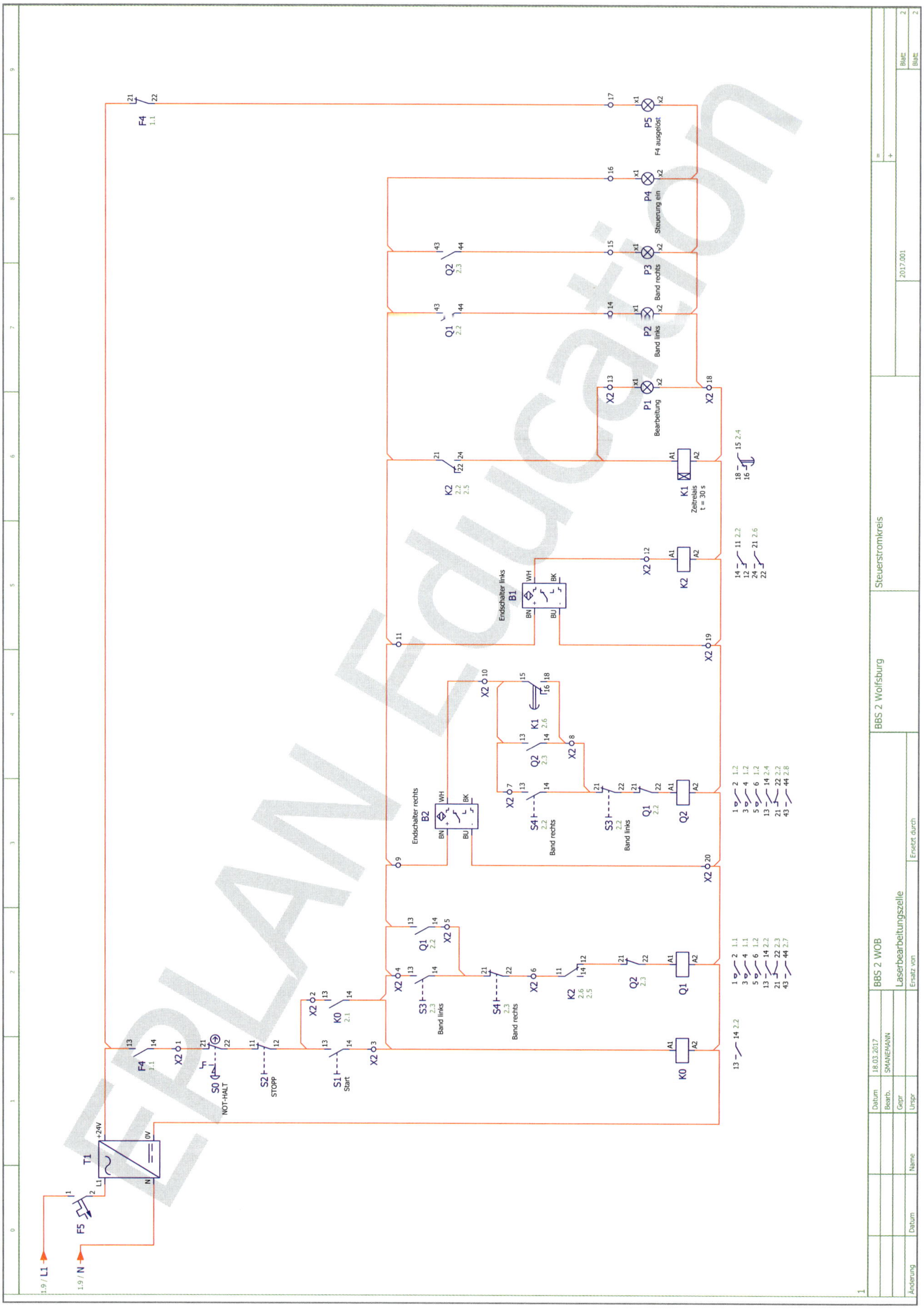

5.2 Einen Klemmenplan erzeugen

In EPLAN gibt es die Möglichkeit, den Klemmenplan automatisch erzeugen zu lassen.

→ Dazu klicken wir auf:
<Dienstprogramme>
<Auswertungen>
<Erzeugen…>.

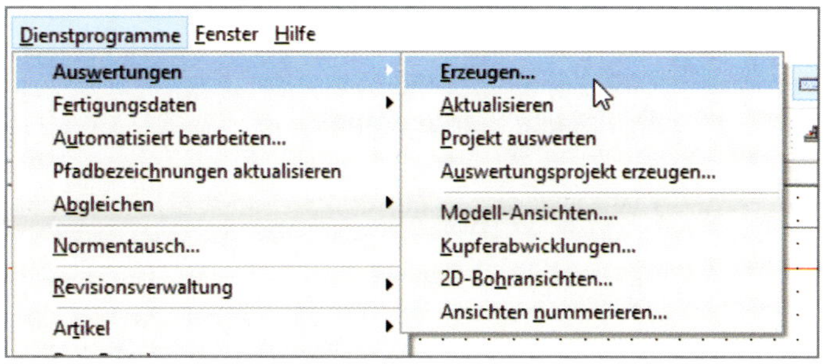

→ Nun muss eine neue Seite erstellt werden. Dazu klappen wir den Baum „Laserbearbeitungszelle" auf, wählen über Rechtsklick auf <Seiten> das Kontextmenü und klicken auf <Neu…>.

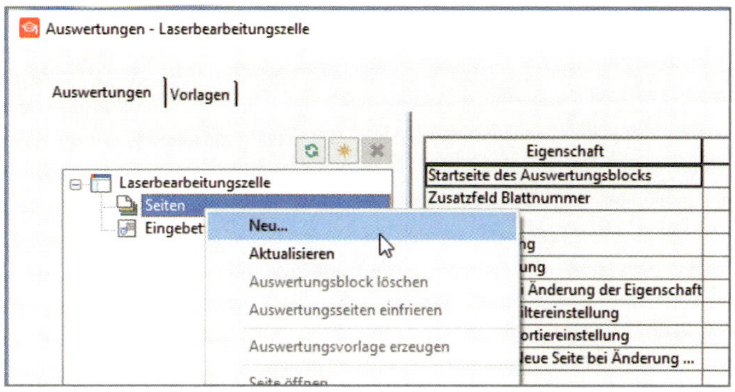

→ Unter „Auswertung festlegen" wählen wir den „Klemmenplan" und bestätigen mit <OK>.

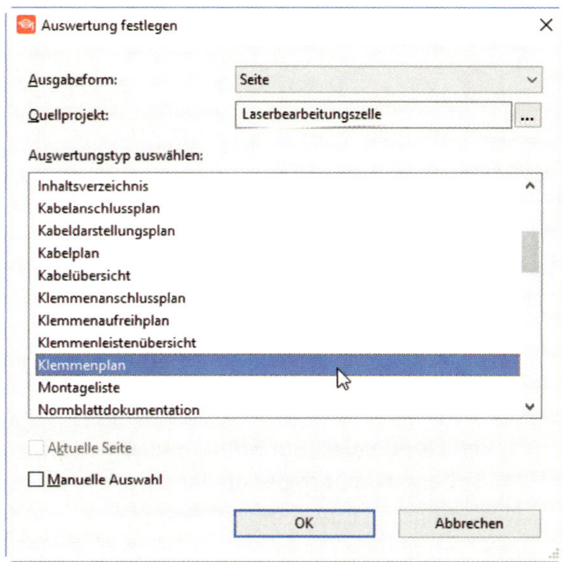

Im nächsten Dialog „Filter/Sortierung – Klemmenplan" kann man verschiedene Filter auswählen, was in diesem Beispiel aber nicht nötig ist.

→ Wir bestätigen mit <OK>.

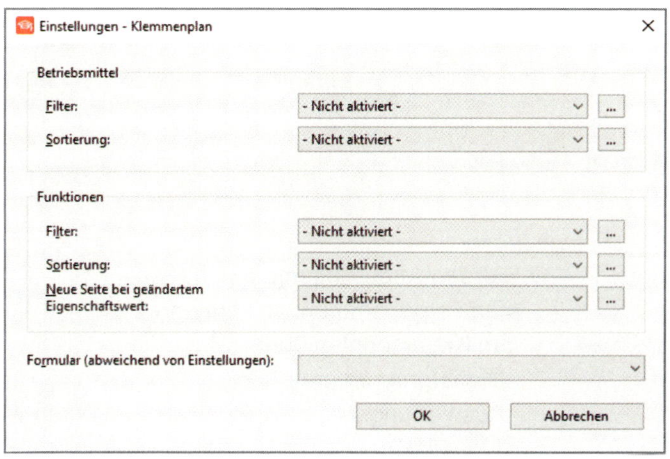

→ Im nächsten Dialog „Klemmenplan (Gesamt)“ wird die Anordnung des Klemmenplans im Projekt festgelegt. Wenn wir im Seiten-Navigator die Seite „2 Steuerstromkreis“ anklicken, wird der Klemmenplan automatisch hinter der Seite 2 angeordnet.

→ Wir bestätigen mit <OK>.

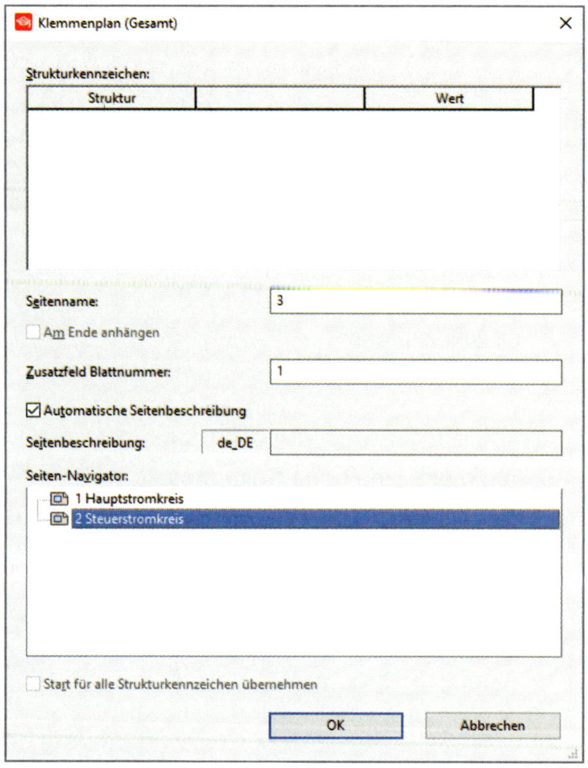

→ In der Baumstruktur des Registers „Auswertungen“ können wir durch Klick auf
<Seiten>
<Klemmenplan>
<X0>, <X1> bzw. <X2>
den Klemmenplan sehen.

→ Wir bestätigen mit <Schließen>.

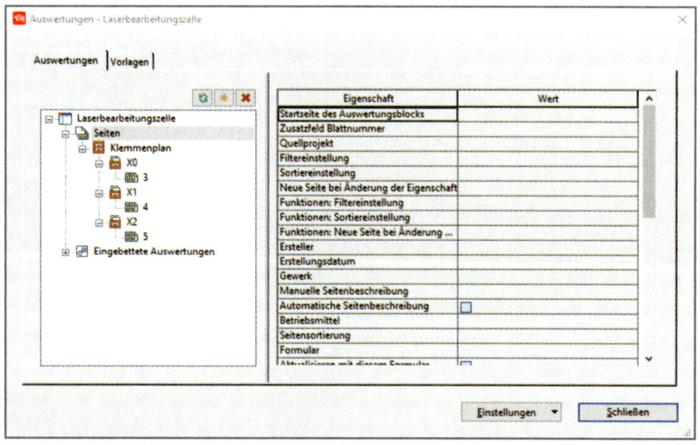

→ Durch Doppelklick auf Klemmenplan im Seitennavigator können wir den Klemmenplan im Arbeitsbereich öffnen und ansehen.

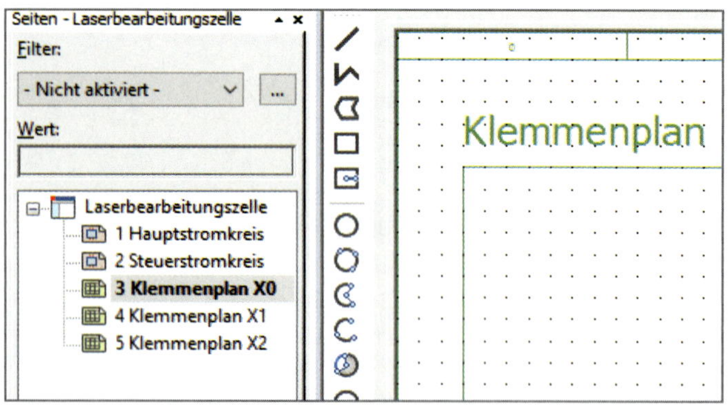

→ Werden Änderungen bei den Klemmen vorgenommen, so können wir den Klemmenplan über
<Dienstprogramme>
<Auswertungen>
<Aktualisieren>
aktualisieren.

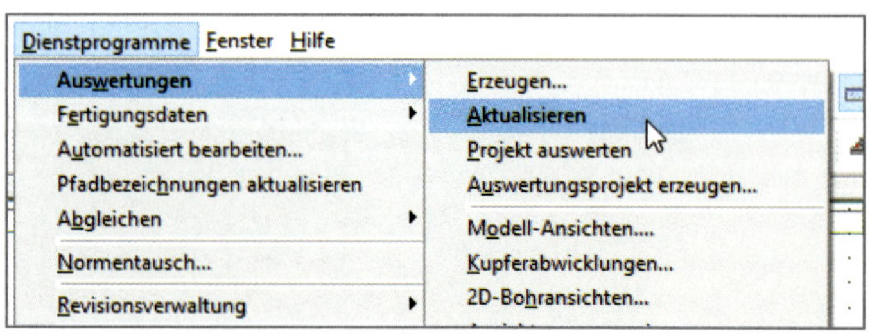

5.3 Stecker einfügen

Da die Sensoren und der Motor über einen Stecker mit dem Schaltkasten verbunden sind, fügen wir die Stecker in den Schaltplan ein.

→ Dazu gehen wir in den Hauptstromkreis und klicken dann auf:
<Einfügen>
<Symbol...>

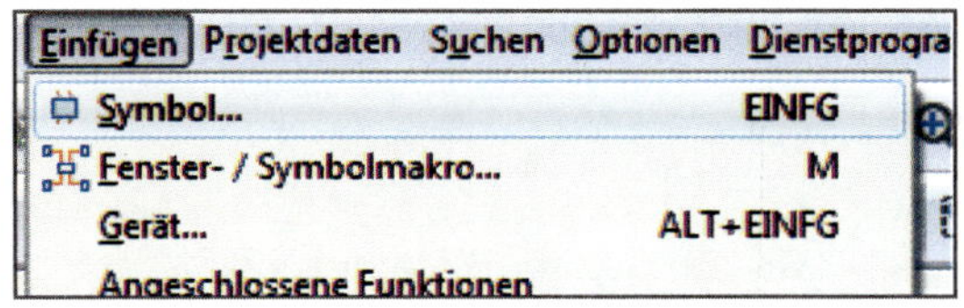

→ Im erscheinenden Dialog wählen wir
<Elektrotechnik>
<Klemmen und Stecker>
<Steckerkontakt>
<Steckerkontakt, 2 Anschlüsse>
<XBS>
in der Variante A.

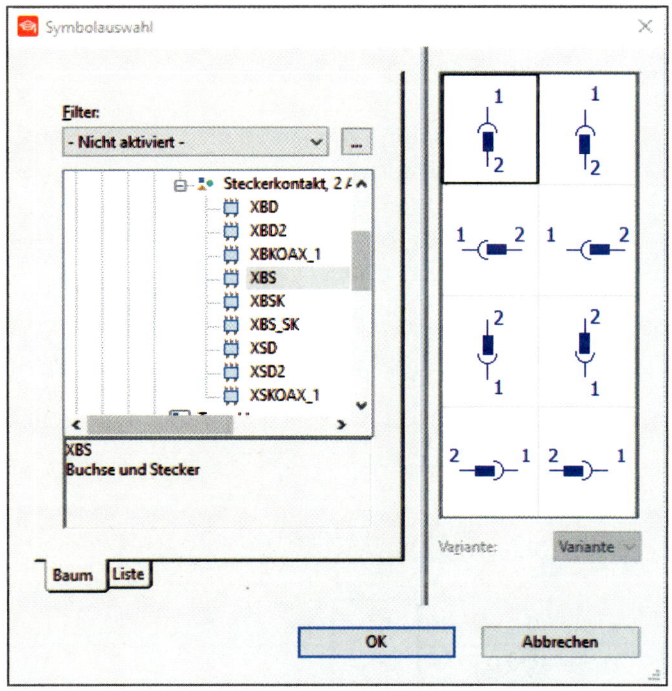

→ Wir platzieren den Stecker an die Zuleitung des Motors und starten mit dem Anschluss des PE-Leiters.

→ Das BMK nennen wir X10 und die Bezeichnung lautet PE.

Die Bezeichnung X10 wurde gewählt, um Reserve für weitere Klemmen im Schaltschrank zu lassen. X10 ist ein „schwerer Steckverbinder“ an der Flanschplatte des Schaltschranks.

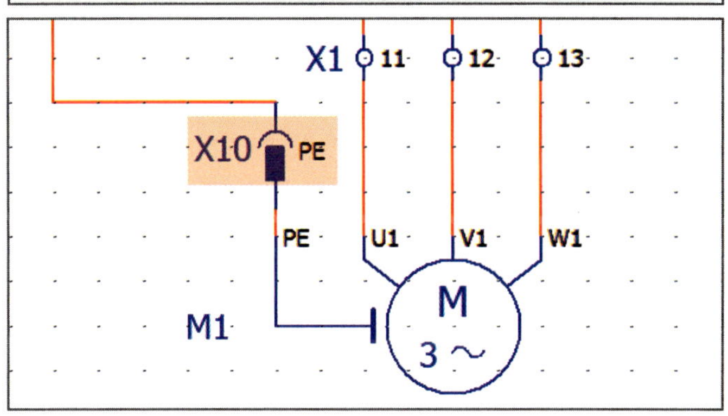

→ Auf gleiche Art und Weise verbinden wir die anderen Leitungen.

→ Das Ergebnis sollte wie rechts abgebildet aussehen.

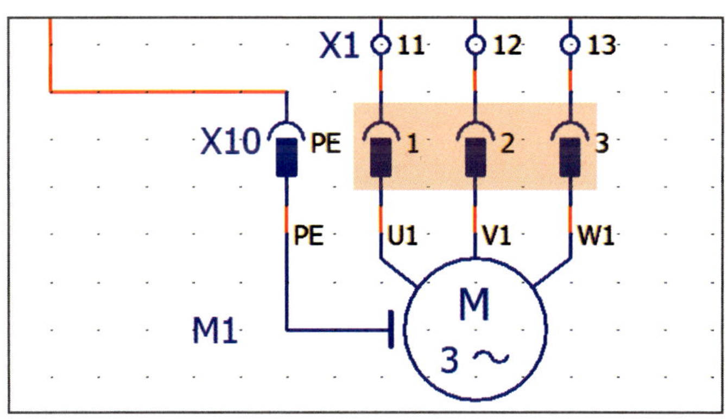

→ Nach dem gleichen Muster fügen wir die Steckerkontakte bei den Sensoren im Steuerstromkreis ein, siehe unten. Dabei ist darauf zu achten, auf welcher Seite Buchse und Stecker angeordnet sind. Dies lässt sich über die Variante bestimmen.

→ Das BMK am Sensor B1 lautet X20.

→ Das BMK am Sensor B2 lautet X21.

Die BMKs für die Sensorsteckverbinder wurden mit 20 gestartet, da die Sensoren zum Steuerstromkreis gehören.

Bei Sensoren werden häufig andere Steckverbindertypen gewählt als bei schweren Steckverbindern zu Motoren.

Sensorsteckverbinder sind häufig als metrische M8- oder M12-Steckverbinder ausgeführt.

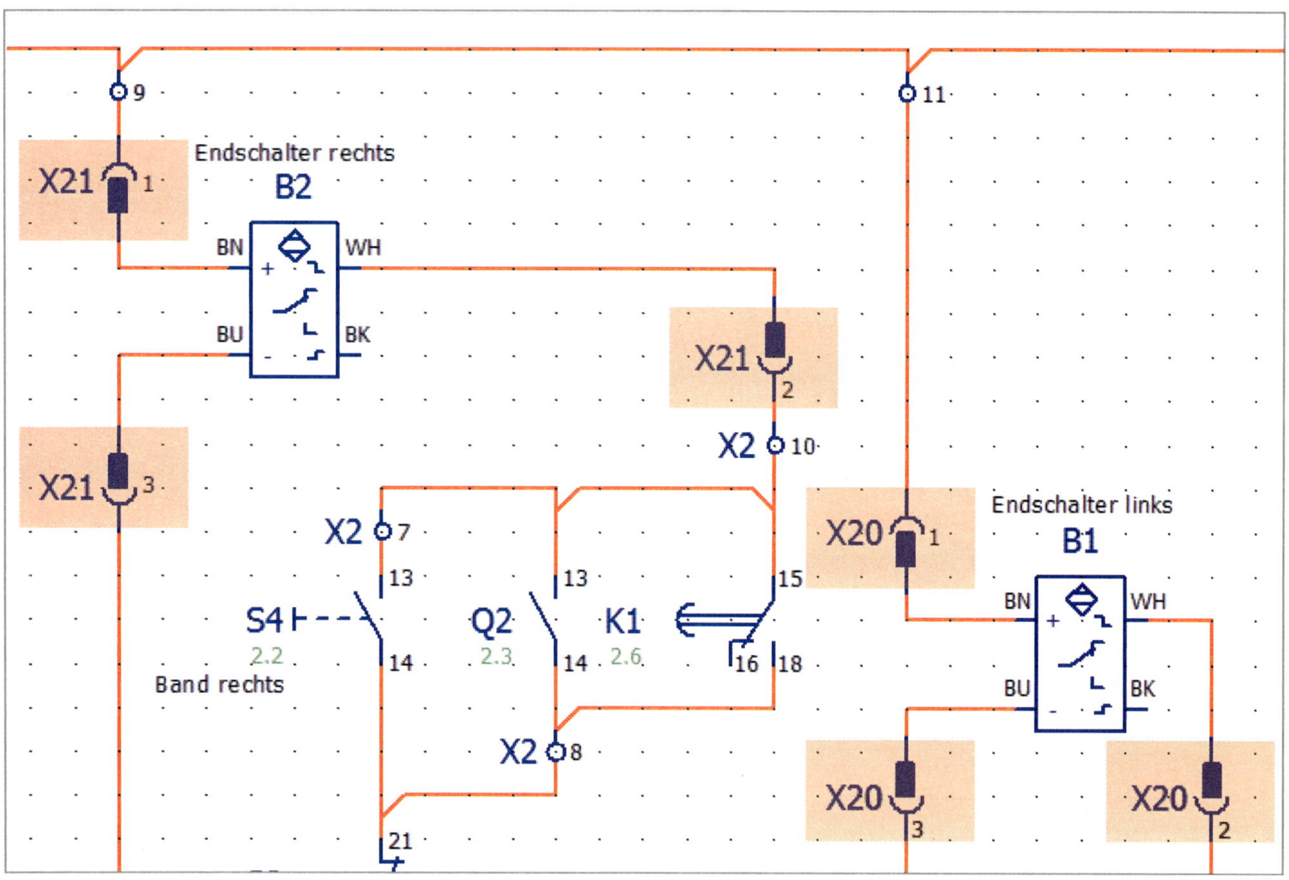

6 Artikel/Geräte zuweisen

Im Folgenden wollen wir den Schaltzeichen, die wir eingefügt haben, Artikel hinterlegen. Dazu verwenden wir einen Teil der Artikel, die bereits in der EPLAN-Artikeldatenbank vorhanden sind. Wir verwenden allerdings auch Artikel, die in dieser Datenbank nicht vorhanden sind. Diese werden von uns manuell eingefügt bzw. importiert.

Da in dieser Dokumentation auf eine vorbereitete Artikeldatenbank zugegriffen werden soll, werden wir jetzt näher auf das Importieren von Artikeln eingehen.

Die Artikeldatenbank, mit der wir arbeiten wollen, müssen Sie zuvor aus dem Internet downloaden. Die Artikeldatenbank ist zum einen auf der Webseite des Verlags unter www.bildungsverlag1.de in den Ergänzenden Materialien dieses Buchs (44492) wie auch auf der Seite www.manemann.net unter „Download“ abgelegt.

Die Datei nach dem Download bitte entpacken.

Eine Alternative zum Importieren einer Artikeldatenbank ist das EPLAN Data Portal, welches im Kapitel 13 auf der Seite 118 beschrieben wird.

Import der Artikeldatenbank

→ Um das Menü der Artikelverwaltung zu öffnen, wählen wir:
<Dienstprogramme>
<Artikel>
<Verwaltung...>

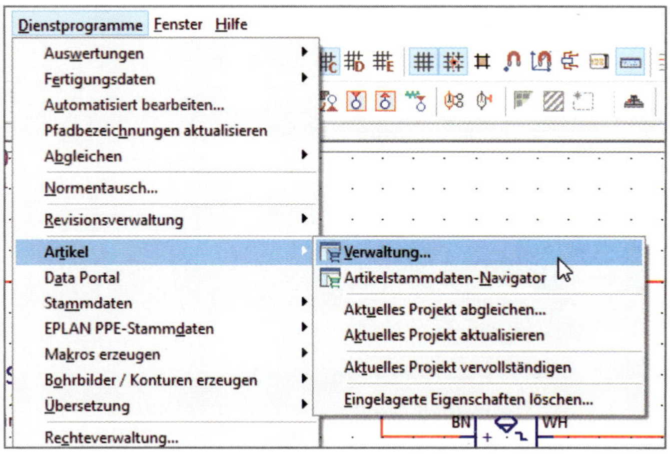

Im erscheinenden Dialog „Artikelverwaltung“ hat man die Möglichkeit, in der Baumhierarchie einen bestehenden Artikel der Datenbank auszuwählen und diesen zu verwenden oder sich auch nur Informationen dazu anzeigen zu lassen.

→ Wir wollen allerdings zuerst neue Artikel importieren und klicken dazu auf <Extras>.

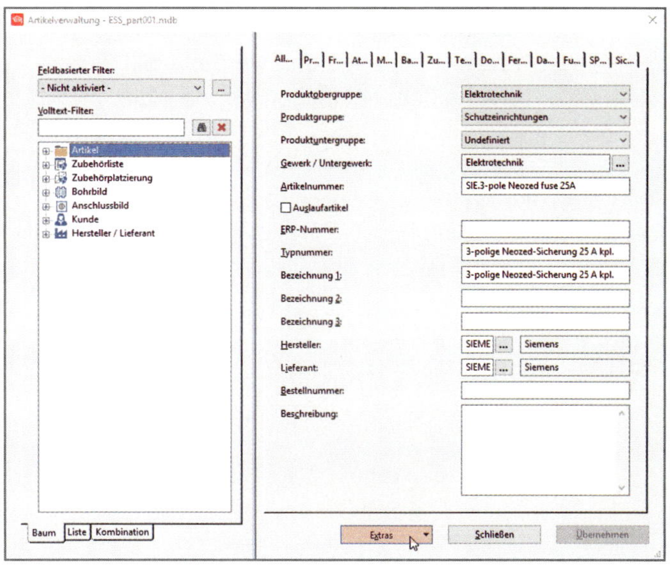

→ In der aufklappenden Menüleiste wählen wir <Importieren...>.

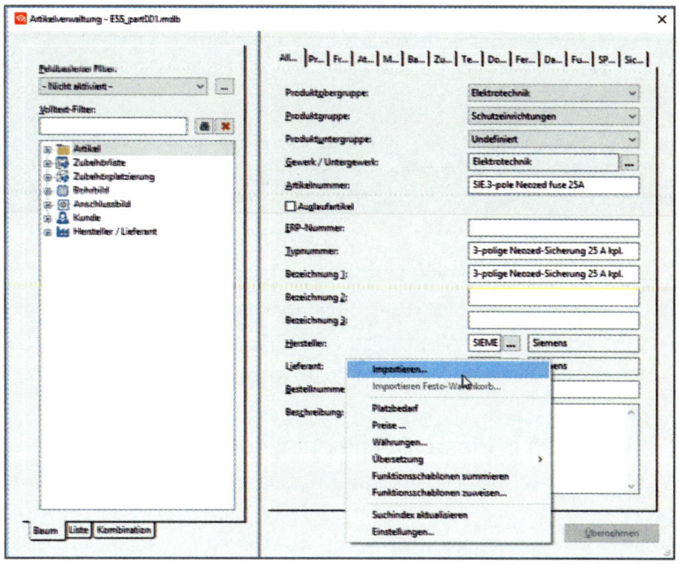

→ Im Dialog „Datensätze importieren“ wählen wir als Dateityp „XML“, da unsere neuen Datensätze in diesem Format vorliegen.

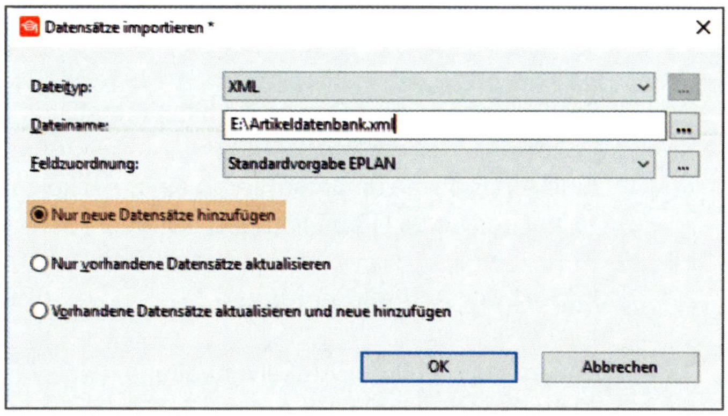

→ Unter Dateiname geben wir den Pfad und den Namen unserer neuen Artikeldatenbank an, in unserem Falle ist das „F:\Artikeldatenbank.xml“.

→ Unten im Dialog ist die Option „Nur neue Datensätze hinzufügen“ zu selektieren.

→ Wir bestätigen unsere Auswahl mit <OK>.

→ Wir schließen den Dialog <Artikelverwaltung> über den Button <Schließen>.

→ Sollte der Dialog, ob ein Artikeldatenabgleich durchgeführt werden soll, erscheinen, bestätigen wir mit <Ja>.

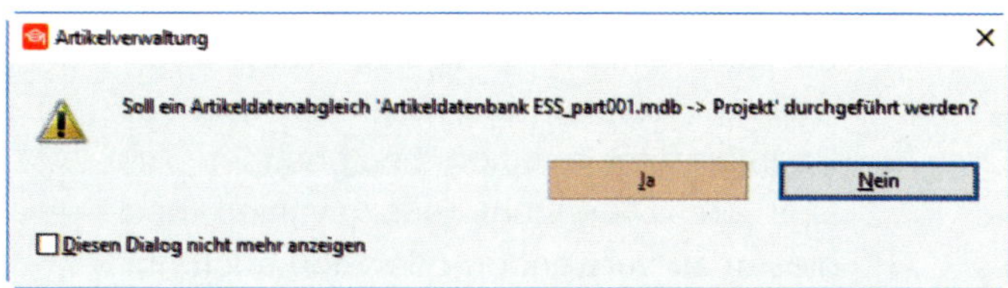

Dem Fehlerstromschutzschalter einen Artikel zuweisen

Als Erstes weisen wir dem Fehlerstromschutzschalter einen Artikel zu.

→ Durch Doppelklick auf die Seite „1 Hauptstromkreis“ im Seitennavigator öffnen wir den Hauptstromkreis.

→ Mit einem Klick der rechten Maustaste auf den Fehlerstromschutzschalter „F0“ öffnet sich das Kontextmenü. Hier klicken wir dann auf „Eigenschaften“.

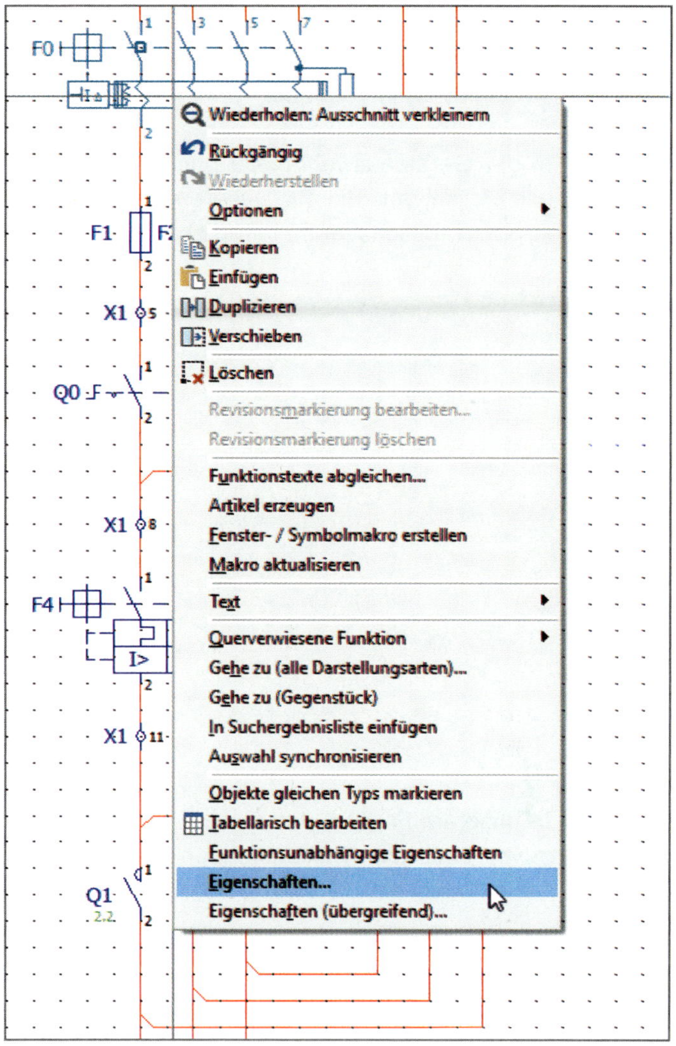

→ Im Eigenschaftendialog wählen wir den Reiter „Artikel“.

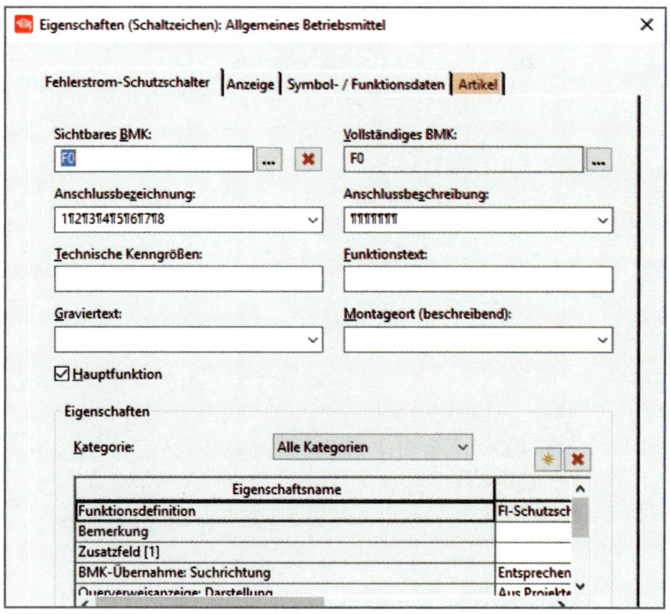

→ Nun wählen wir mit <Geräteauswahl> einen Artikel für unseren Fehlerstromschutzschalter F0 aus.

In der Geräteauswahl bietet uns EPLAN alle Artikel an, die für unseren Fehlerstromschutzschalter F0 infrage kommen.

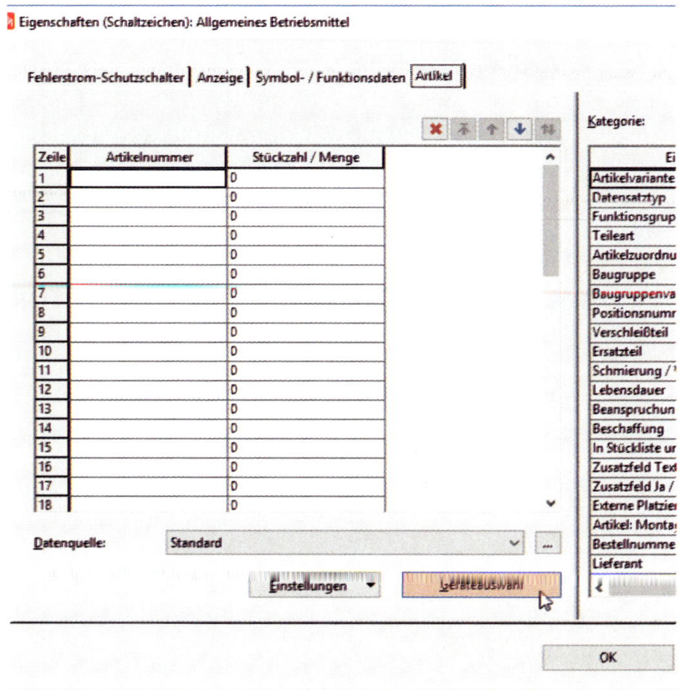

In unserem Falle ist das nur der von uns zuvor über die Artikeldatenbank importierte Artikel „ABB.F204A-25/0,03“.

→ Wir wählen diesen aus und schließen den Dialog mit <OK>.

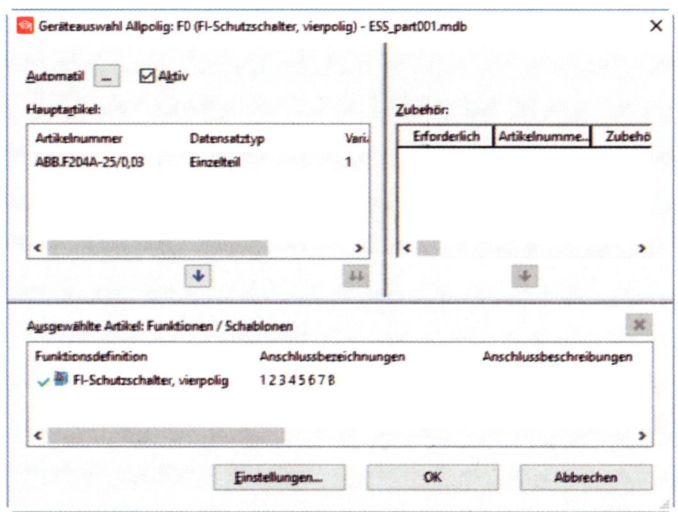

Der Tabelle ist zu entnehmen, dass der Artikel übernommen wurde.

→ Wir schließen auch diesen Dialog mit <OK>.

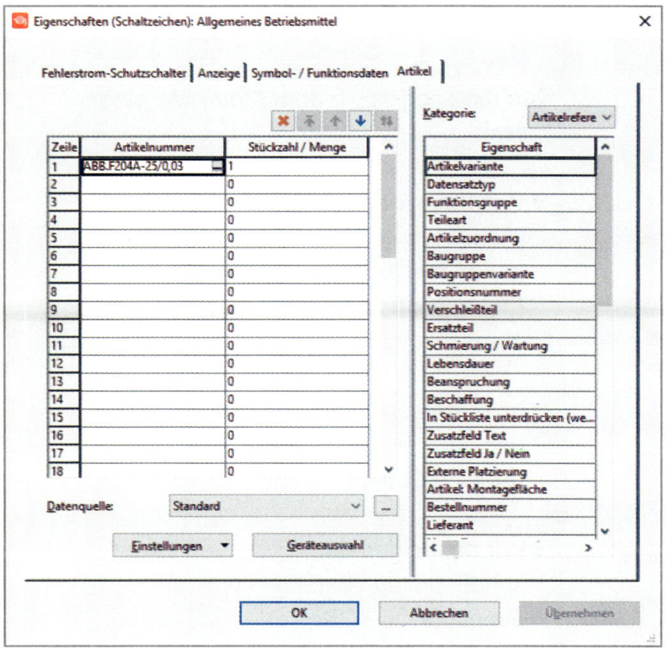

Dem Hauptschalter einen Artikel zuweisen

Als Nächstes hinterlegen wir dem Hauptschalter Q0 einen Artikel.

→ Wie beim Fehlerstromschutzschalter F0 klicken wir mit der rechten Maustaste auf das Bauteil und gehen in den Eigenschaftsdialog, indem wir, wie zuvor, die <Geräteauswahl> auswählen.

→ Im Geräteauswahldialog wählen wir den verfügbaren Artikel „SIE.3LD2 504-0TK53".

→ Wir bestätigen mit <OK>. Den Eigenschaftsdialog bestätigen wir danach ebenfalls mit <OK>.

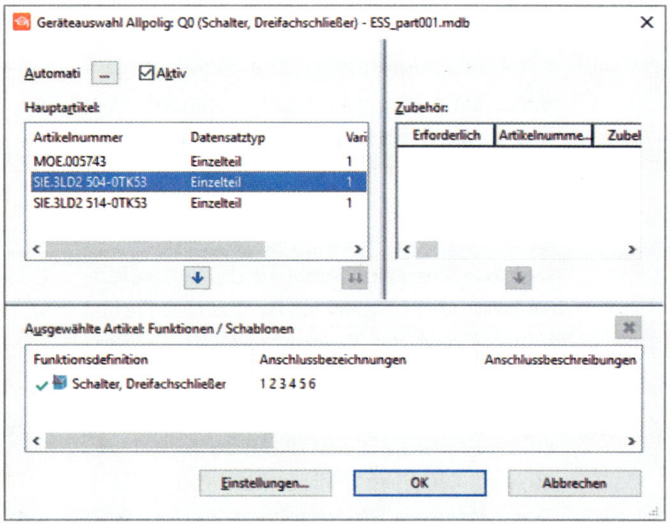

Dem Motorschutzschalter einen Artikel zuweisen

Danach hinterlegen wir dem Motorschutzschalter F4 einen Artikel.

→ Wie beim Hauptschalter Q0 klicken wir mit der rechten Maustaste auf das Bauteil und gehen in den Eigenschaftsdialog, indem wir <Geräteauswahl> auswählen.

→ Im Geräteauswahldialog wählen wir den verfügbaren Artikel „MOE.5306".

→ Wir bestätigen mit <OK>. Den Eigenschaftsdialog bestätigen wir danach ebenfalls mit <OK>.

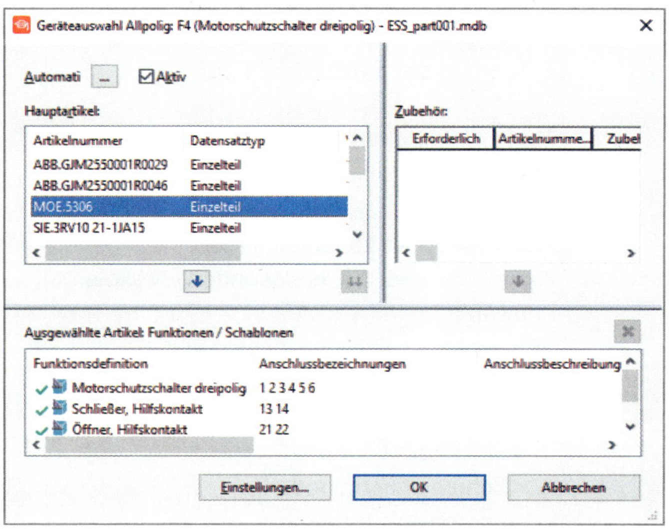

Dem Motor einen Artikel zuweisen

Nun hinterlegen wir dem Motor M1 einen Artikel.

→ Wie beim Motorschutzschalter F4 klicken wir mit der rechten Maustaste auf das Bauteil und gehen in den Eigenschaftsdialog, indem wir <Geräteauswahl> auswählen.

→ Im Geräteauswahldialog wählen wir den verfügbaren Artikel „LENZE.080-13".

→ Wir bestätigen mit <OK>. Den Eigenschaftsdialog bestätigen wir danach ebenfalls mit <OK>.

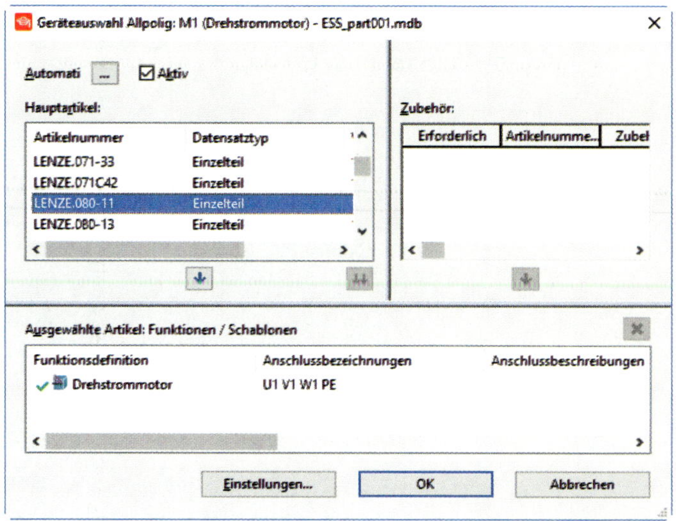

Der Sicherung F1 die Artikel zuweisen

Als Nächstes wollen wir der Sicherung F1 Artikel hinterlegen. Die Sicherung F1 setzt sich aus mehreren Einzelartikeln wie Sockel, Passeinsatz, Schmelzsicherung etc. zusammen.

Es soll eine Schmelzsicherung eingesetzt werden, die noch nicht in der Artikeldatenbank von EPLAN vorhanden ist. Daher müssen wir die Einzelartikel der Sicherung F1 zuvor der Datenbank hinzufügen.

Das Verfahren, zusätzliche Artikel zu erstellen, wird im Folgenden dargestellt. Der komplette Prozess findet in der „Artikelverwaltung" statt.

→ Wir rufen die Artikelverwaltung über den markierten Button „Artikelverwaltung" in der Symbolleiste auf.

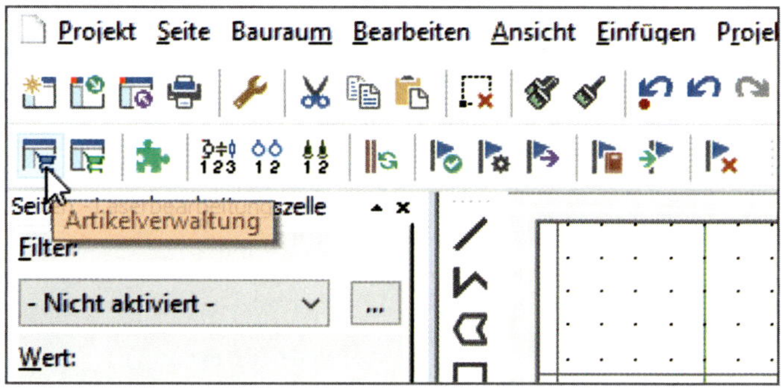

Nun erscheint das Fenster „Artikelverwaltung".

Hier muss man zunächst mittels Filter die Kategorie des zu erstellenden Artikels auswählen.

→ In unserem Beispiel wählen wir:
<Artikel>
<Elektrotechnik>
<Einzelteil>
<Schutzeinrichtungen>
<Schmelzsicherungen>
<PXC>

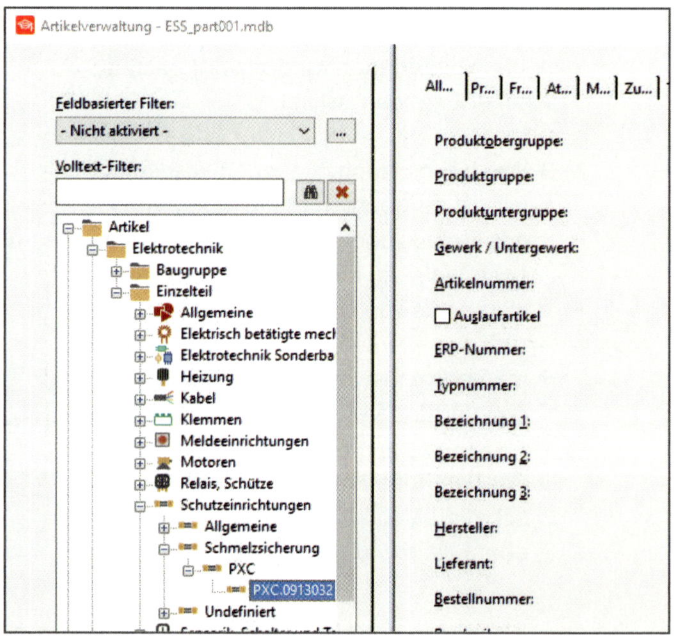

In der ausgewählten Kategorie sind nun die bereits verfügbaren Artikel aufgelistet.

→ Um das Einfügen eines neuen Artikels zu erleichtern, sucht man zunächst nach einem ähnlichen Artikel, hier z. B. „PXC.0913032“.

→ Nachdem wir den Artikel mit der rechten Maustaste angeklickt haben, öffnet sich ein Menü, in dem wir den Befehl <Neu> auswählen.

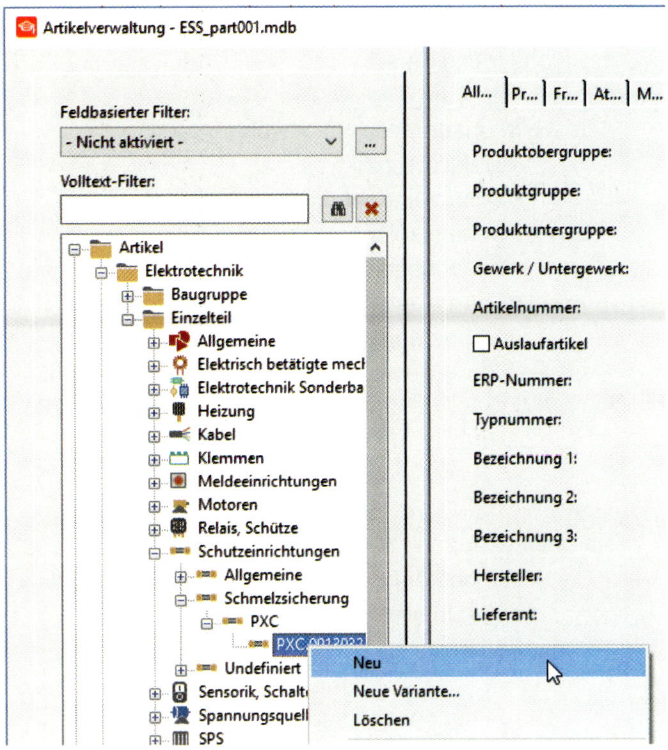

Im rechten Teil des Fensters können wir jetzt die verschiedenen Artikelmerkmale verändern bzw. neu eintragen.

→ Hierbei ändern wir die Artikelnummer in „SIE.5SE2316“ um und wählen im Feld „Hersteller“ und „Lieferant“ die Firma Siemens aus.
Bei der Bestellnummer tragen wir „5SE2316“ ein.

Je nach Bedarf können wir nun weitere Angaben machen bzw. anpassen, wie z.B. bei der Beschreibung des Artikels.

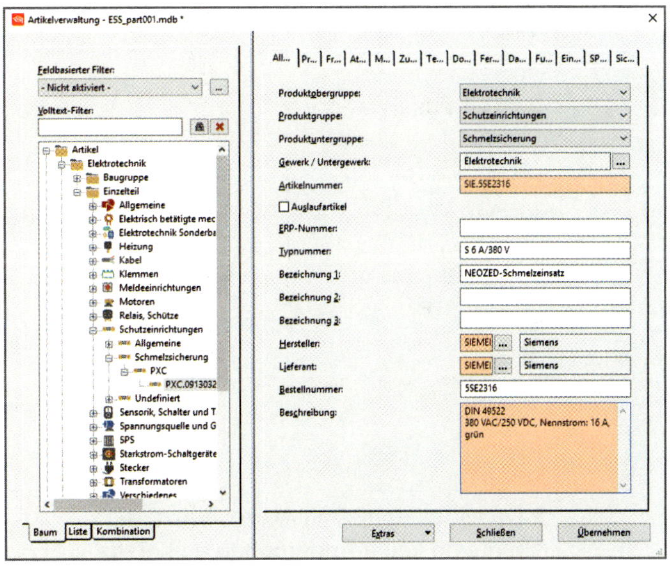

Im Reiter „Technische Daten“ müssen die Anschlussbezeichnung und Kenngrößen festgelegt sowie die Symbolbibliothek angeben werden.

→ Im Feld „Technische Kenngrößen“ setzen wir den Wert auf „16A“.

→ Zuletzt klicken wir auf den Button „Übernehmen“.

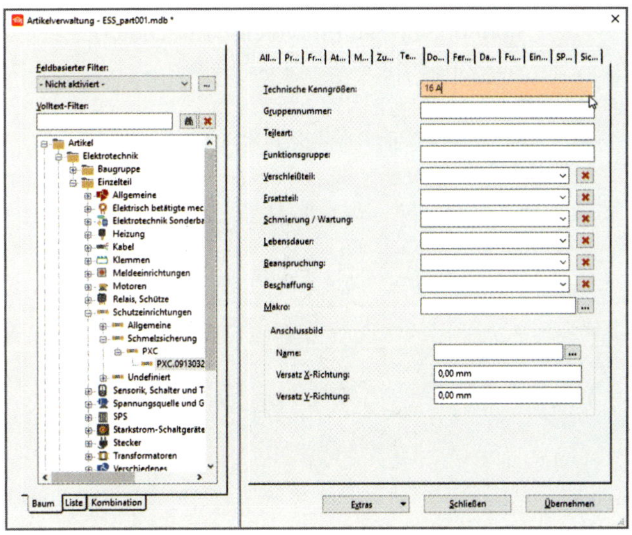

Nun öffnet sich ggf. das Fenster „Funktionsdefinitionen“.

→ In unserem Beispiel wählen wir
<Elektrotechnik>
<Schutzeinrichtung>
<Schmelzsicherung>
<Einfachschmelzsicherung>
<Schmelzsicherung>
und bestätigen mit <OK>.

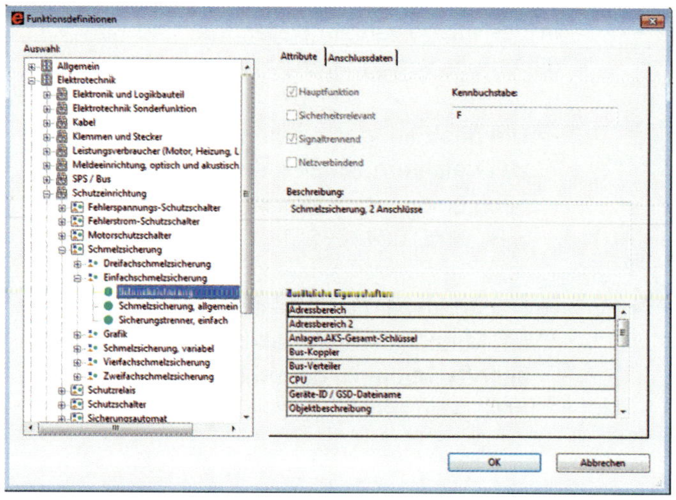

→ Wir bestätigen die Angaben mit Klick auf <Übernehmen> und schließen das Fenster.

Die Funktionsdefinition kann auch im Register „Funktionsschablonen“ in der Artikelverwaltung aufgerufen werden.

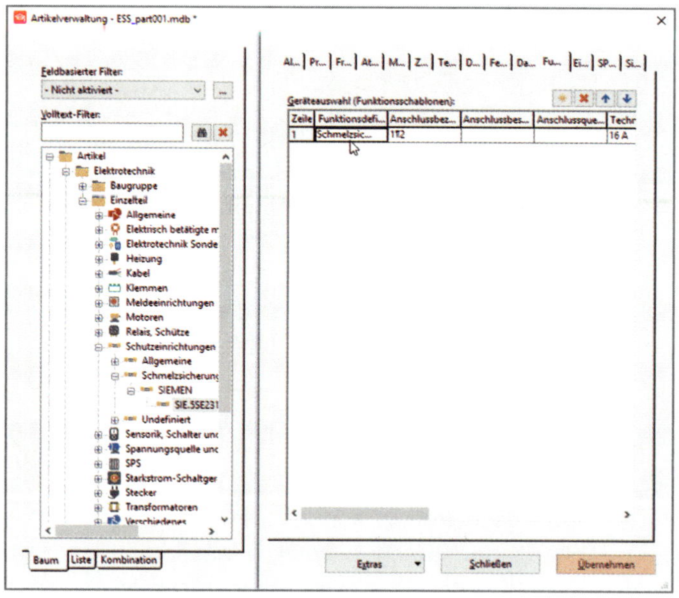

→ Da wir einen neuen Artikel hinzugefügt und keine Änderungen an bereits bestehenden Artikeln gemacht haben, können wir den erscheinenden Dialog gefahrlos mit <Ja> abschließen.

→ Den folgenden Dialog bestätigen wir mit <OK>.

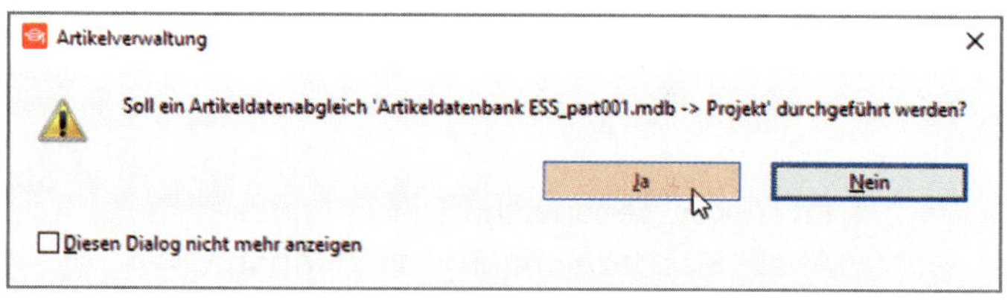

Die Schmelzsicherung der Sicherung F1 zuweisen

Jetzt können wir der Sicherung F1 im Hauptstromkreis die erstellte Schmelzsicherung als Artikel zuweisen.

→ Wie schon zuvor klicken wir mit der rechten Maustaste die Sicherung F1 an und gehen in den Eigenschaftsdialog <Eigenschaften>, in dem wir im Reiter <Artikel> <Geräteauswahl> auswählen.

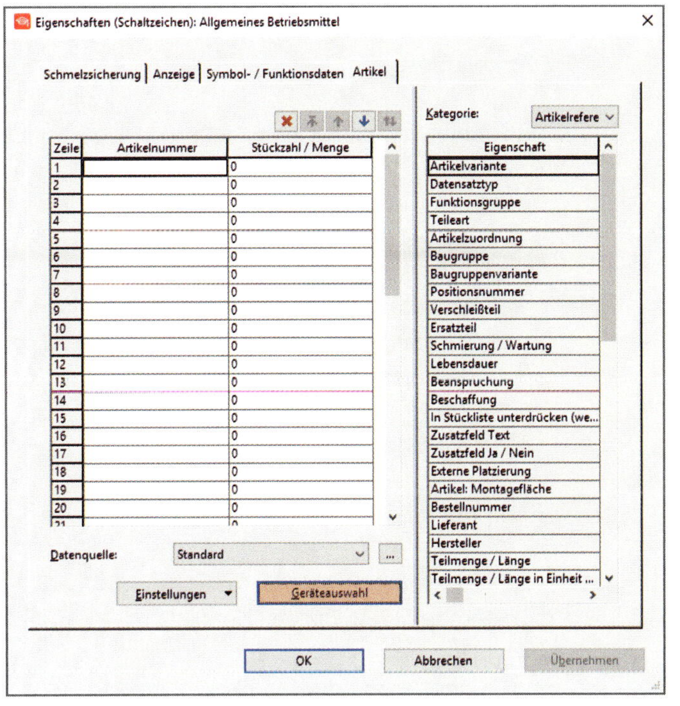

→ Im Geräteauswahldialog wählen wir den jetzt verfügbaren Artikel „SIE.5SE2316“.

→ Wir bestätigen mit <OK>.

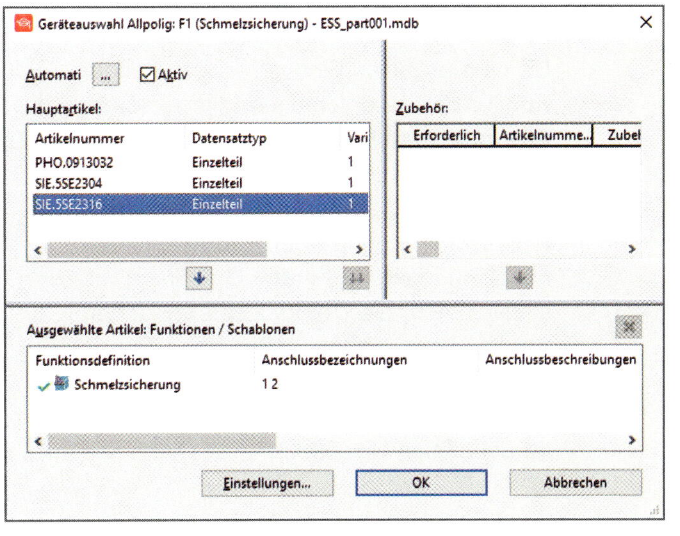

Der Sicherung F1 weitere Artikel zuweisen

Da zu der Sicherung noch Sockel, Deckel und Passeinsatz benötigt werden, müssen der Sicherung F1 noch weitere Artikel hinzugefügt werden.

→ Wir klicken dazu im Dialog „Eigenschaften“ in der Spalte „Artikelnummer“ in der zweiten Zeile auf <...>.

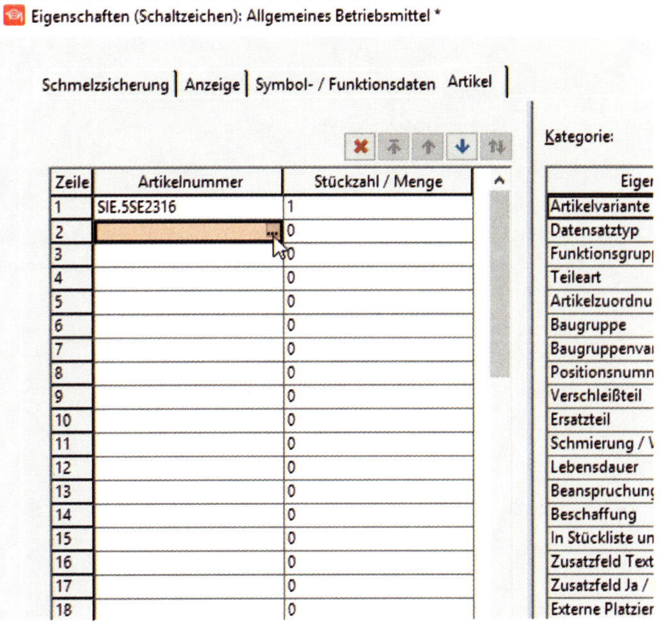

Den Sicherungssockel der Sicherung F1 zuweisen

Als Erstes wählen wir den Sicherungssockel aus.

→ Er befindet sich unter:
<Elektrotechnik>
<Einzelteil>
<Schutzeinrichtungen>
<Undefiniert>
<SIEMEN>
<SIE.5SG1300>

→ Wir bestätigen mit <OK>.

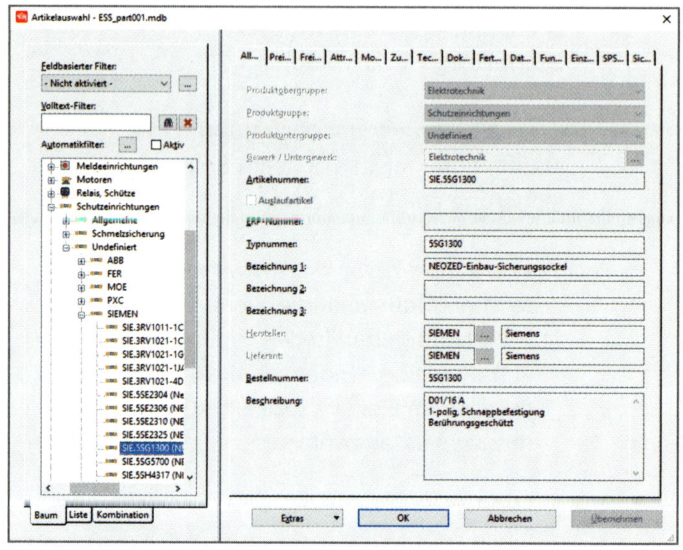

Ggf. erscheint der Dialog „Konflikt“.

→ Wir ignorieren den Konflikt und bestätigen mit <OK>.

Es werden beim Einfügen noch weitere Konfliktdialoge erscheinen, die wir ebenfalls ignorieren können.

Konflikte können auf unterschiedlichen technischen Kenngrößen und Anschlussbezeichnungen beruhen. Ggf. kann es sinnvoll sein, die Unterschiede zwischen Schaltplan und Artikel zu beheben. Durch die Artikelzuweisung können sich Änderungen in den Anschlussbezeichnungen im Schaltplan ergeben.

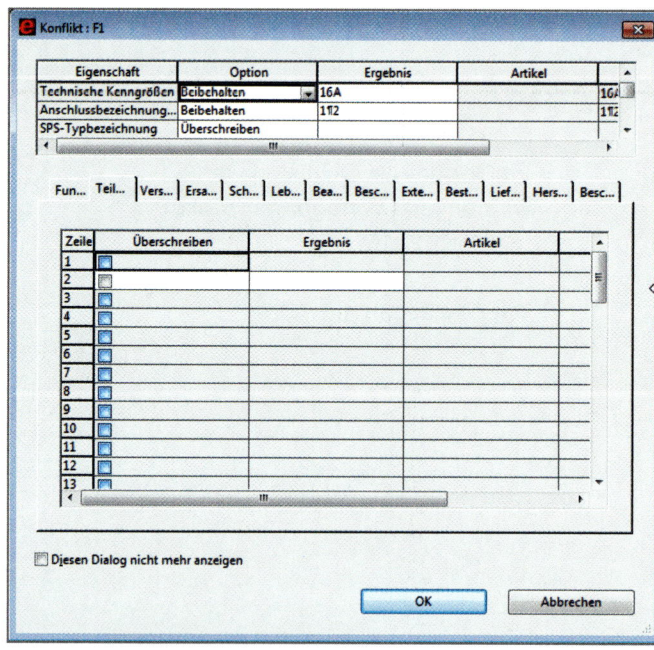

Die Schraubkappe der Sicherung F1 zuweisen

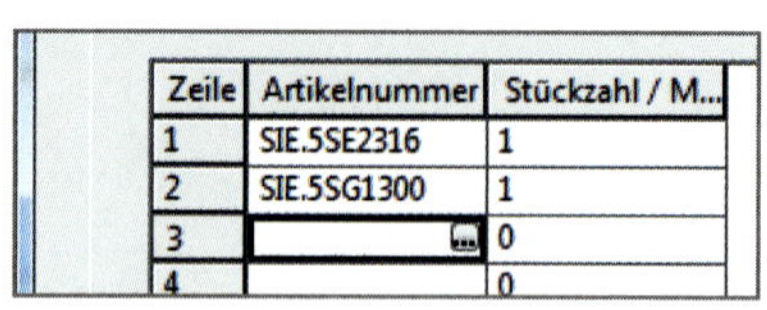

→ In der dritten Zeile fügen wir nun die Schraubkappe ein.

→ Die Schraubkappe befindet sich in derselben Kategorie und heißt <SIE.5SH4317>.

→ Wir bestätigen wieder mit <OK>.

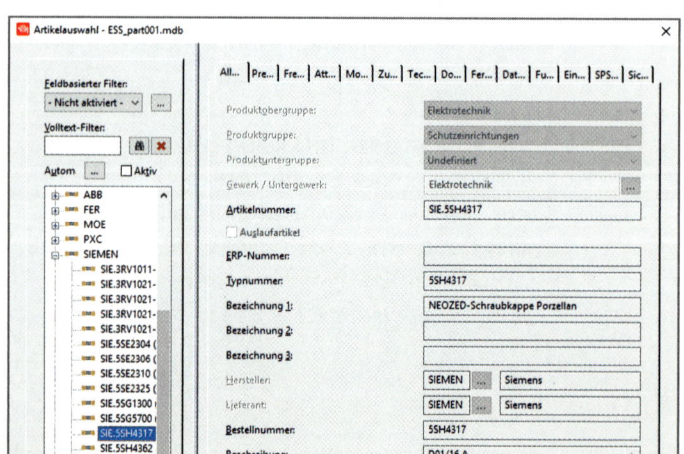

→ Bei 16A in einem D01-Sockel benötigt man keinen Passeinsatz, da es keine größeren Sicherungen in Form D01 gibt. Sonst müssten wir z.B. das „SIE.5SH5010“ einfügen.

Die Liste der Artikel sollte nun so aussehen.

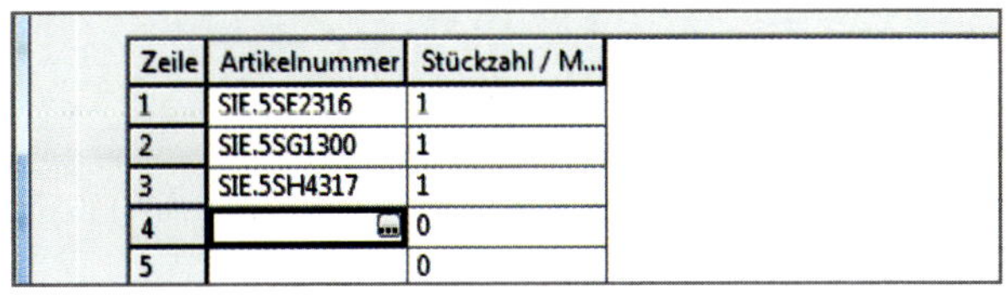

→ Wir bestätigen mit <OK>.

→ Der gleiche Vorgang muss nun noch mit den Sicherungen F2 und F3 durchgeführt werden.
Schneller geht es jedoch, wenn man F2 und F3 löscht, F1 kopiert, an der Stelle von F2 und F3 einfügt und die BMK wieder auf F2 und F3 anpasst.

→ Nun wechseln wir mit einem Doppelklick im Seitennavigator in den Steuerstromkreis.

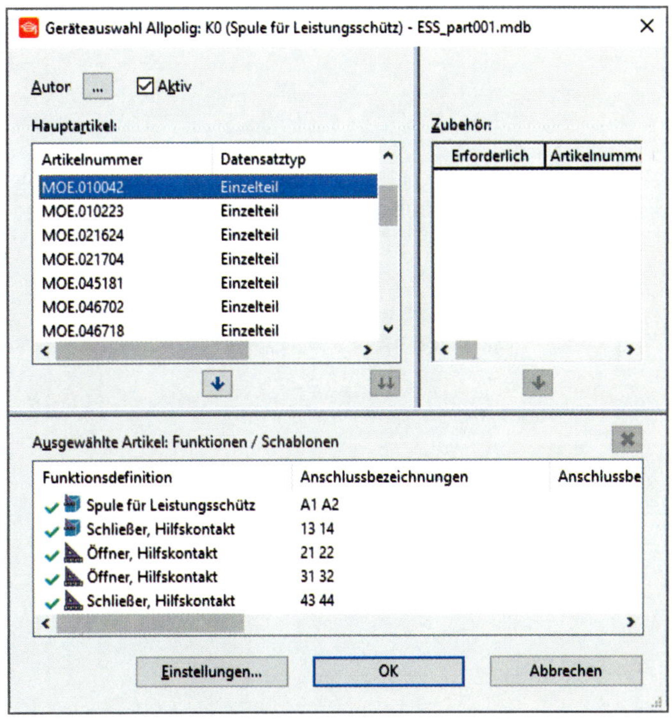

Dem Schütz K0 einen Artikel zuweisen

Wir fügen nun den Artikel für das Schütz K0 im Steuerstromkreis ein.

→ Dazu klicken wir doppelt auf die Schützspule und wählen im Registerreiter „Artikel“ die Geräteauswahl aus.

→ Hier wählen wir das Schütz „MOE. MOE.010042“ aus, das unsere Funktion gewährleistet, und bestätigen mit <OK>.

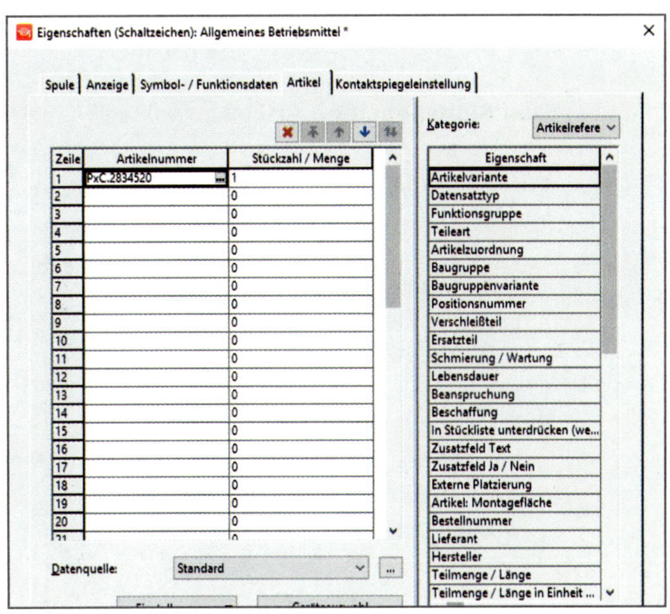

Dem Koppelrelais K2 eine Artikelnummer zuweisen

Wir fügen nun die Artikelnummer für das Koppelrelais K2 ein.

→ Dazu klicken wir doppelt auf die Spule und wählen im Registerreiter „Artikel“ die Geräteauswahl aus.

→ Hier tragen wir das Koppelrelais „PxC.2834520“ ein, das unsere Funktion gewährleistet, und bestätigen mit <OK>.

Da dieser Artikel nicht existiert, bestätigen wir den folgenden Dialog.

Den Hauptschützen einen Artikel zuweisen

→ Für Q1 und Q2 wählen wir „SIE.3RT1024-1BB44-3MA0“.

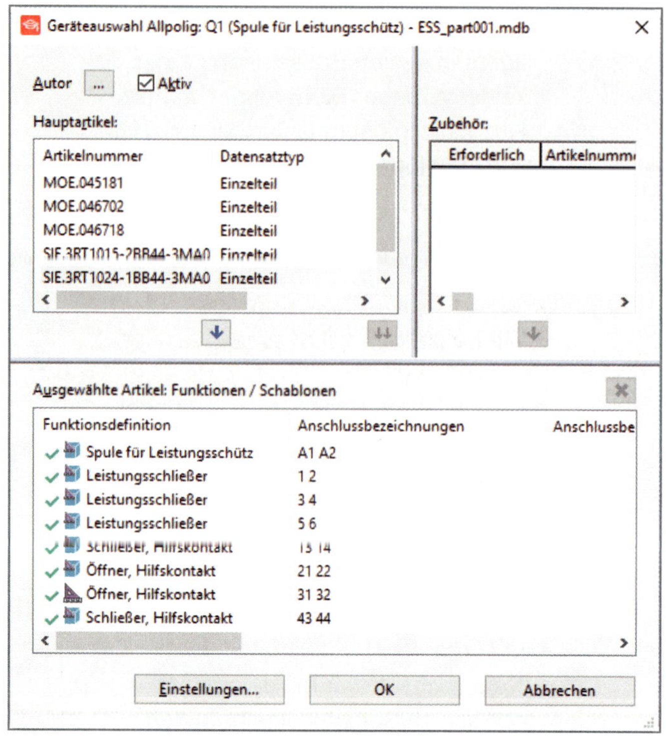

Dem Zeitrelais K1 einen Artikel zuweisen

→ Für das Zeitrelais K1 wählen wir „MOE.031882“.

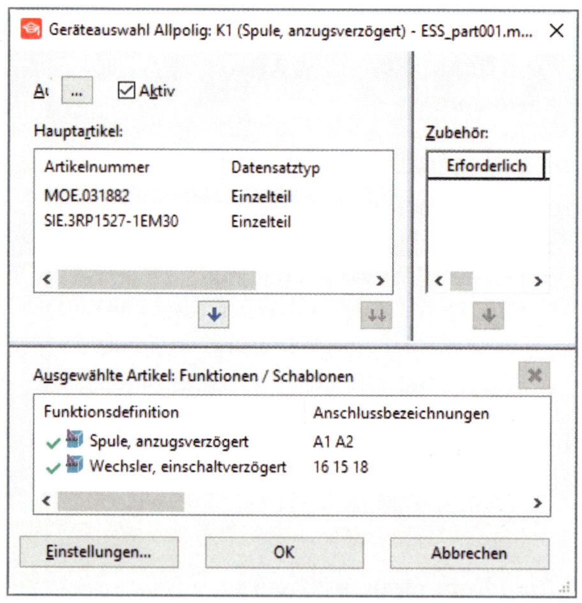

Den Signalleuchten Artikel zuweisen

Wir fügen nun die Artikel für die Signalleuchten P1, P2, P3 und P4 ein.

→ Dazu wählen wir den Artikel in der Liste (weiße Leuchte): „SIE.3SB3217-6AA60“.

→ Die Leuchte P5 ist eine Warnleuchte und daher muss der Artikel „SIE.3SB3217-6AA20“ verwendet werden, da dieser die Farbe Rot hat.

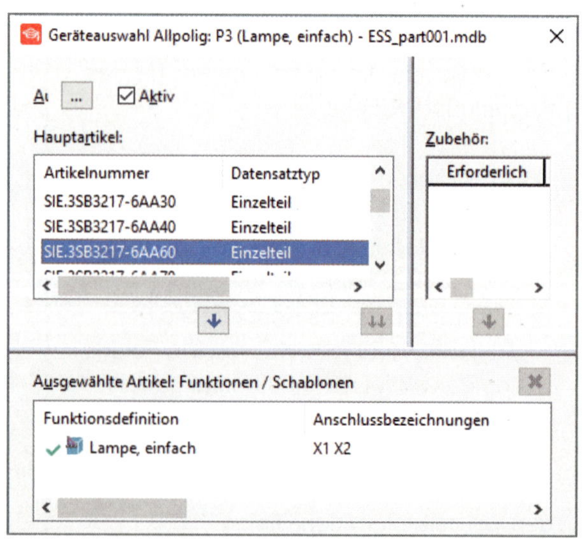

Den Tastern Artikel zuweisen

Nun müssen noch die Artikel für die Taster ausgewählt werden.

→ Wir wählen für S1, S3 und S4 den Artikel „SIE.3SB3201-0AA11“.

Dieser Artikel ist ein Komplettgerät mit Schließer und Öffner in schwarzer Farbe.

→ Für den Stopp-Taster S2 verwenden wir den Artikel „SIE.3SB3201-0AA21“, da dieser eine rote Farbe bekommen soll.

Alternativ können für getrennte Leuchtmelder und Taster auch Leuchttaster für S3/P2 und S4/P3 genommen werden. Diese sind nicht in der Artikeldatenbank.

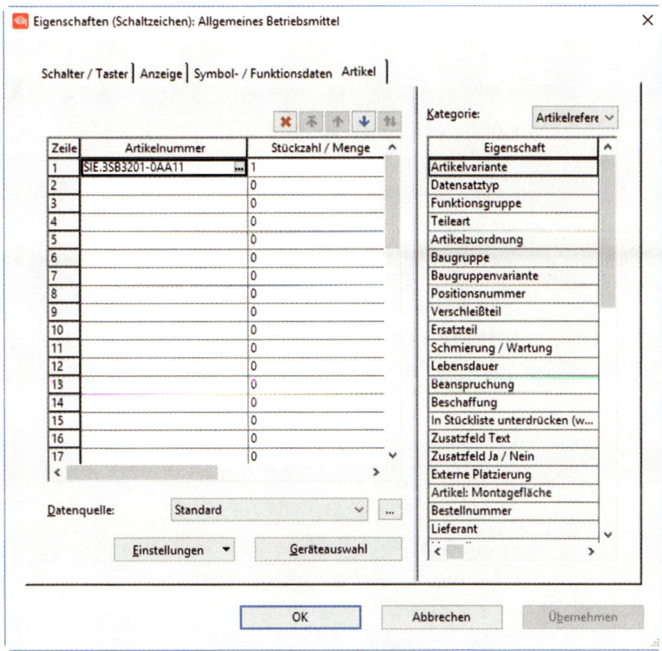

Der Sicherung F5 einen Artikel zuweisen

Die Sicherung F5 für die Absicherung der Stromversorgung T1 wird auf einen Strom von 10 A (B10) ausgelegt. Diese Absicherung passt zur gewählten Stromversorgung.

→ Wir wählen über die Geräteauswahl den Sicherungsautomaten „MOE.278531“.

Wir bestätigen wieder mit <OK>.

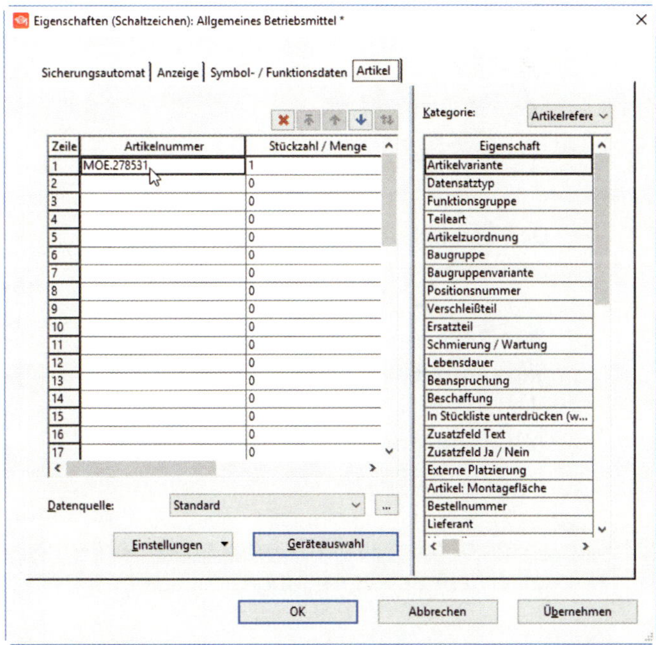

Den Endschaltern/Sensoren Artikel zuweisen

Wir wählen das passende Gerät für den Sensor B1 aus:

→ Wir tragen für B1 den Festo Sensor „FES.165326“ ein.

Dieser Artikel ist nicht in der Artikeldatenbank.

→ Den gleichen Vorgang wiederholen wir für den Sensor B2, der aus den gleichen Artikeln besteht.

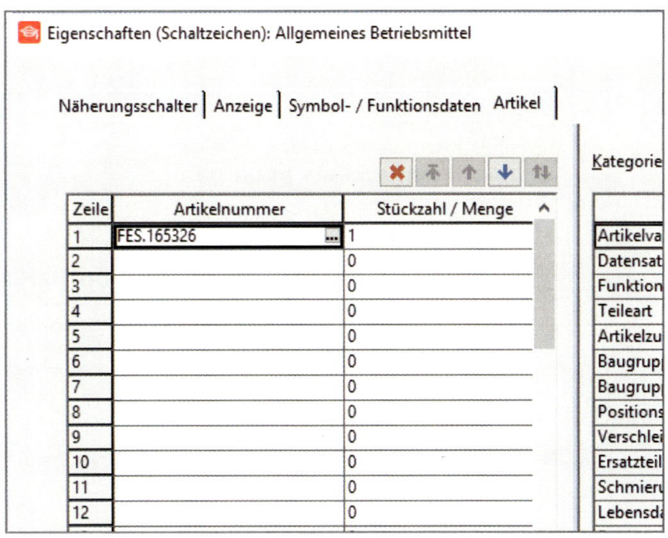

Dem Not-Halt-Schalter Artikel zuweisen

Der Not-Halt-Schalter S0 erhält in der Geräteauswahl den Artikel „SIE.3SB3201-1HA20“, der wie alle anderen Bauteile über die Artikelnummer zugewiesen werden kann.

→ Wir klicken dazu im Dialog „Eigenschaften“ in der Spalte „Artikelnummer“ in der ersten Zeile auf <...>.

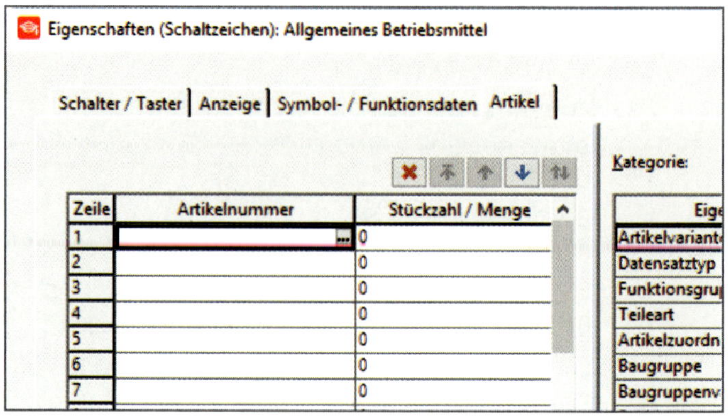

→ Wir wählen den Not-Aus-Taster „SIE.3SB3201-1HA20“ unter:
<Elektrotechnik>
<Einzelteil>
<Sensorik, Schalter und Taster>
<Undefiniert>
<SIEMEN>

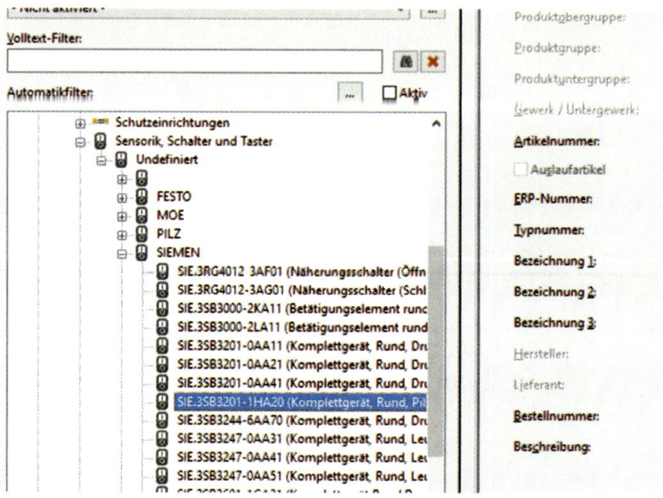

Der Stromversorgung einen Artikel zuweisen

Zum Schluss weisen wir der Stromversorgung T1 noch einen Artikel zu.

→ Wir wählen aus der Liste den Artikel „PXC.2938581“.

Damit haben wir die Zuweisung der Artikel in dem Schaltplan abgeschlossen.

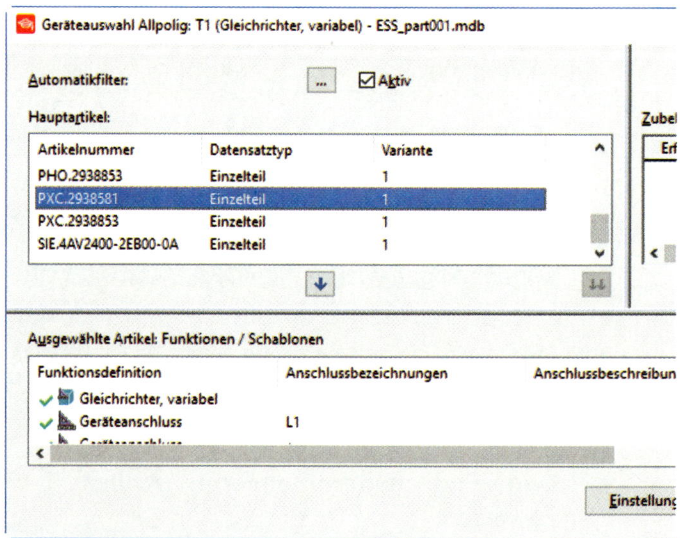

Die Artikelstückliste erzeugen

Um alle verwendeten Artikel übersichtlich darzustellen, bietet EPLAN die Funktion zur Erstellung einer Artikelstückliste an.

→ Um eine Artikelstückliste zu erstellen, klicken wir auf:
<Dienstprogramme>
<Auswertungen>
<Erzeugen...>

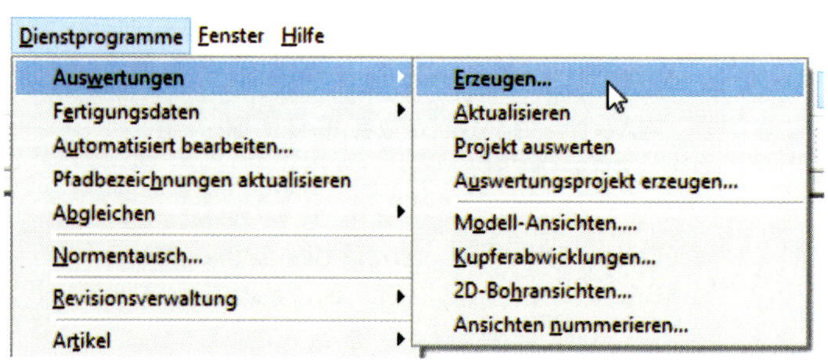

→ Im nun geöffneten Dialog „Auswertungen“ klicken, wir auf <Neu...>.

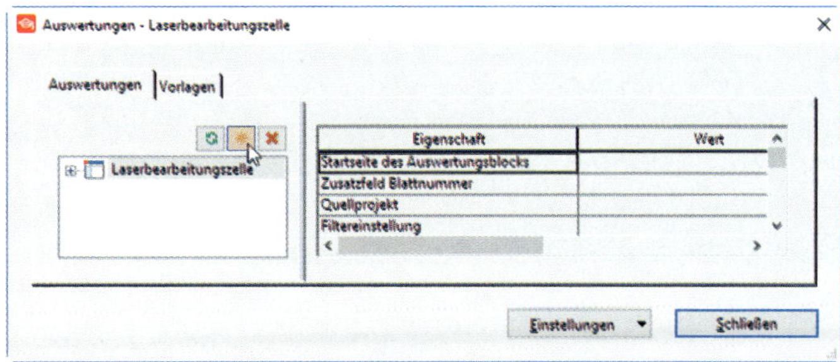

→ Danach wählen wir im Dialog „Auswertung festlegen“ in dcr unteren Auswahlliste „Artikelstückliste“ und bestätigen mit <OK>.

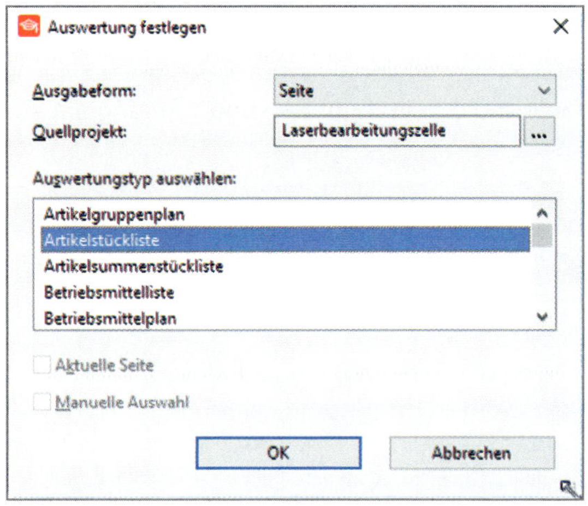

→ Im nun neu geöffneten Dialog „Filter/Sortierung“ lassen wir die Filter inaktiv und bestätigen mit <OK>.

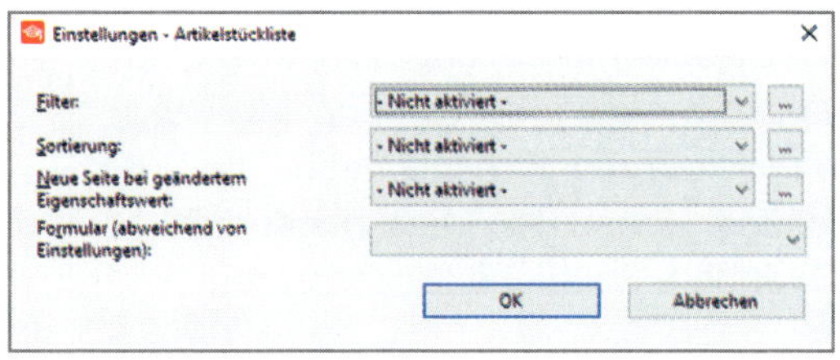

→ In dem Fenster „Artikelstückliste (Gesamt)“ wählen wir im Seiten-Navigator die letzte Seite aus und quittieren mit <OK>.

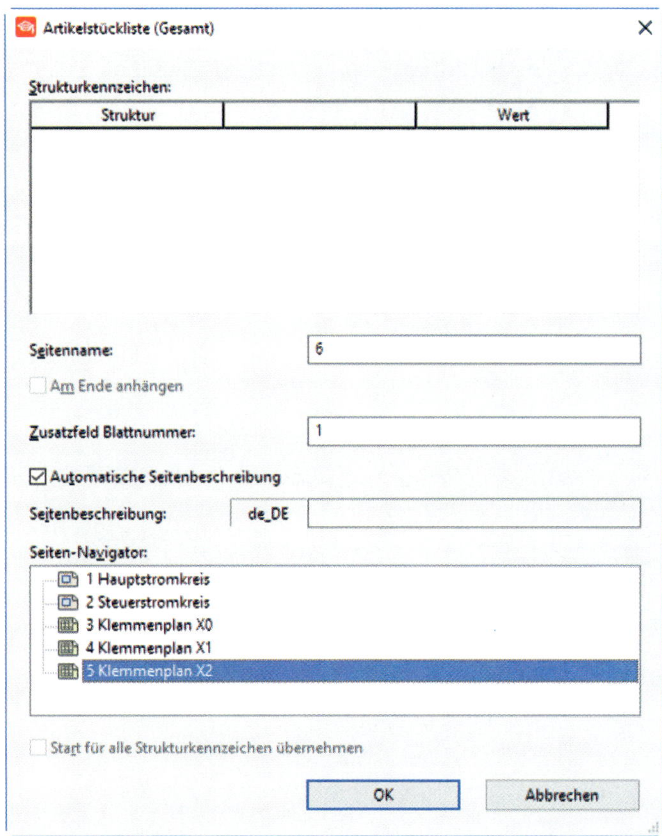

→ Dann können wir den Dialog „Auswertungen“ mit <Schließen> beenden.

→ Nun können wir in der Seitenauswahl die Artikelstückliste auswählen und anzeigen lassen.

In der erzeugten Artikelstückliste ist gut erkennbar, welche Betriebsmittel im Schaltschrank ggf. noch keinen Artikel zugewiesen bekommen haben.

7 Kabel und Einzeladern festlegen

Um im Schaltplan festzulegen, welche Leitungen verwendet werden sollen, bietet EPLAN die Option, Kabeldefinitionen einzufügen.

In der Kabeldefinition kann z. B. festgelegt werden, welcher Querschnitt verwendet werden soll, wie viele Adern die Leitung haben und wie lang sie sein soll oder für welche Spannung sie ausgelegt werden muss.

Über die dann generierte Stückliste können direkt die passenden Leitungen für die Anlage bestellt werden.

→ Zum Anlegen einer Kabeldefinition klicken wir in der Menüleiste auf: <Einfügen> <Kabeldefinition>.

→ Am Beispiel der Leitung zum Motor wählen wir folgende Vorgehensweise: Wir klicken zuerst rechts neben die Leitung, ziehen den Mauszeiger auf die andere Seite und klicken erneut.

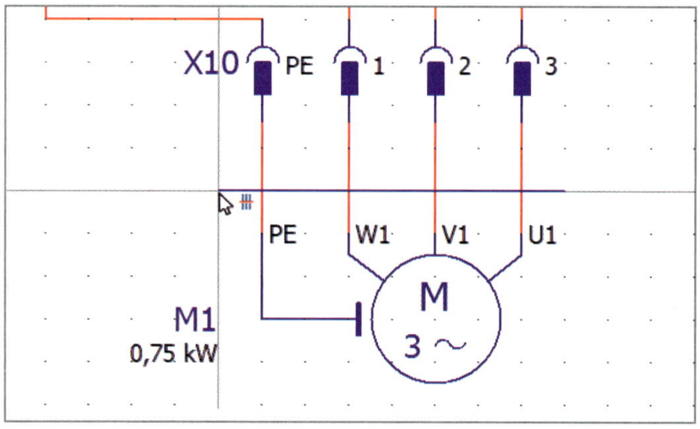

→ Als BMK geben wir im Feld „Sichtbares BMK" „W1" ein.

→ Um den richtigen Typ auszuwählen, klicken wir im Feld „Typ" auf <...>.

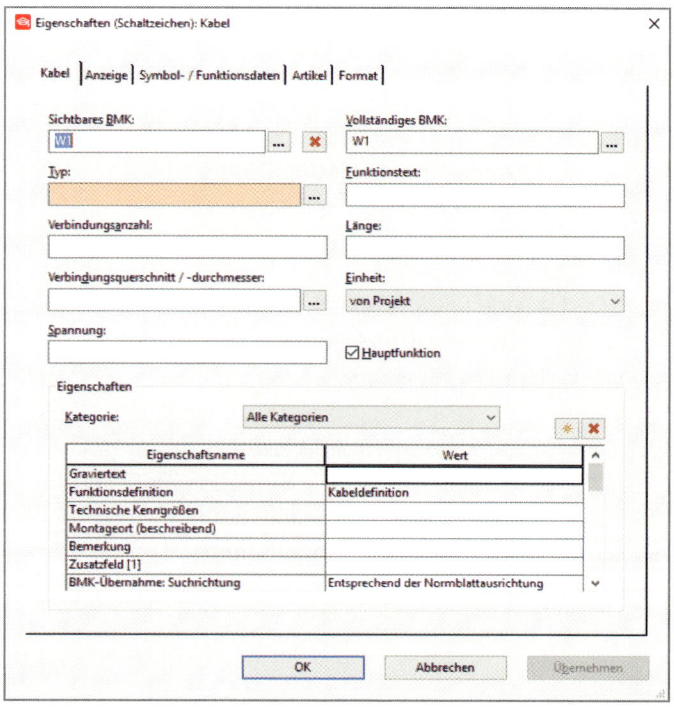

→ Unter <Elektrotechnik>, <Einzelteil>, <Kabel>, <Allgemeine>, <Undefiniert>, <LAPP> wählen wir die Artikelnummer „Lapp.1119 204 (ÖLFLEX CLASSIC 110 4G1)“.

Dies ist eine Leitung mit drei Leitern für die drei Phasen und dem Schutzleiter.

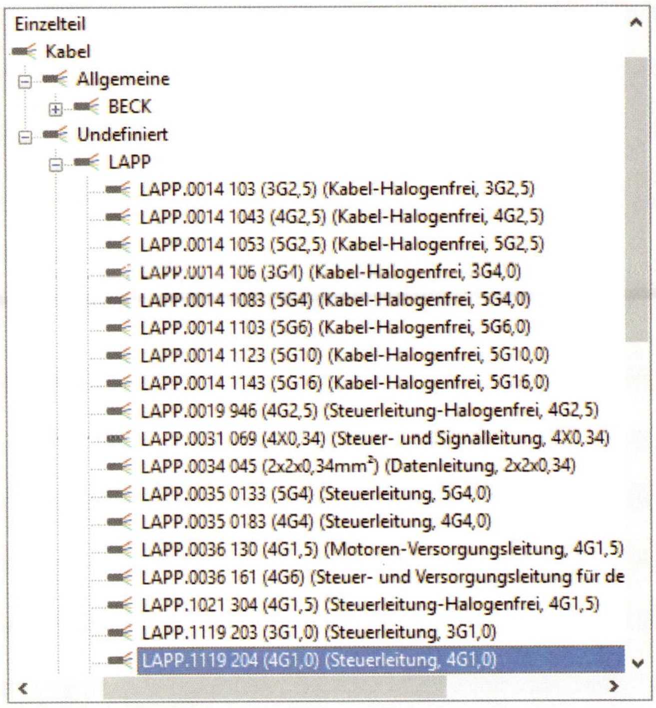

Im Eigenschaftsdialog müssen die Angaben noch überprüft werden.

Die angegebene Spannung ist die Kabel-Nennspannung U0 zwischen Leiter und metallischer Umhüllung oder Erde.

→ Wenn der richtige Leitungstyp ausgewählt wurde, kann mit „OK“ bestätigt werden.

→ Falls der Eigenschaftstext falsch platziert ist, können wir mit einem Klick der rechten Maustaste auf die Kabeldefinition das Kontextmenü öffnen. Aus dem Kontextmenü wählen wir: <Text>, <Eigenschaftstext verschieben>

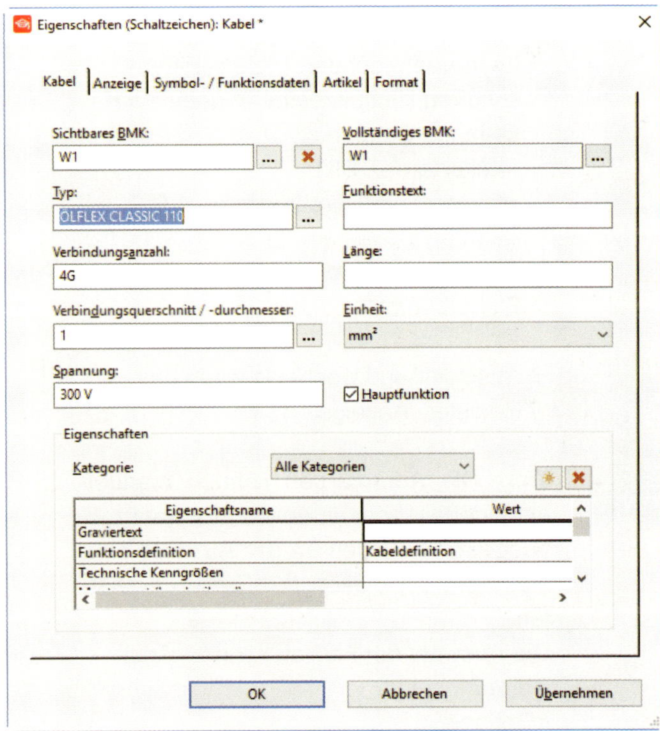

→ Die fertige Kabeldefinition sollte dann so aussehen:

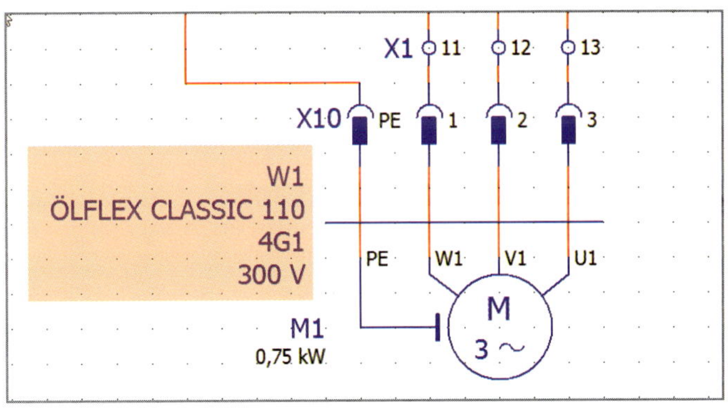

Hinzufügen von Leiterquerschnitt und Leiterfarbe

Damit der Schaltschrank richtig verdrahtet werden kann, ist es notwendig, in den Klemmenplänen Leiterfarbe und Querschnitt der einzelnen Adern anzugeben. Die Vorgehensweise wird hier exemplarisch vorgestellt.

Wir beginnen mit den Adern im Hauptstromkreis.

→ In der Symbolleiste auf „Verbindungsdefinitionspunkt" klicken.

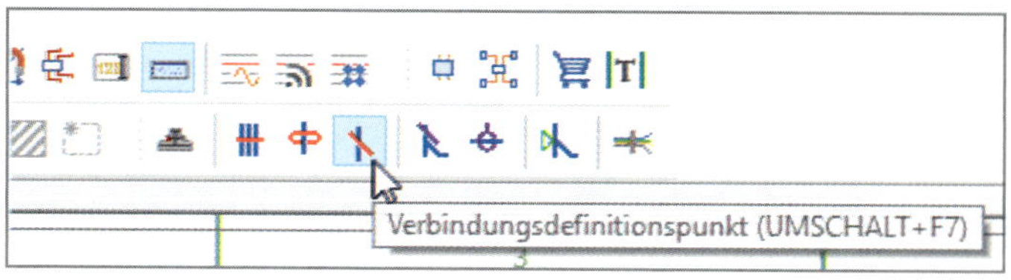

→ Im Hauptstromkreis mit Klick auf die Verbindungslinie die gewünschte Leitung wählen.

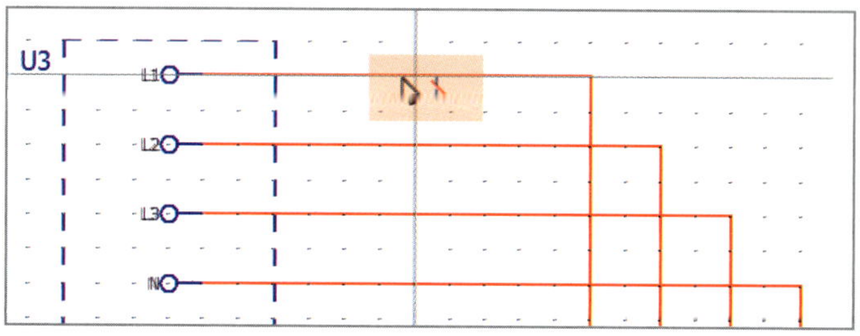

→ Im darauffolgenden Dialog „Eigenschaften (Schaltzeichen)" geben wir folgende Daten ein:
- Leiterfarbe: „BK"
- Querschnitt/Durchmesser: „1,5"

→ Querschnitt/Durchmesser Einheit: „mm²"

→ Anschließend wechseln wir in das Register „Anzeige".

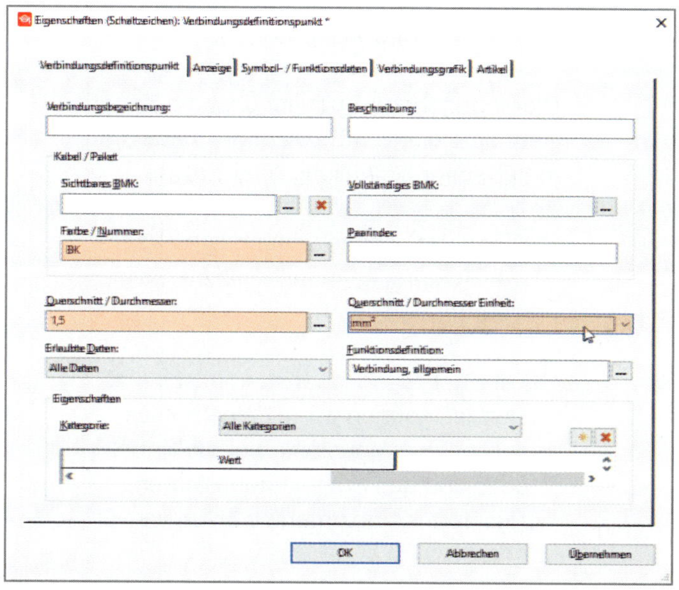

Tipp: Die Adernfarben können manuell eingegeben oder über die Auswahl „..." ausgewählt werden. In der Auswahl sind ggf. nicht alle benötigten Farben enthalten.
Die Auswahl der Farben kann ergänzt werden über
<Optionen>
<Einstellungen>
<Projekte>
<*Laserbearbeitungszelle*>
<Verbindungen>
<Verbindungsfarben>
Am einfachsten ist bei fehlenden Farben die manuelle Eingabe der Abkürzung der Adernfarbe.

→ Sowohl bei „Verbindungsquerschnitt/-durchmesser“ wie auch bei „Verbindungsfarbe/-nummer“ setzen wir im Register „Anzeige“ die Eigenschaft „Unsichtbar“ auf „nein“.

→ Danach gehen wir in das Register „Symbol-/Funktionsdaten“.

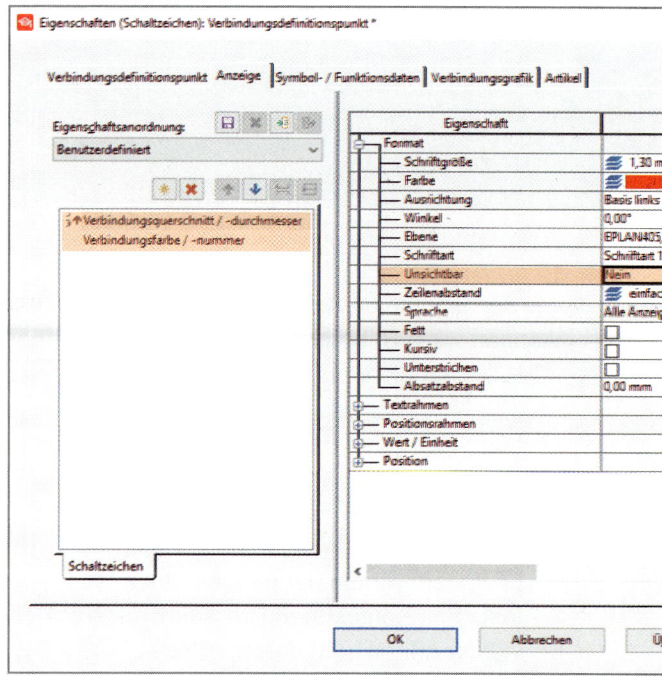

→ Im Feld „Nummer/Name“ wählen wir die Verbindungsdefinition „CDP“, bestätigen mit <OK>, wodurch sich „308/ CDP“ ergibt, siehe Abbildung rechts.

→ Zum Schluss bestätigen wir wieder mit <OK>.

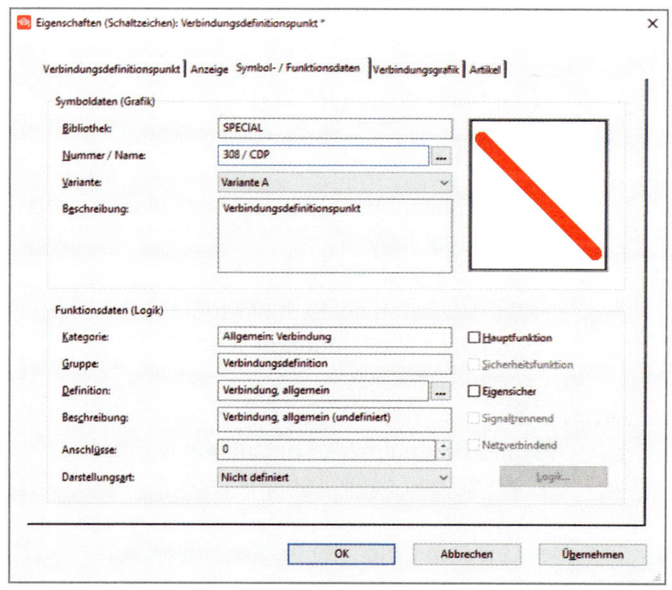

Der fertige Verbindungsdefinitionspunkt sollte wie rechts abgebildet aussehen.

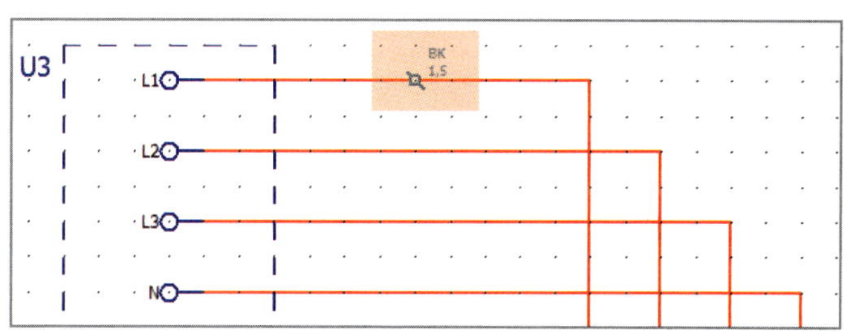

→ Für die übrigen Adern L2, L3, N und PE können jetzt ebenfalls die passenden Verbindungsdefinitionspunkte gesetzt werden.

Bitte auf die korrekten Farben der unterschiedlichen Potenziale achten.

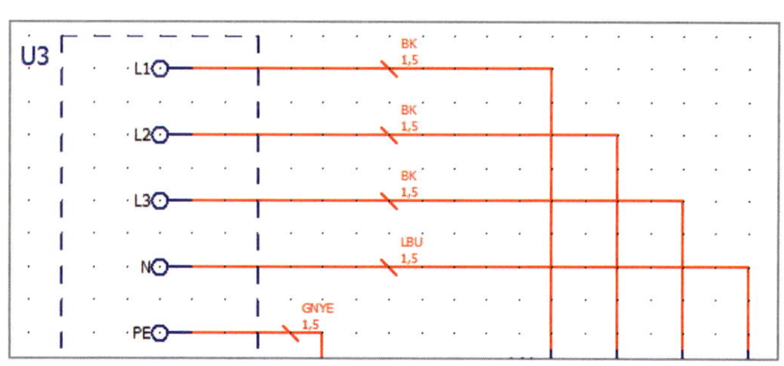

8 Einen Schaltschrank erstellen

Ist der Schaltplan fertiggestellt, kann der Schaltschrank erstellt werden. Auf den Schaltschrankseiten können wir z. B. bestimmen, wo welche Betriebsmittel auf der Montageplatte platziert werden oder wie die Leuchtmelder auf der Schaltschranktür angeordnet und beschriftet werden sollen.

Auf den folgenden Seiten wird der Aufbau der Montageplatte bearbeitet.

→ Zunächst legen wir eine neue Seite an, indem wir mit der rechten Maustaste das Kontextmenü im Seitennavigator öffnen, und dort auf „Neu..." klicken.

→ Der „Vollständige Seitenname" ist „6".

→ Im Feld „Seitentyp" wird „Schaltschrankaufbau" ausgewählt.

→ Die „Seitenbeschreibung" soll „Montageplatte" lauten.

→ Der Maßstab sollte in der Eigenschaftentabelle auf den Wert „1:2" geändert werden.

→ Mit Klick auf <OK> bestätigen wir die Werte und schließen den Dialog.

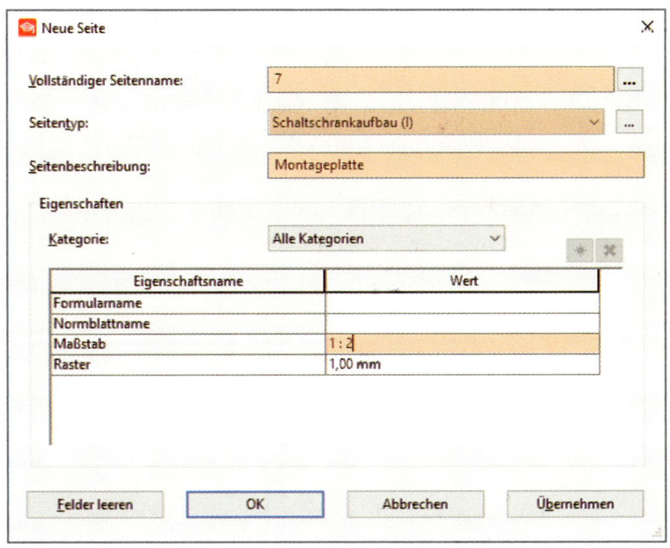

→ Um eine Liste aller im Schaltplan verwendeten Bauteile zu erhalten, klicken wir auf:
<Projektdaten>
<Geräte/Artikel>
<2D-Schaltschrankaufbau-Navigator>

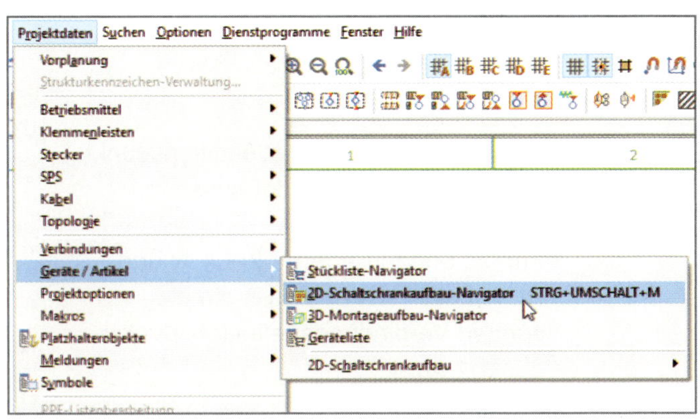

Der 2D-Schaltschrankaufbau-Navigator wird anschließend angezeigt.

→ Um die Montageplatte gleich in den richtigen Abmessungen und Bestelldaten einzufügen, wählen wir:
<Einfügen>
<Gerät>

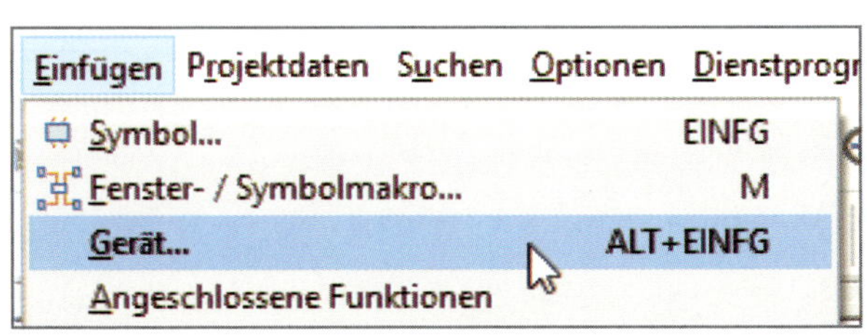

→ In der „Artikelauswahl“ wählen wir <Mechanik>, <Einzelteil>, <Gehäuse>, <Montageplatten>, <RIT>, <RIT.MP AE 1050.500> als Schaltschrank aus und bestätigen mit <OK>.

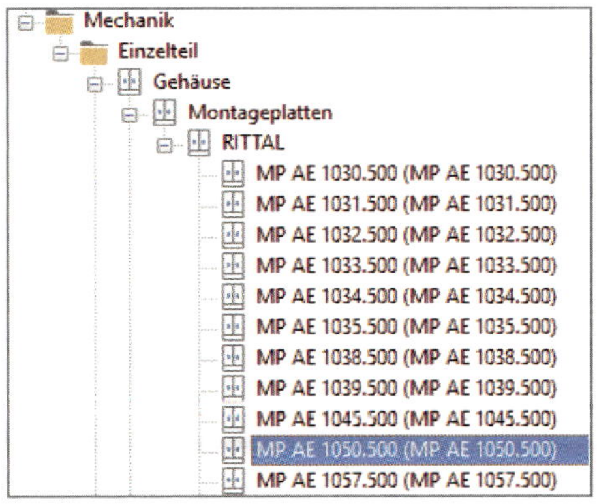

Den folgenden Dialog bestätigen wir mit <Ja>.

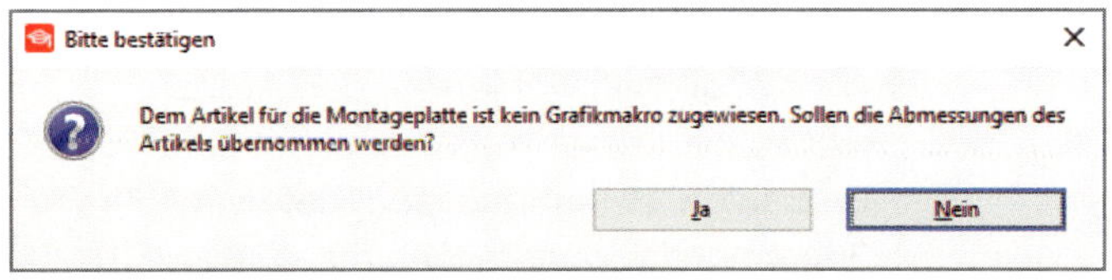

→ Als BMK kann „Montageplatte“ eingetragen und mit <OK> bestätigt werden.

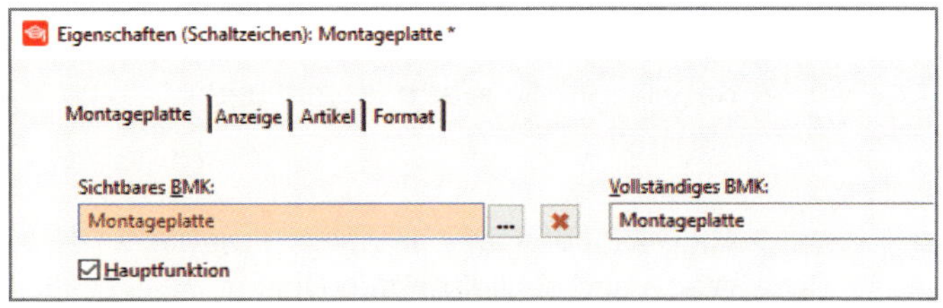

Wenn einige Geräte keine definierte oder eine zu ändernde Größe besitzen, kann für diese Geräte eine manuelle Eingabe eingestellt werden.

→ Mit Klick der rechten Maustaste auf den Seitennavigator öffnet sich das Kontextmenü.

→ Im Kontextmenü wählen wir <Einstellungen>.

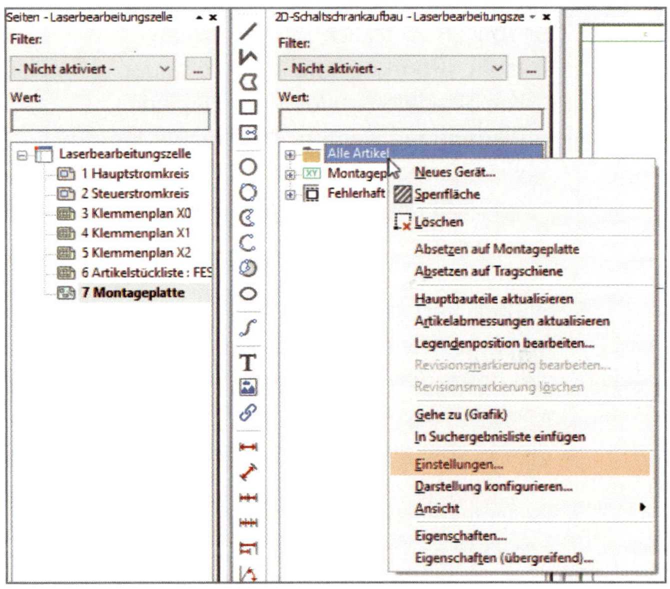

In den Einstellungen 2D-Schaltschrankaufbau kann festgelegt werden, woher ein zu platzierendes Bauteil die Maße zugewiesen bekommt.

→ Standardmäßig sollte die voreingestellte Übernahme „Makro und Abmessung aus Artikelstamm“ beibehalten werden.

→ Mit Klick auf <OK> bestätigen wir die Werte und schließen den Dialog.

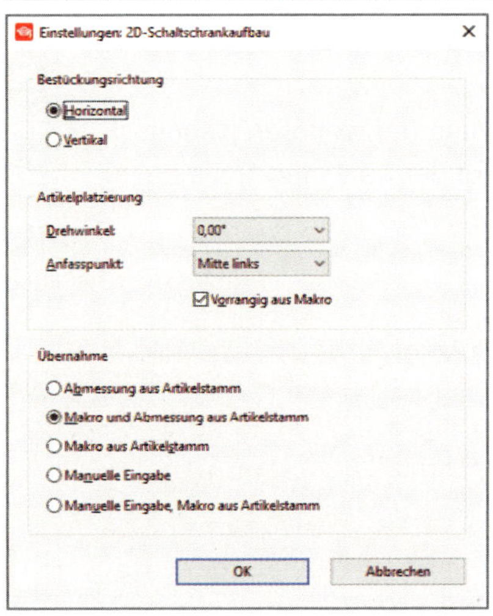

- → Zunächst stellen wir das Raster der Montagefläche auf ein feineres Rastermaß B ein, um die Kabelkanäle genauer platzieren zu können.

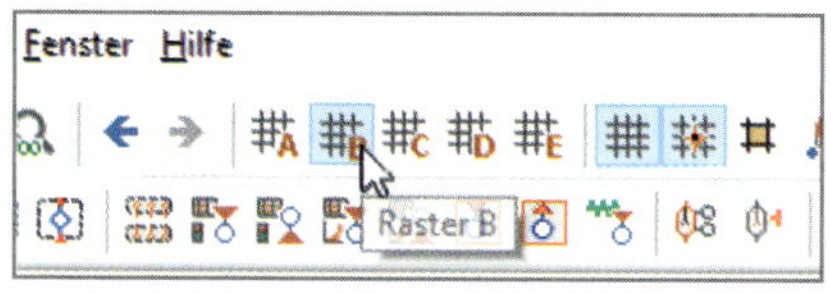

- → Dann starten wir mit dem Einfügen der Kabelkanäle. Über <Einfügen>, <Gerät>, <Mechanik>, <Einzelteil>, <Kabelkanäle>, <Allgemeine>, < > können Kabelkanäle ausgewählt werden.

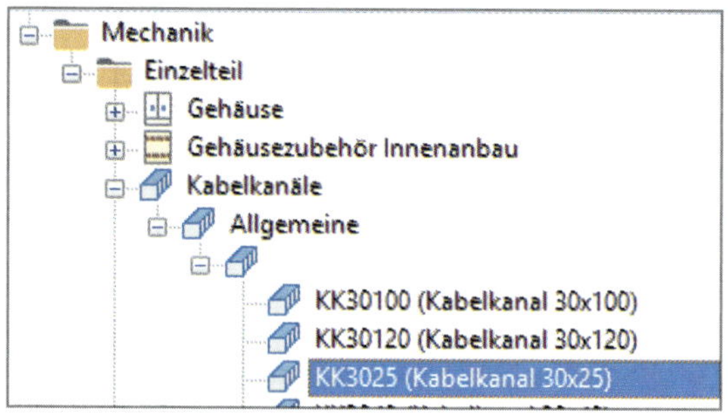

- → Als Kabelkanal wählen wir den Artikel „KK3025“. Dieser Kabelkanal hat eine Breite von 30 mm und eine Tiefe von 25 mm und wir bestätigen mit <OK>.

- → Beim Platzieren weisen wir dem Kabelkanal die Werte 30 mm und 430 mm zu.

- → Mit Klick auf <OK> bestätigen wir die Werte und schließen den Dialog.

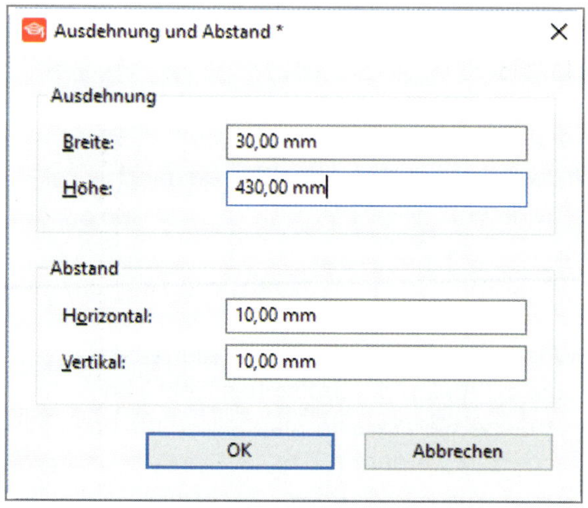

- → Über „Rechtsklick“, <Eigenschaften>, <Format> kann die Größe der Kabelkanäle auf der Montageplatte eingetragen werden. Als Breite tragen wir „30 mm“, als Höhe (Länge) tragen wir „430 mm“ ein und bestätigen mit <OK>.

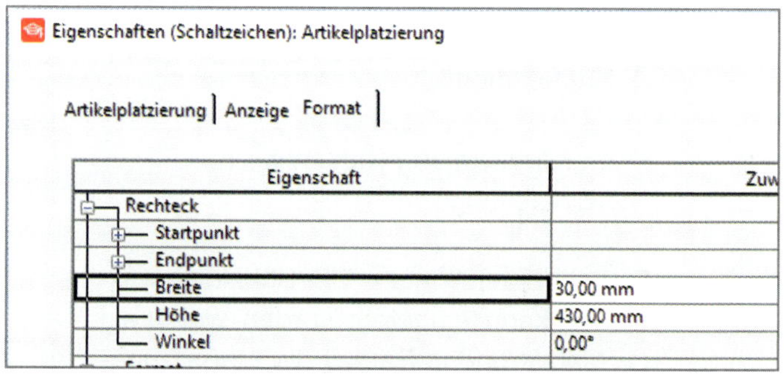

Ist der vertikale Kabelkanal am linken Rand der Montageplatte platziert, können die horizontalen Kabelkanäle eingefügt werden. Hierbei verfahren wir genauso, wie mit dem senkrechten Kabelkanal

- → Wir wählen den Kabelkanal „KK3025“ und tragen unter „Format“ die Werte 415 mm für die Breite und 30 mm für die Höhe ein.

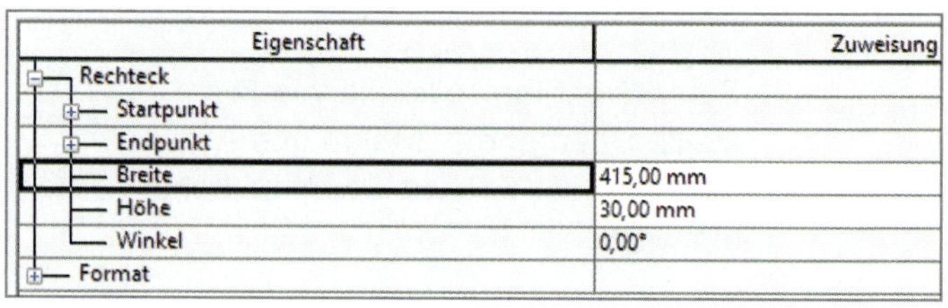

- → Die Platzierung der weiteren Kabelkanäle ist auf der nächsten Seite zu sehen.

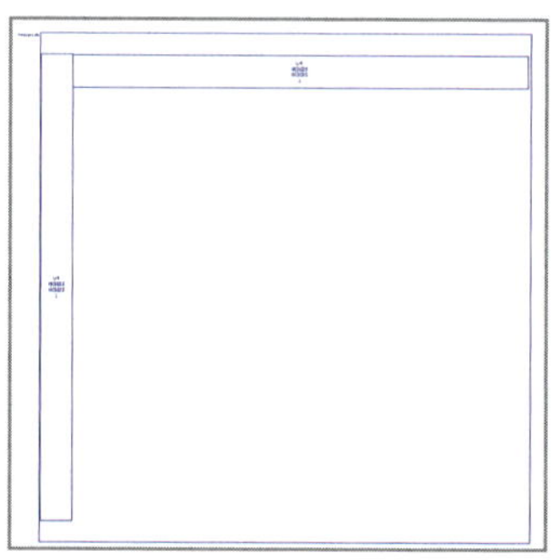

→ Wir platzieren den Kabelkanal durch Klick an die gewünschte Stelle.

→ Den fertigen horizontalen Kabelkanal kopieren wir anschließend mit der Tastenkombination <Strg>+<C> und fügen diesen mit der Tastenkombination <Strg>+<V> zweimal ein, sodass die Montageplatte wie rechts abgebildet aussieht.

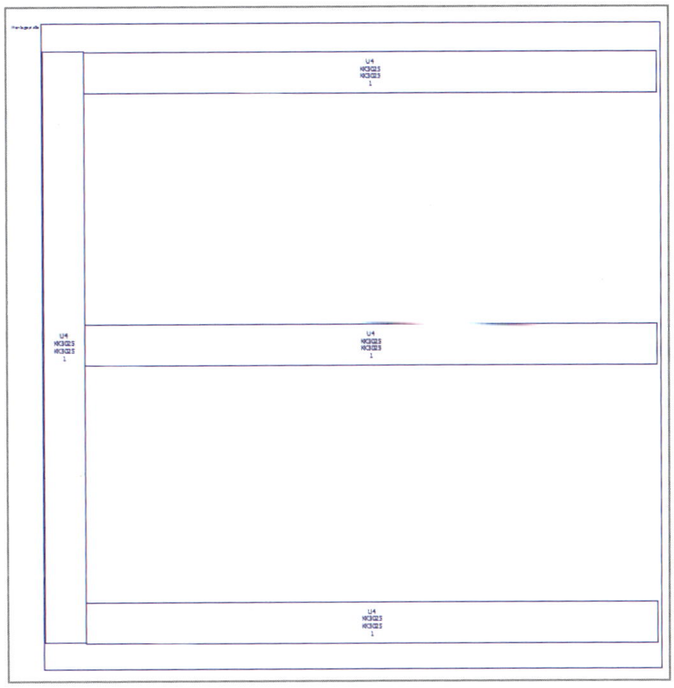

Wir beginnen dann mit der Platzierung des RCD-Schutzschalters F0, des Motorschutzschalters F4, des LS-Automaten F5 und der 24V-Spannungsversorgung T1.

→ Diese werden im 2D-Schaltschrankaufbau ausgewählt und mit gedrückter linker Maustaste aus dem „Schaltschrankaufbau-Navigator"auf die Montageplatte gezogen.

Da für den RCD (FI) keine Abmaße in dem Artikel hinterlegt sind, müssen wir diese beim Einfügen des RCDs angeben.

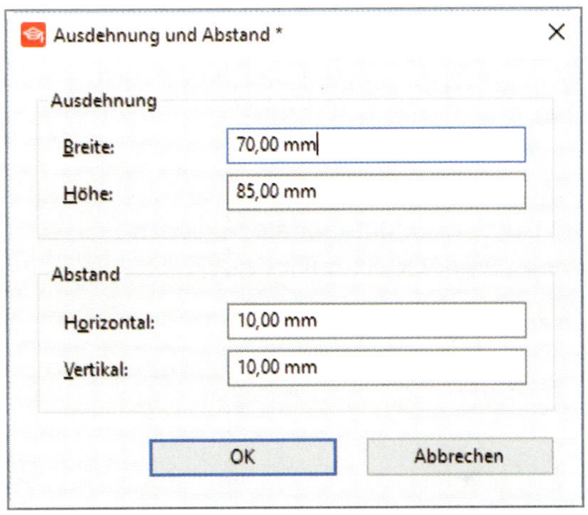

→ Im Feld „Breite" geben wir „70,00 mm" ein. Im Feld „Höhe" geben wir „85,00 mm" ein.

Es ist darauf zu achten, dass alle Bauteile zentriert nebeneinander liegen. Ist das Bauteil platziert, erscheint ein grüner Haken.

Für F1, F2 und F3 lassen wir noch ein wenig Platz.

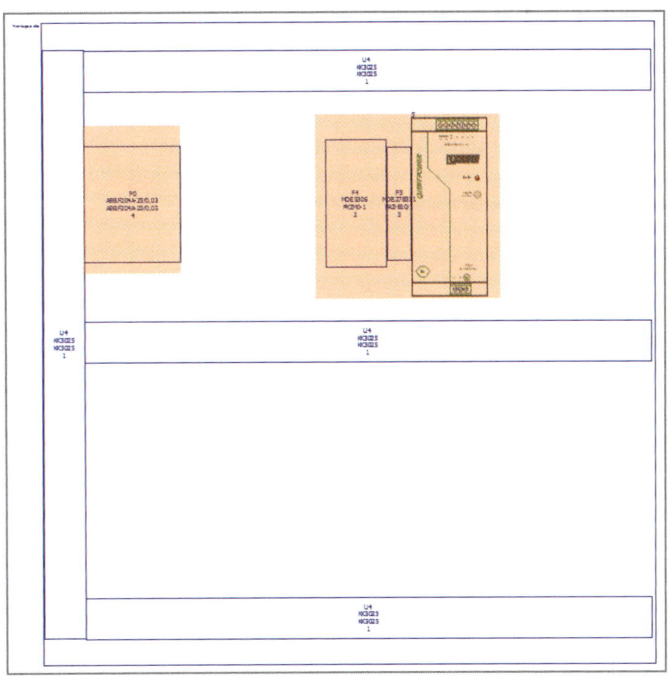

Dann sollen die NEOZED-Sicherungen folgen. Dem NEOZED-Sicherungssockel wollen wir jedoch zuvor ein „Grafikmakro“ zuordnen. Ein Grafikmakro ist eine grafische Darstellung eines Artikels, sodass die Sicherungen mit Abbildung auf der Montageplatte angezeigt werden.

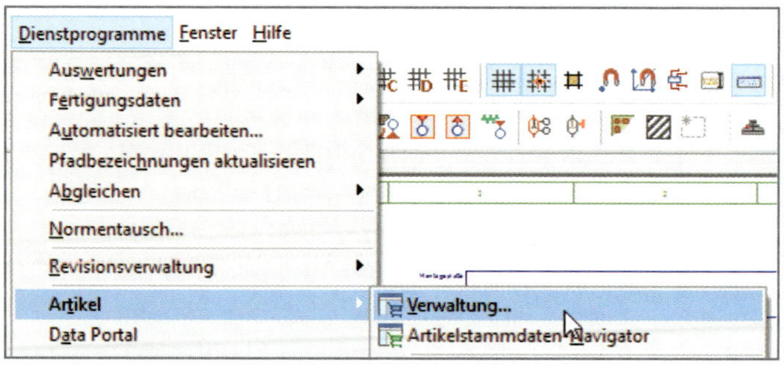

→ Um ein Grafikmakro einzufügen, klicken wir auf:
<Dienstprogramme>
<Artikel>
<Verwaltung...>

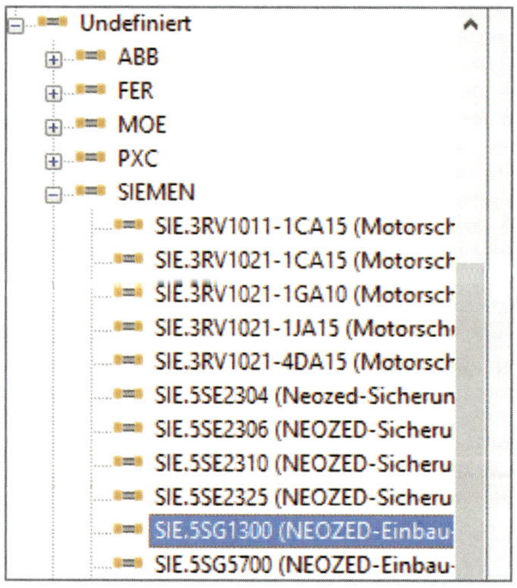

→ In der Artikelverwaltung wählen wir nun den verwendeten Sicherungssockel unter:
<Elektrotechnik>, <Einzelteil>, <Schutzeinrichtungen>, <Undefiniert>, <SIEMEN>

→ Bei dem Sicherungssockel wählen wir den Artikel „SIE.5SG1300“.

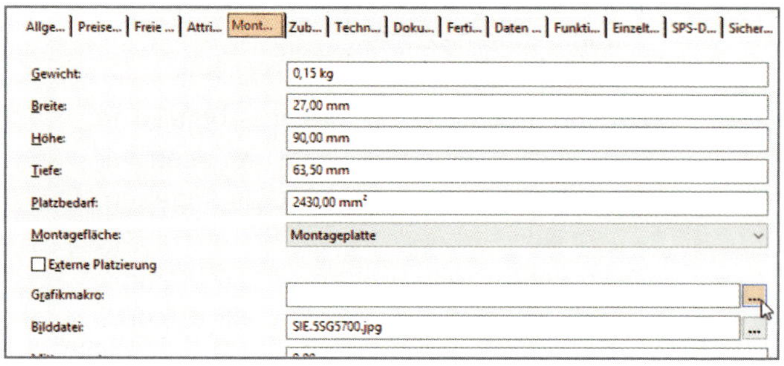

→ Im Register „Montagedaten“ klicken wir im Feld „Grafikmakro“ auf <...>.

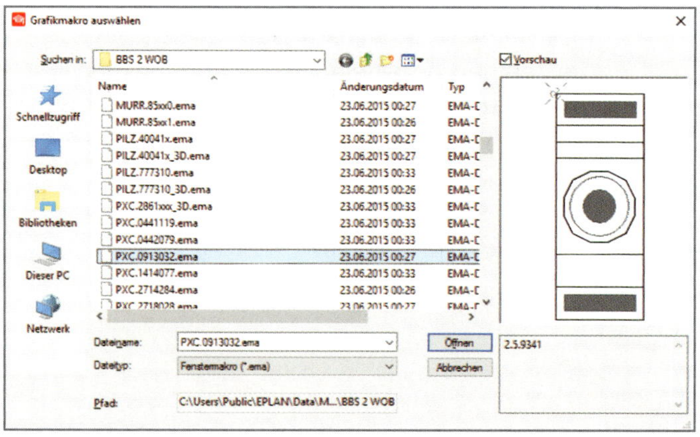

→ Das Grafikmakro „PXC.0913032.ema“ passt zu dem vorliegenden Sicherungssockel, sodass wir dieses auswählen, öffnen und somit in die Artikelverwaltung übernehmen.

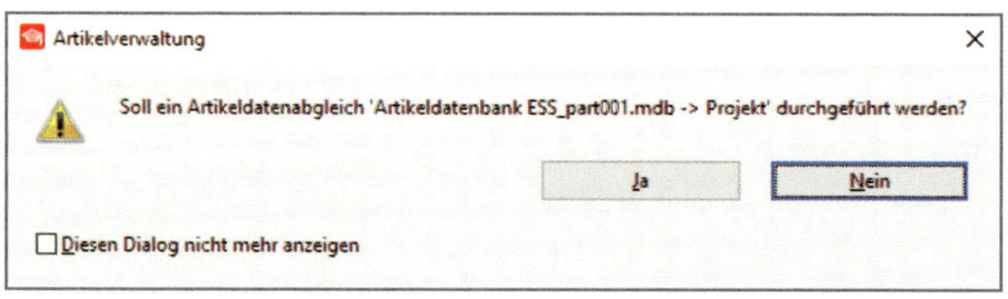

→ Beim Schließen der Artikelverwaltung bestätigen wir den Dialog zum Artikeldatenabgleich mit „Ja“.

- → Jetzt können die Sicherungssockel „SIE.5SG1300“ der Sicherungen F1 bis F3 platziert werden.
- → Anschließend schieben wir F4, F5 und T1 bündig an die restlichen Bauteile.
- → Die Montageplatte sieht anschließend wie rechts abgebildet aus.

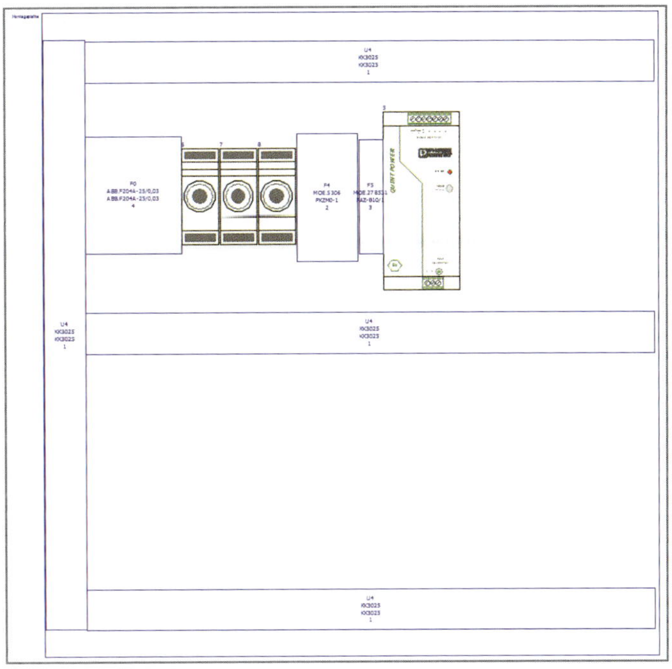

Zum Schluss platzieren wir die Klemmen und Schütze.

- → Wir starten mit den zwei PE-Klemmen X0 und den Klemmen X1 und X2. Diese können wir jeweils komplett einfügen.
- → Die Schütze K0 bis K2 sowie Q1 und Q2 fügen wir wie gewohnt ein.
- → Es ist sinnvoll, unter „Rechtsklick“, <Text>, <Eigenschaftentext verschieben> die Texte zurechtzurücken.

Die fertige Montageplatte sehen wir rechts.

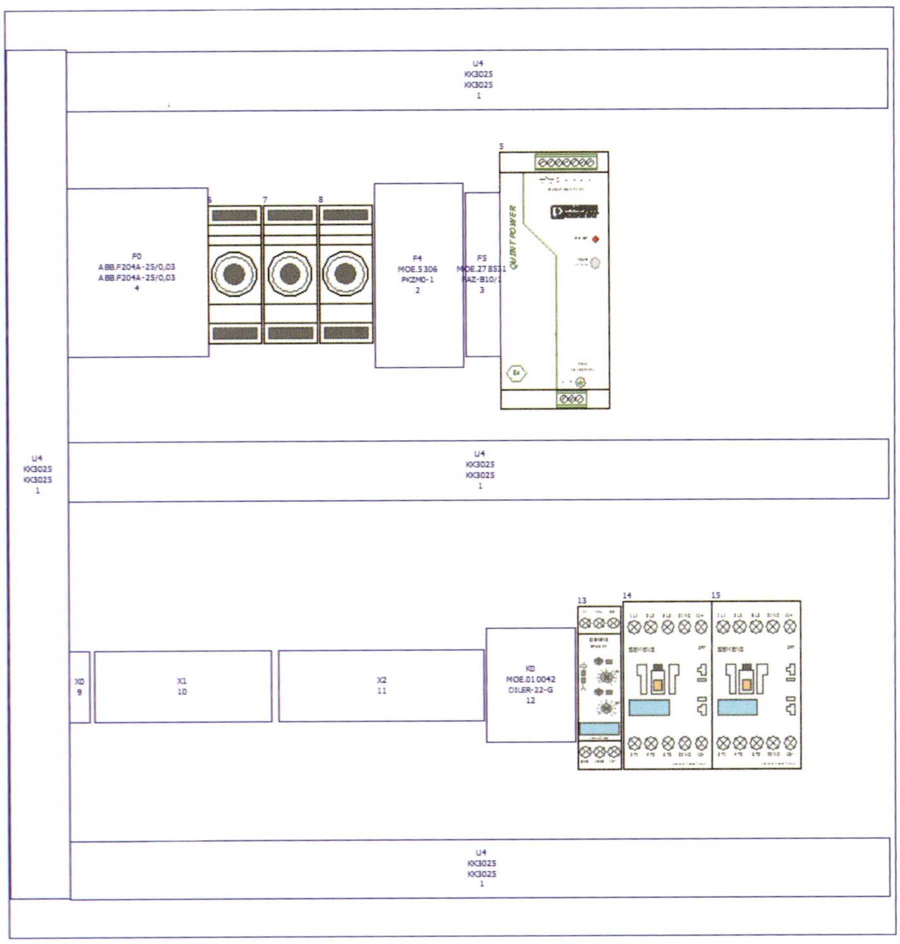

Zuletzt soll gezeigt werden, wie auf der Montageplatte die Abstände der Tragschienen und Kabelkanäle eingetragen werden können.

→ Dazu wählen wir aus der Menüleiste:
<Einfügen>
<Bemaßung>
<Steigende Bemaßung>

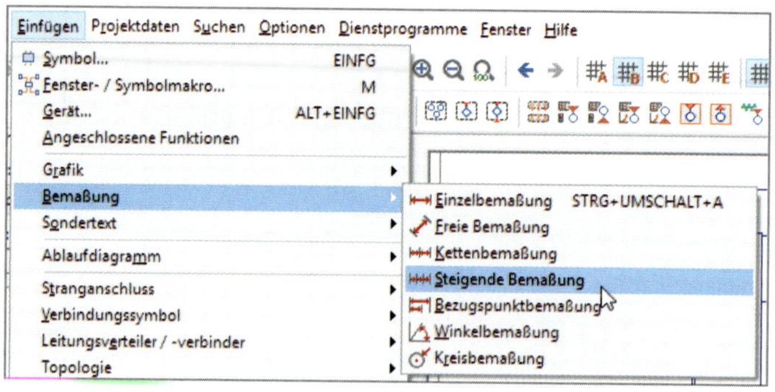

→ Wir klicken zuerst links unten und gehen dann von Tragschiene zu Kabelkanal usw. bis nach oben. Wenn alle Maßpunkte gesetzt sind, kann mit „Esc" die Bemaßung abgeschlossen werden. Das Ergebnis sehen Sie unten.

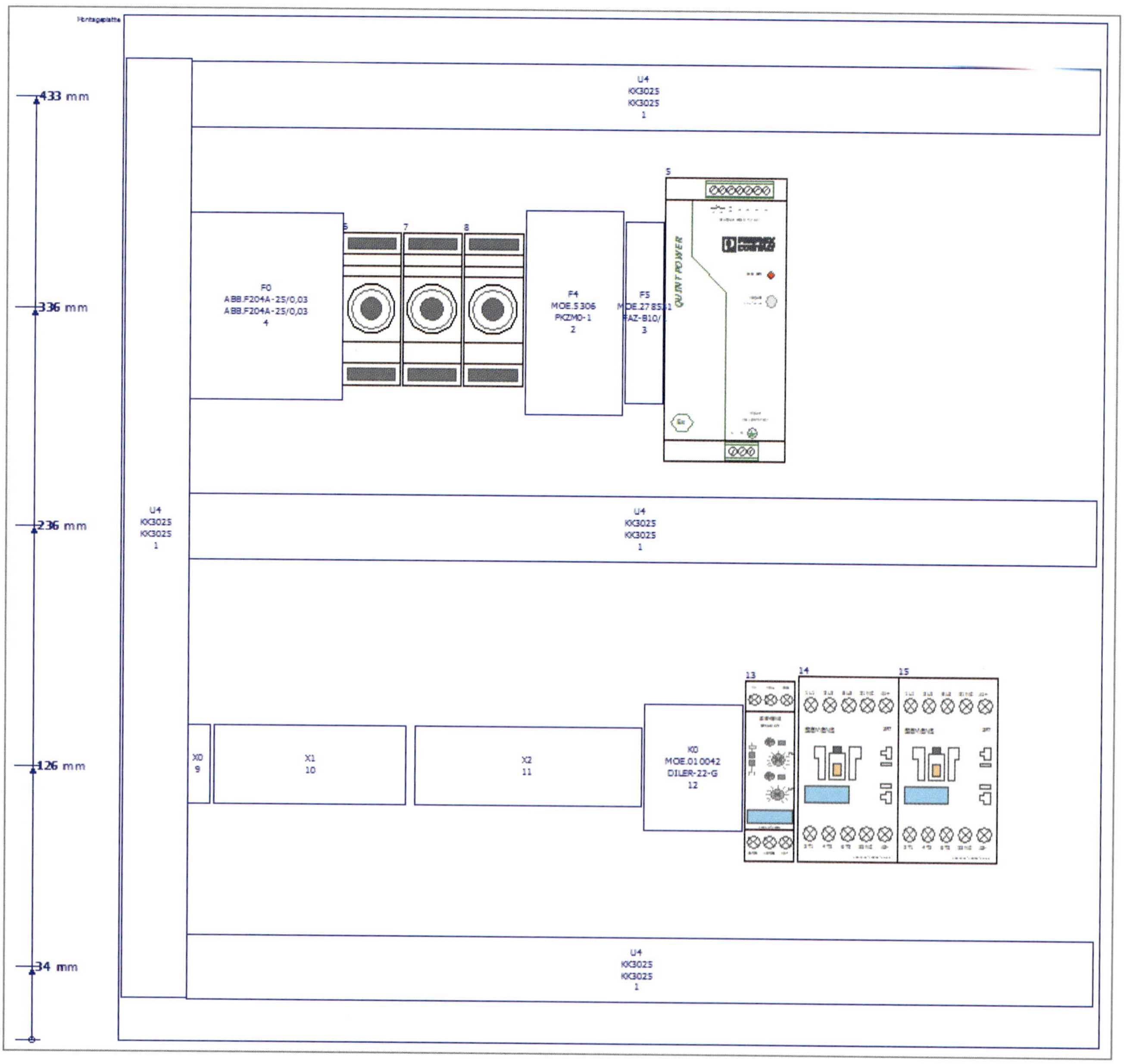

3D-Montageaufbau-Navigator – EPLAN Pro Panel

EPLAN bietet nicht nur die Möglichkeit, den Schaltschrank zweidimensional in 2-D zu planen, es ist auch möglich, den Schaltschrank dreidimensional in 3-D zu entwerfen. Diese Zusatzlösung nennt sich bei EPLAN Pro Panel.

Diese Möglichkeit wird nicht Schritt für Schritt dargestellt, da es sich um eine Zusatzfunktion handelt, die über dieses Einstiegsprojekt hinausgeht, aber trotzdem bekannt sein sollte.

Eine kurze Anleitung zu Pro Panel finden Sie in den Ergänzenden Materialien des Verlags sowie auf der Internetseite des Autors. Die Weblinks sind am Ende des Projektbuchs abgedruckt.

Die dreidimensionale Gestaltung des Schaltschranks finden Sie in dem Menüpunkt <Bauraum>.

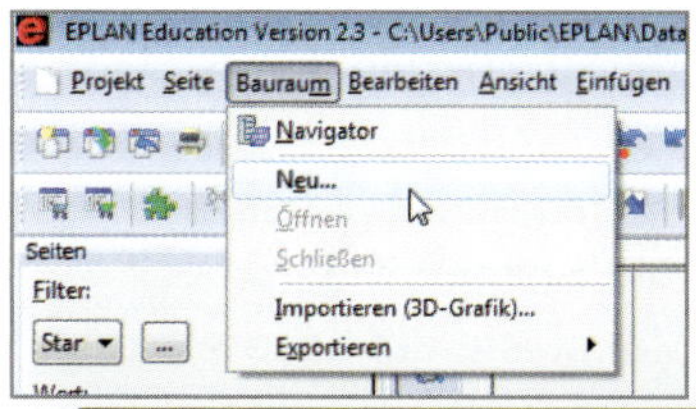

Zur dreidimensionalen Planung muss der passende Schaltschrank ausgewählt werden, der die Informationen über Höhe, Breite, Tiefe sowie die Größe der Montageplatte enthalten muss.

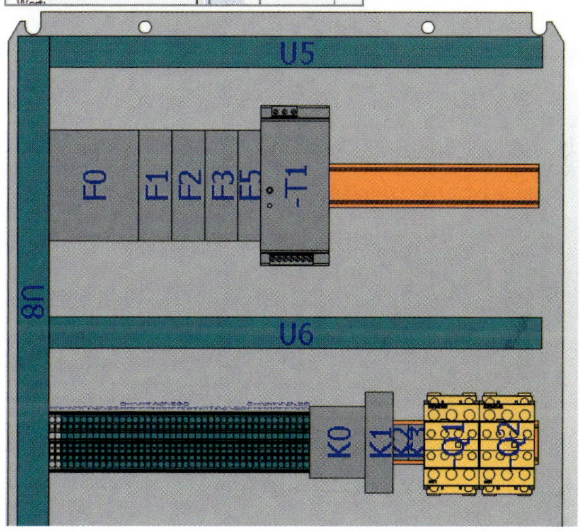

Anschließend können die Betriebsmittel wie zuvor bei der zweidimensionalen Planung auf der Montageplatte platziert werden. Unter <Projektdaten>, <Geräte/Artikel>, <3D-Montageaufbau-Navigator> finden wir die einzufügenden Bauteile.

Betriebsmittel, für die die Gehäusedarstellung in der Artikeldatenbank vorliegt, werden entsprechend dargestellt, wie z. B. Q1 und Q2. Betriebsmittel ohne hinterlegte Gehäusedarstellung werden als graue Kästen entsprechend ihrer Dimension abgebildet, wie z. B. F4 oder K0.

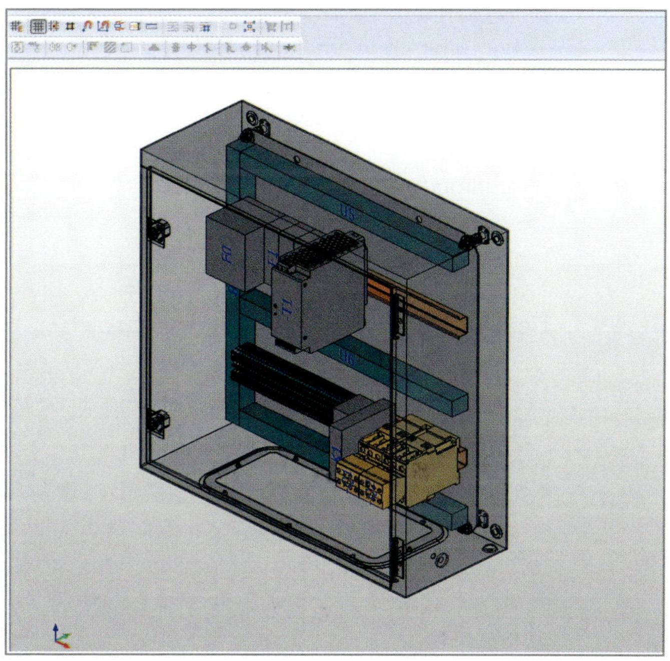

So kann nach Abschluss der Platzierung aller Betriebsmittel festgestellt werden, ob der Schaltschrank ohne Kollisionen entsprechend der Vorstellung umgesetzt werden kann.

9 SPS-Schaltplan erstellen

Eine weitere Möglichkeit der Automatisierung einer Anlage ist die Nutzung einer SPS. Dies ist für die Laserbearbeitungszelle nicht erforderlich, soll aber an dieser Stelle durchgeführt werden, damit Sie lernen, wie eine SPS im Schaltplan projektiert wird.
Es wird Ihnen nun gezeigt, wie Sie den dafür notwendigen Schaltplan erstellen. Wir beginnen mit den Eingängen der SPS. Die eingesetzte SPS soll acht Eingänge haben.

9.1 SPS-Eingänge erstellen

› Wir fügen zuerst eine neue Seite ein. Dafür klicken wir im Seitennavigator mit der rechten Maustaste auf Laserbearbeitungszelle und im Kontextmenü auf <Neu...>.

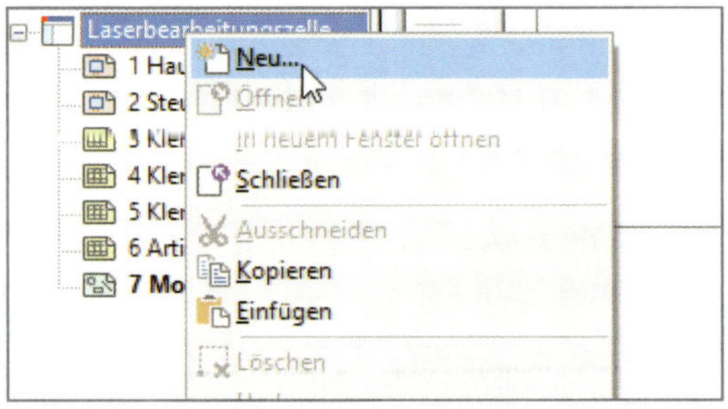

→ Im darauffolgenden Dialogfeld tragen wir im Feld „Vollständiger Seitenname" eine „8" ein, wählen beim Seitentyp den „Schaltplan allpolig (I)" und tragen im Feld „Seitenbeschreibung" „SPS-Eingänge" ein.

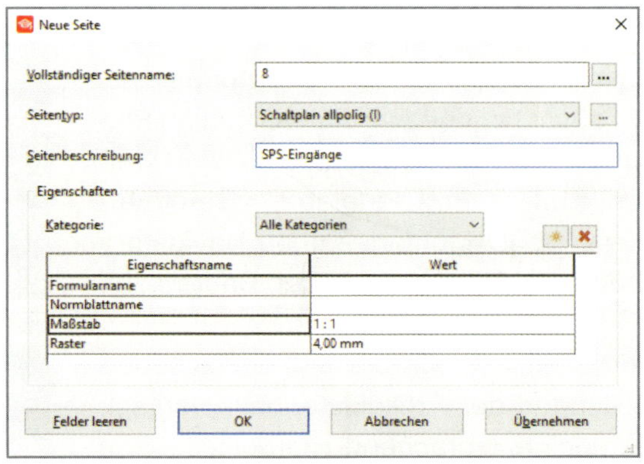

→ Wir haben nun ein leeres Blatt vor uns und werden nun beginnen, einen SPS-Kasten anzulegen. Dafür klicken wir auf:
<Einfügen>
<Kasten/Anschluss/Montageplatte>
<SPS-Kasten>

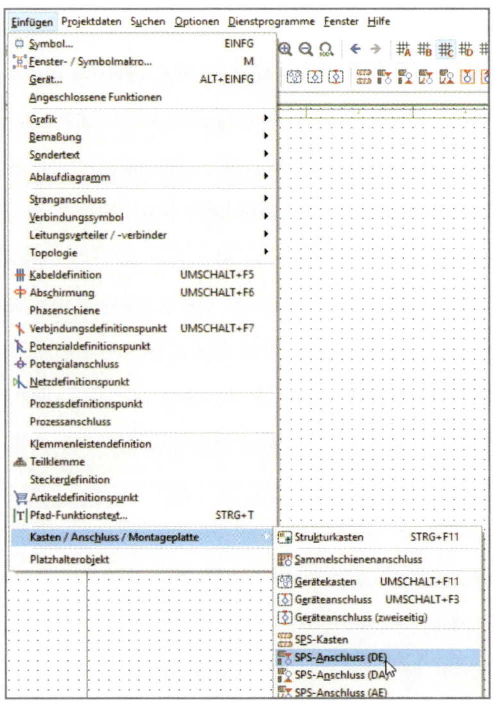

Tipp: Ein SPS-Kasten beinhaltet die zu einer SPS-Baugruppe gehörigen Anschlüsse. Durch den SPS-Kasten bekommen z. B. die einzelnen Eingänge eine eindeutige Zuordnung zu einer Baugruppe.
So kann dem SPS-Kasten einer SPS-Eingangskarte die Betriebsmittelkennzeichnung A2 gegeben werden, dem dann alle Eingänge im SPS-Kasten zugeordnet sind.

→ Den SPS-Kasten platzieren wir im unteren Abschnitt unseres Blattes.

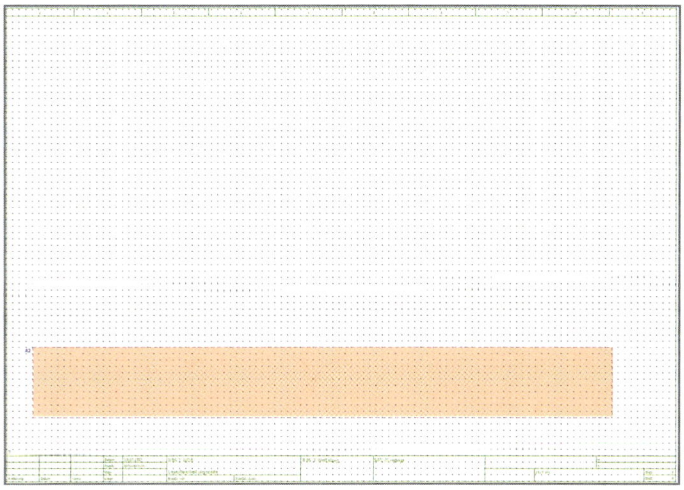

→ Im darauffolgendem Dialog „Eigenschaften“ geben wir als BMK „A2“ an.

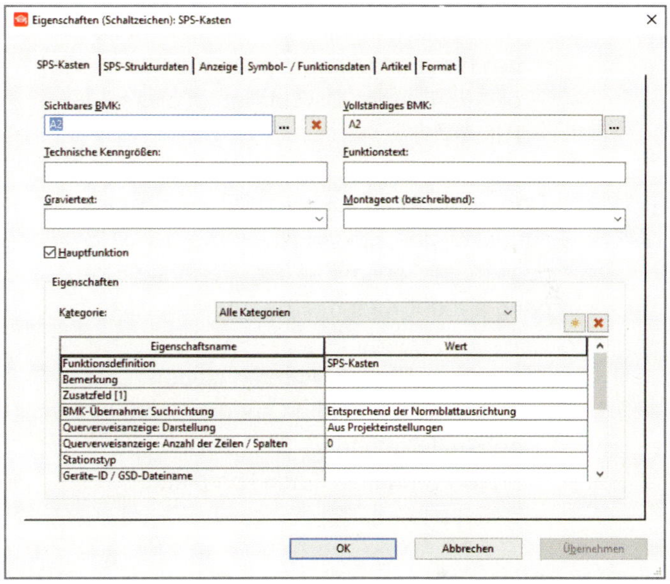

→ Nun können wir den ersten Eingang der acht Eingänge der SPS belegen. Dafür klicken wir auf
<Einfügen>
<Symbol>
<IEC-Symbol>
<Elektrotechnik>
<SPS/BUS>
<SPS-Anschluss>
<SPS-Anschluss, E/A, 1 Anschluss>
<PLC_CBOX>
und wählen „Variante A“.

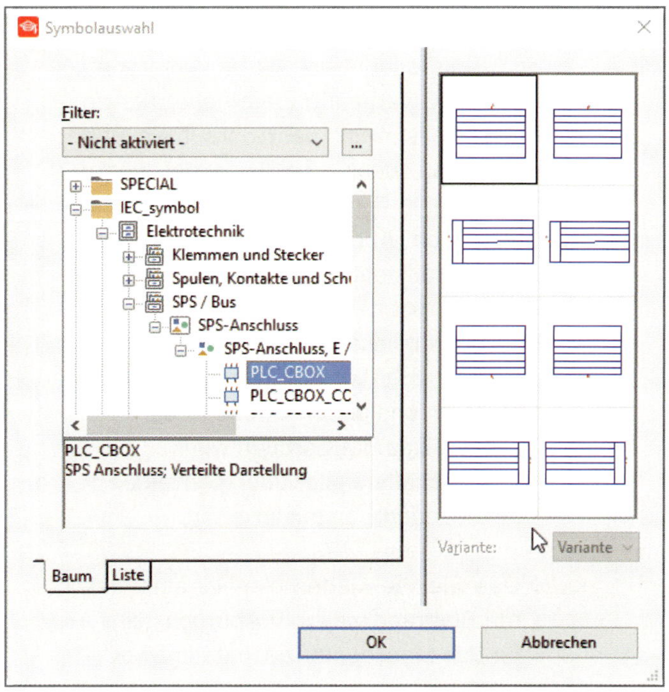

→ Den ersten SPS-Eingang setzen wir links in unseren SPS-Kasten.

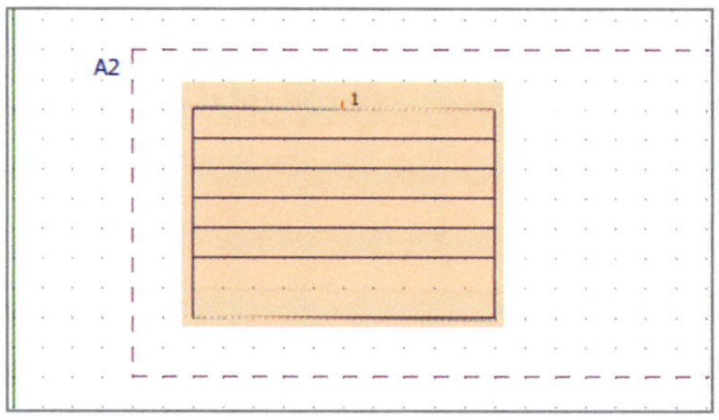

→ Im Feld „Adresse" geben wir die Adresse des SPS-Eingangs an. In unserem Beispiel lautet diese „%I0.0". Die symbolische Adresse ist der Name des Tasters, den wir mit diesem Eingang abfragen. Hier lautet dieser „S12". Der Funktionstext ist eine Kurzbeschreibung der erzielten Funktion dieses Tasters. Bei uns lautet diese „Stopp".

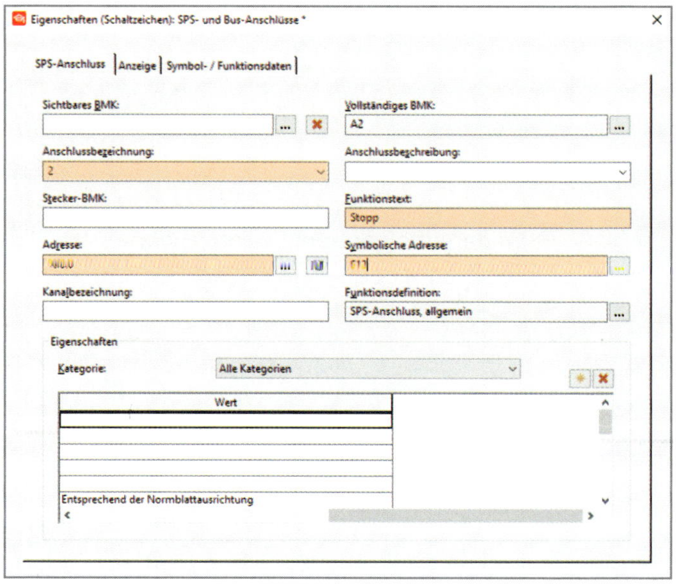

Tipp: Die Anschlussbezeichnung muss zur jeweiligen Eingangsklemme der SPS passen. In diesem Fall liegt der erste Eingang auf der Klemme 2.

→ Erstellen Sie die weiteren sieben Eingänge, wie Sie es auf der Seite 98 sehen. Bitte nur die SPS-Anschlüsse erstellen und nicht den kompletten Schaltplan.

Anschließend stellen wir die benötigte Spannungsversorgung bereit. Wir benötigen eine Gleichspannung von 24 V. Da wir bereits schon eine Stromversorgung für 24 VDC verbaut haben, gehen wir an dieser Stelle nicht mehr darauf ein und nehmen an, dass sich diese auf einem anderen Blatt befindet und die Spannung mithilfe von Abbruchstellen für andere Seiten bereitsteht.

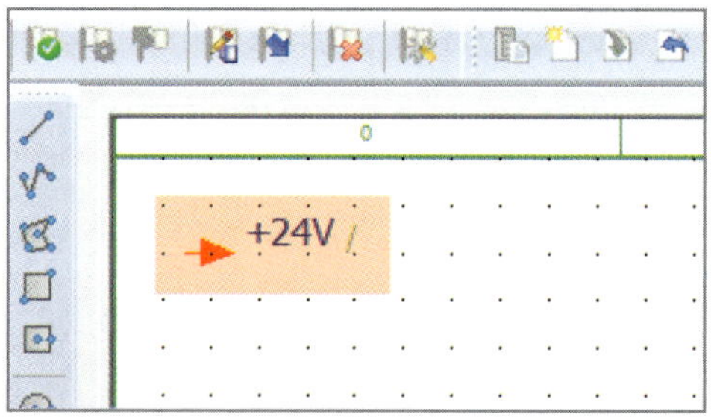

→ Im oberen linken Bereich unseres Blattes legen wir dazu eine Abbruchstelle an und geben ihr das BMK „+24V". Das BMK ordnen wir im Eigenschaftsfenster über <Anzeige>, <Zuweisung> „unten links" an.

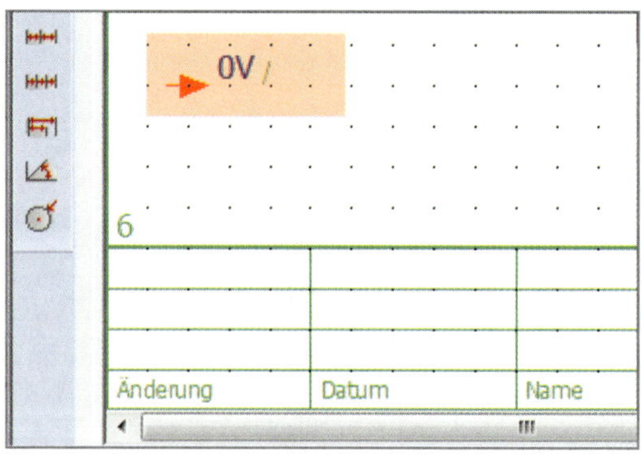

→ Das Gleiche wiederholen wir am unteren Blattrand mit einer Abbruchstelle für das Massepotenzial mit der BMK „0V".

→ Nun fügen wir senkrecht über unserem Eingang E0.0 den Öffner S12 ein.
Dazu klicken wir auf:
<Einfügen>
<Symbol>
<Elektrotechnik>
<Sensorik, Schalter und Taster>
<Schalter/Taster>
<Schalter/Taster, Öffner, 2 Anschlüsse>
<SOA>,
wählen die Symbolvariante A aus und bestätigen mit <OK>.

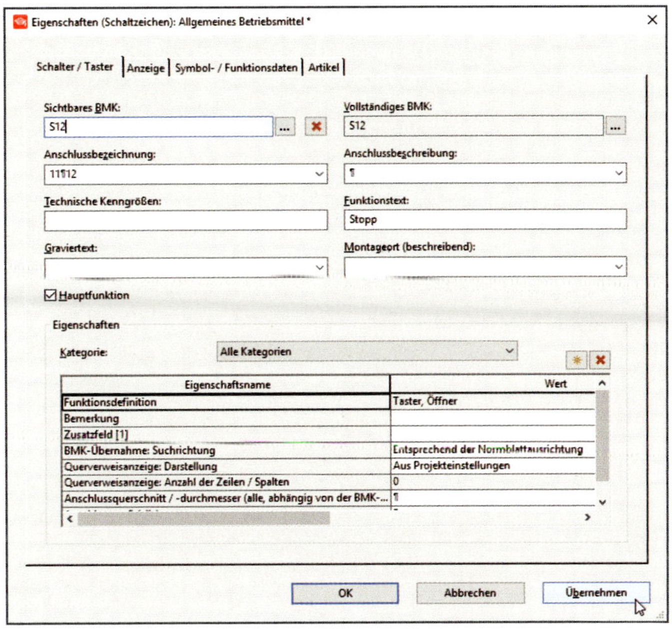

→ Im Dialog „Eigenschaften" tragen wir Folgendes ein:
Im Feld „Sichtbares BMK": „S12"
Im Feld „Funktionstext": „Stopp"

→ Nun verbinden wir den Taster S2 mithilfe eines T-Stücks mit der Abbruchstelle „+24V".

→ Wie man die Spannungsversorgung anschließt, wird in 9.3 erklärt.

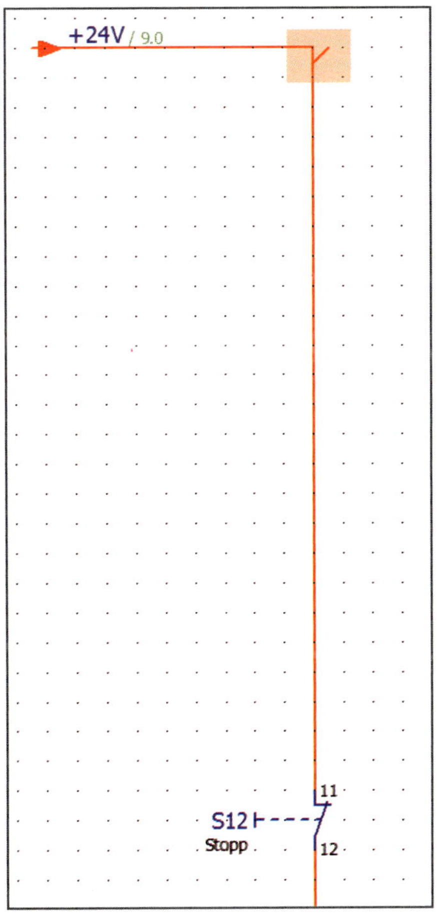

→ Diese Schritte wiederholen wir, bis unser Ergebnis so aussieht, wie der Stromlaufplan auf der folgenden Seite.

→ Da wir die 24 V und die 0 V auf den anderen Seiten ebenfalls benötigen, führen wir sie mithilfe von Abbruchstellen an den rechten Blattrand.

Das fertige Ergebnis sehen wir auf der nächsten Seite.

▶▶ Tipp: EPLAN bietet zum Datenaustausch mit der SPS-Konfigurationssoftware Siemens SIMATIC STEP7 eine Schnittstelle an, um so Daten wie Ein- und Ausgabeadressen direkt übernehmen zu können. Diese Funktion wird hier jedoch nicht beschrieben.

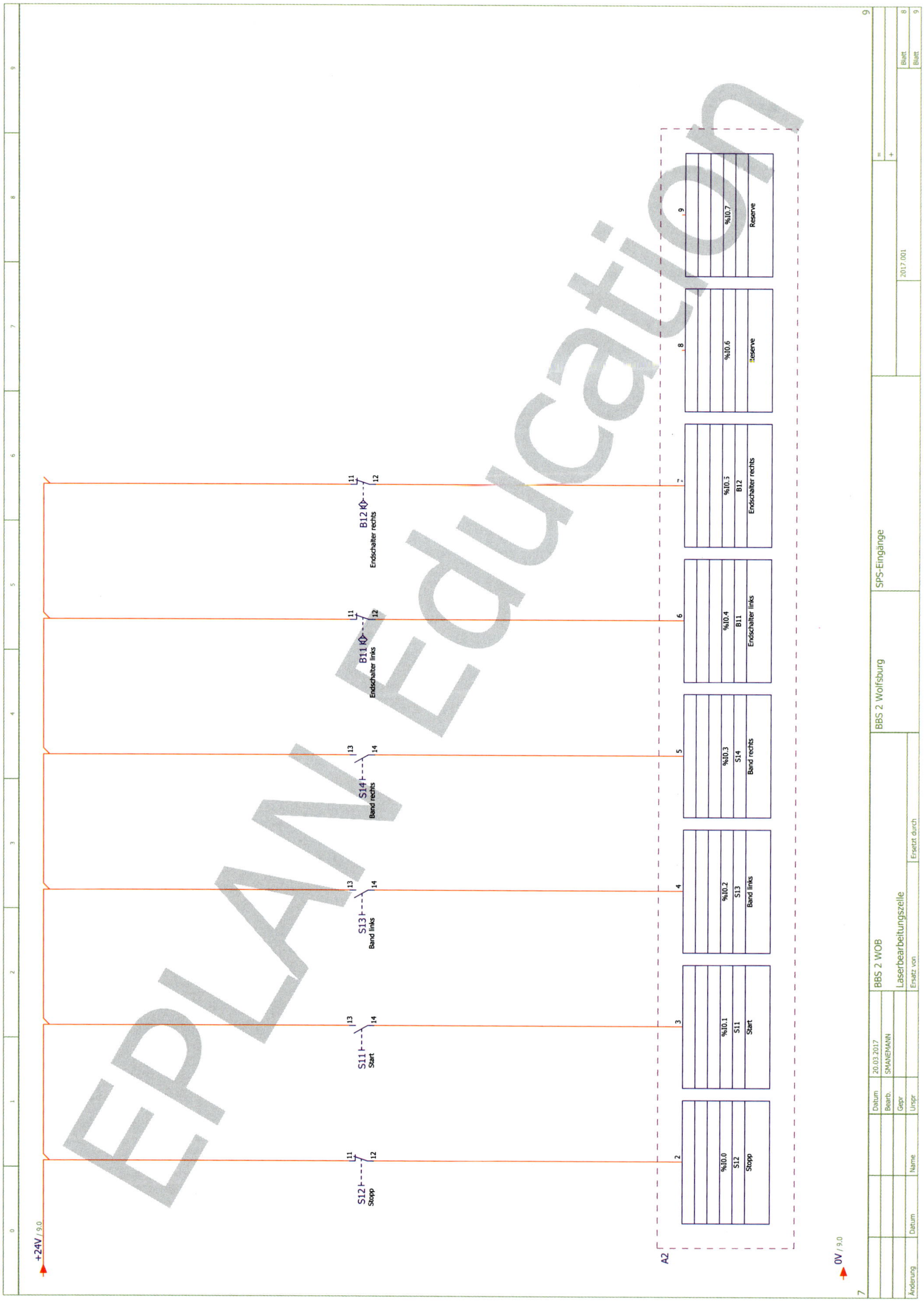

+24V / 9.0
0V / 9.0
A2
S12 Stopp
S11 Start
S13 Band links
S14 Band rechts
B11 Endschalter links
B12 Endschalter rechts
%I0.0 S12 Stopp
%I0.1 S11 Start
%I0.2 S13 Band links
%I0.3 S14 Band rechts
%I0.4 B11 Endschalter links
%I0.5 B12 Endschalter rechts
%I0.6 Reserve
%I0.7 Reserve
EPLAN Education
Datum 20.03.2017
Bearb. SMANEMANN
Gepr
Urspr
Ersatz von
Ersetzt durch
Änderung
Datum
Name
BBS 2 WOB
Laserbearbeitungszelle
BBS 2 Wolfsburg
SPS-Eingänge
2017.001
Blatt 8
Blatt 9

9.2 SPS-Ausgänge erstellen

Für die acht Ausgänge unserer SPS legen wir ein neues Blatt in unserem Projekt an.

→ Dafür klicken wir im Seitennavigator mit der rechten Maustaste auf Laserbearbeitungszelle und anschließend auf „Neu...“. Im darauffolgenden Dialog „Neue Seite“ tragen wir im Feld „Vollständiger Seitenname“ eine „9“ und im Feld „Seitenbeschreibung“ „SPS-Ausgänge“ ein. Beim Seitentyp wählen wir „Schaltplan allpolig (I)“ und bestätigen den Dialog mit „OK“.

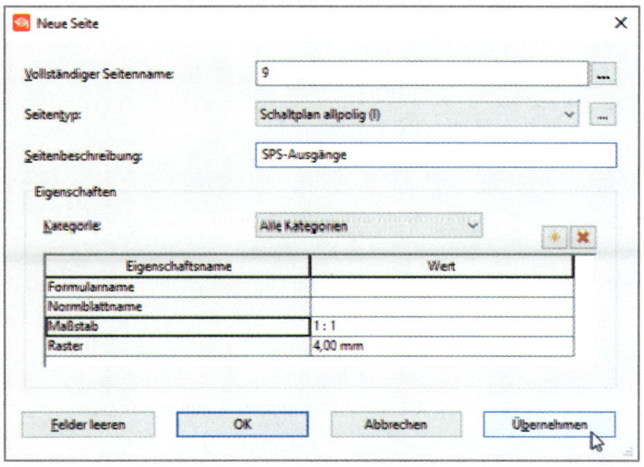

→ Nun fügen wir wiederum einen SPS-Kasten hinzu. Dafür klicken wir auf:
<Einfügen>
<Kasten/Anschluss/Montageplatte>
<SPS-Kasten>.
Diesen platzieren wir im oberen Drittel unseres Blattes. Das BMK dieses Kastens lautet „A3“.

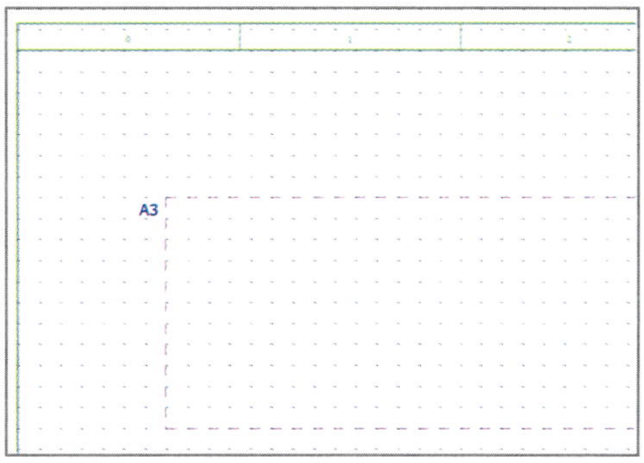

→ Nun können wir den ersten SPS-Ausgang belegen. Dafür klicken wir auf
<Einfügen>
<Symbol>
<IEC-Symbol>
<Elektrotechnik>
<SPS/BUS>
<SPS-Anschluss>
<SPS-Anschluss, E/A,
1 Anschluss>
<PLC_CBOX>
und wählen die Variante C.

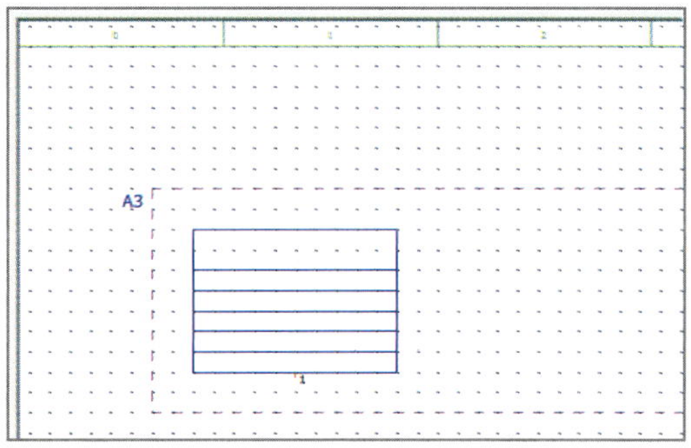

→ Den SPS-Ausgang platzieren wir links im SPS-Kasten.

→ Im Dialog „Eigenschaften (Schaltzeichen)“ tragen wir Folgendes ein:
Anschlussbezeichnung: 2
Adresse: A0.0
Funktionstext: Band links
Symbolische Adresse: Q11
Wir wählen als BMK Q11, um keinen Einfluss auf den Schützspiegel von Q1 zu nehmen.

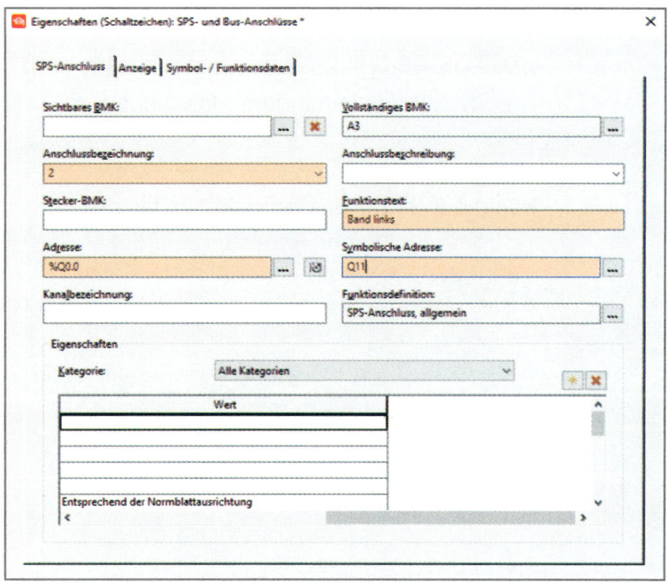

Tipp: Die Anschlussbezeichnung muss zur jeweiligen Ausgangsklemme der SPS passen.

→ Nun fügen wir wie bei den SPS-Eingängen Abbruchstellen für die 24 V Gleichspannung ein.

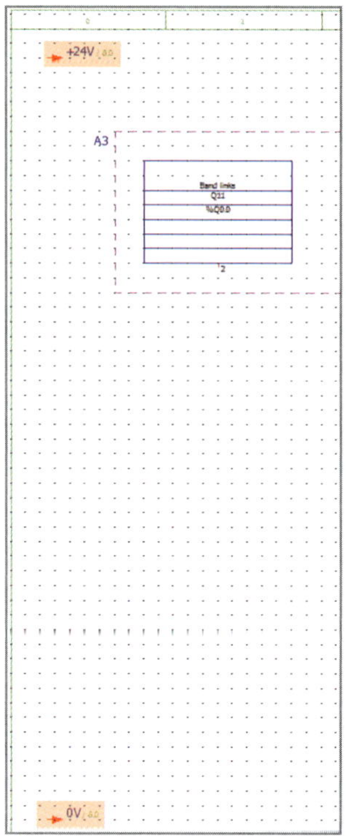

→ Im nächsten Schritt setzen wir die Schützspule Q11 in den Schaltplan senkrecht unter dem Ausgang %Q0.0 ein. Dafür klicken wir auf:
<Einfügen>
<Symbol>
<Elektrotechnik>
<Spulen, Kontakte und Schutzbeschaltungen>
<Spule>
<Spule, 2 Anschlüsse>
<K>

→ Im Feld „BMK“ tragen wir „Q11“ und im Feld „Funktionstext“ „Band links“ ein.

→ Mithilfe eines T-Stücks verbinden wir die Schützspule mit dem Massepotenzial.

→ Diese Schritte wiederholen wir, bis der Stromlaufplan der Abbildung auf der folgenden Seite entspricht.

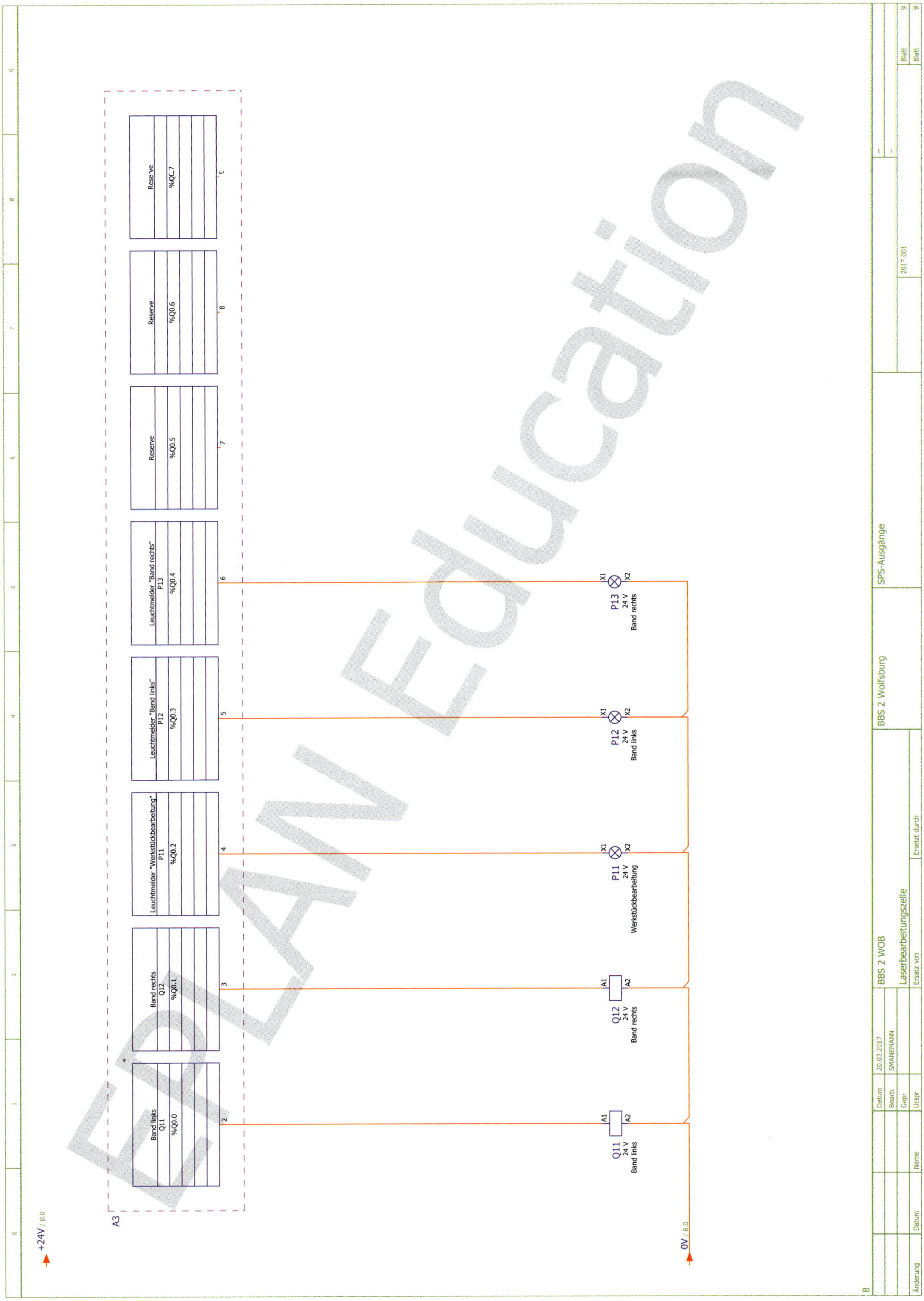
+24V / 8.0
A3
Band links
Q11
%Q0.0
Band rechts
Q12
%Q0.1
Leuchtmelder "Werkstückbearbeitung"
P11
%Q0.2
Leuchtmelder "Band links"
P12
%Q0.3
Leuchtmelder "Band rechts"
P13
%Q0.4
Reserve
%Q0.5
Reserve
%Q0.6
Reserve
%Q0.7
Q11
24 V
Band links
Q12
24 V
Band rechts
P11
24 V
Werkstückbearbeitung
P12
24 V
Band links
P13
24 V
Band rechts
0V / 8.0
Datum 20.03.2017
Bearb. SMANEMANN
Gepr
Urspr
Änderung
Datum
Name
BBS 2 WOB
Laserbearbeitungszelle
Ersatz von
Ersetzt durch
BBS 2 Wolfsburg
SPS-Ausgänge
Blatt 9
Blatt 9

9.3 Spannungsversorgung der SPS-Ein-/Ausgangskarten anschließen

Bislang haben wir die Sensoren, Taster, Leuchtmelder und Schützspulen an die SPS-Eingänge und SPS-Ausgänge angeschlossen. Die SPS-Ein- und -Ausgangskarten müssen jedoch in den meisten Fällen separat an die Stromversorgung angeschlossen werden. Wir wollen dies exemplarisch an der SPS-Ausgangangskarte A3 darstellen.
Damit diese mit Strom versorgt wird, muss an die Klemme 1 der SPS-Ausgangskarte +24 V angeschlossen werden und an die Klemme 20 die Masse. Zu diesem Zweck müssen wir der SPS-Ausgangskarte zwei Klemmen zuordnen.

→ Wir starten mit der Klemme für den +24 V-Anschluss. Die Klemme fügen wir ein über
<Einfügen>
<Kasten/Anschluss/Montageplatte>
<SPS-Kartenversorgung>
und diese bekommt die Anschlussbezeichnung „1“ und den Funktionstext „1L+“.

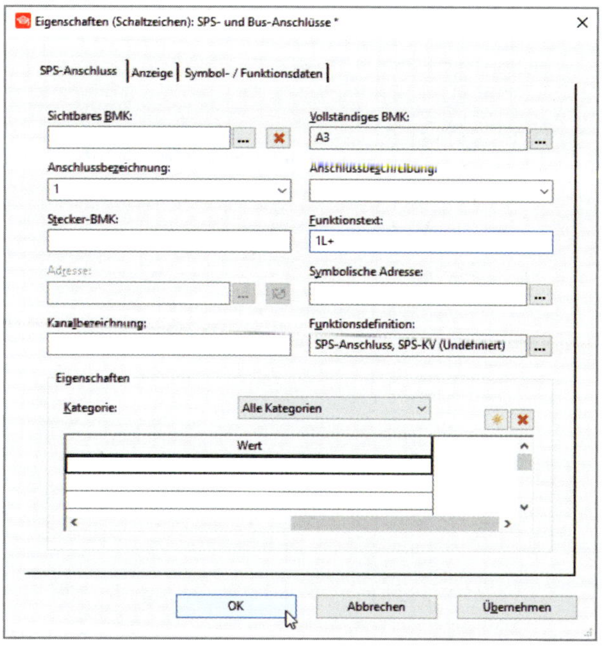

Tipp: Die Anschlussbezeichnung ist die Bezeichnung der Klemme an der SPS-Ausgangskarte. Diese kann auf das Gehäuse gedruckt, mit Laser auf dem Gehäuse aufgebracht oder direkt mit in das Gehäuse eingespritzt worden sein.

→ Wir platzieren die Klemme links oben im SPS-Kasten.

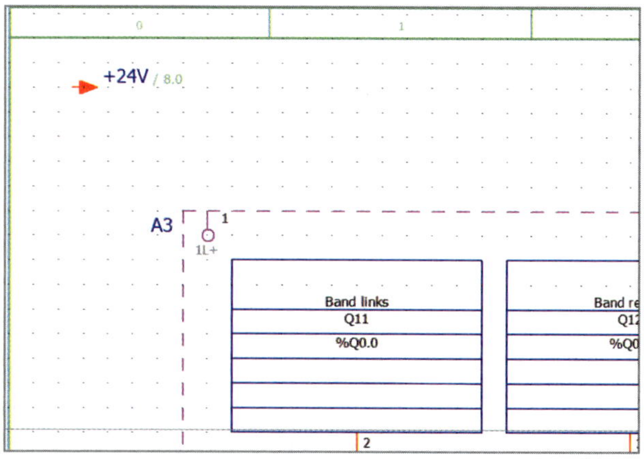

→ Anschließend versorgen wir die Ausgangskarte mit den +24 V über das Setzen eines Winkels.

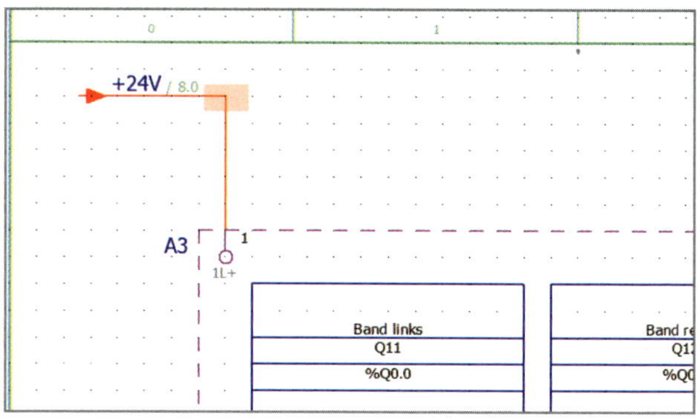

→ In gleicher Weise gehen wir bei dem Massepotenzial vor, für welches wir links unten im SPS-Kasten eine um 180° gedrehte SPS-Kartenversorgung einfügen. Die Drehung der Klemme wird über das Drücken der Taste <Strg> beim Einfügen erreicht.

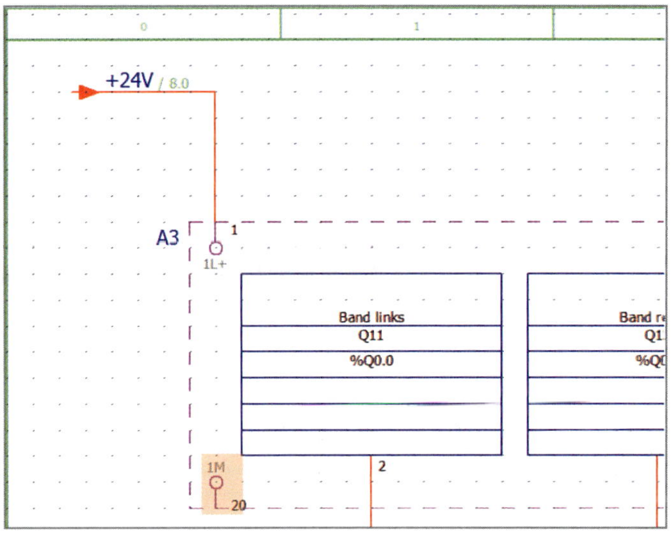

→ Die Anschlussdaten für das Massepotenzial sind die Anschlussbezeichnung „20“ und der Funktionstext „1M“.

Tipp: Die genauen Anschlussdaten entnehmen wir der Dokumentation der verwendeten SPS.

→ Die Masse der SPS-Ausgänge schließen wir an die Masse der Versorgungsspannung 0 V an.

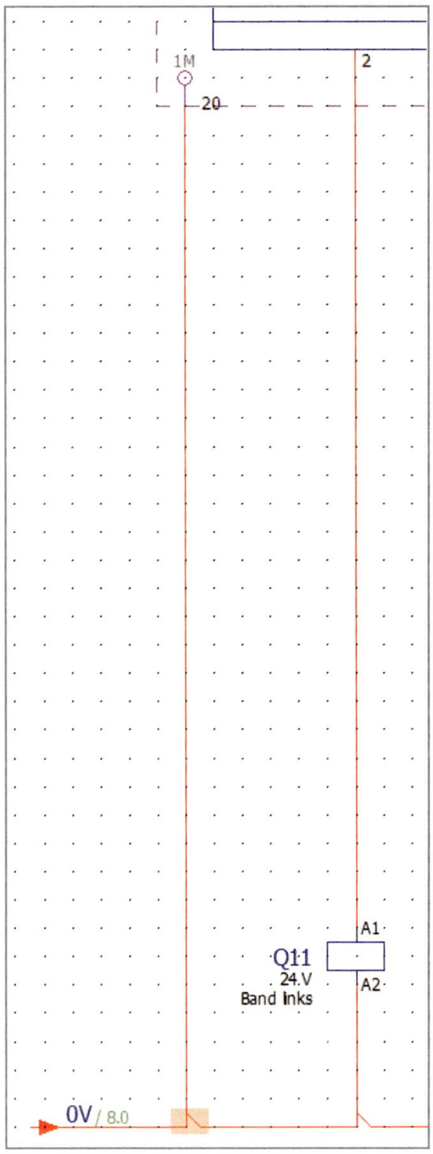

→ In gleicher Art und Weise versorgen wir die SPS-Eingangskarte mit der notwendigen Betriebsspannung. Dazu wiederholen wir die Handlungsschritte dieses Kapitels und wenden sie für die SPS-Eingangskarte an.

24VDC-SPS-Eingangskarten benötigen häufig nur einen Anschluss an 0 V und keine separate Versorgung mit 24 VDC.

10 Pneumatikplan erstellen

Da es in unserer Arbeit mit EPLAN sicherlich auch erforderlich wird, einen Pneumatikplan zu erstellen, zeigen wir in diesem Kapitel die Vorgehensweise. Im folgenden Beispiel wird ein doppelt-wirkender Zylinder über ein 5/2-Wegeventil angesteuert.
Dieses Kapitel hat keinen direkten Bezug zu der Laserbearbeitungszelle.

→ Dazu müssen wir ein neues Blatt in unserem Projekt anlegen. Mit Klick der rechten Maustaste in den Seitennavigator öffnet sich das Kontextmenü. Hier wählen wir dann <Neu...>.

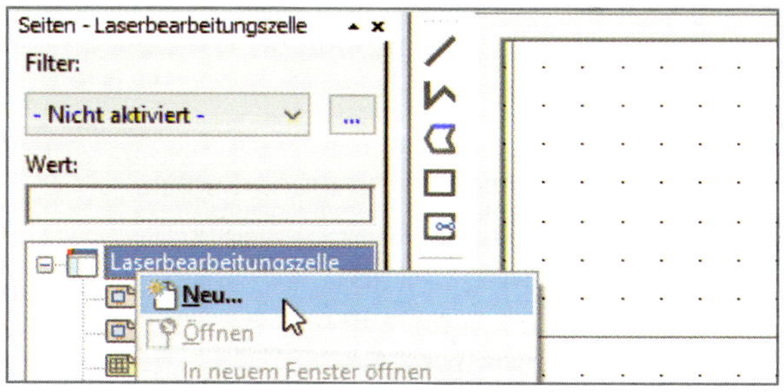

→ Im Dialog „Neue Seite" tragen wir im Feld „Vollständiger Seitenname" den Wert „10" ein, als Seitentyp wählen wir „Schaltplan Fluid (I)" und die Seitenbeschreibung lautet in unserem Fall „Zylinderansteuerung".

→ Mit Klick auf <OK> bestätigen wir die Werte und schließen den Dialog.

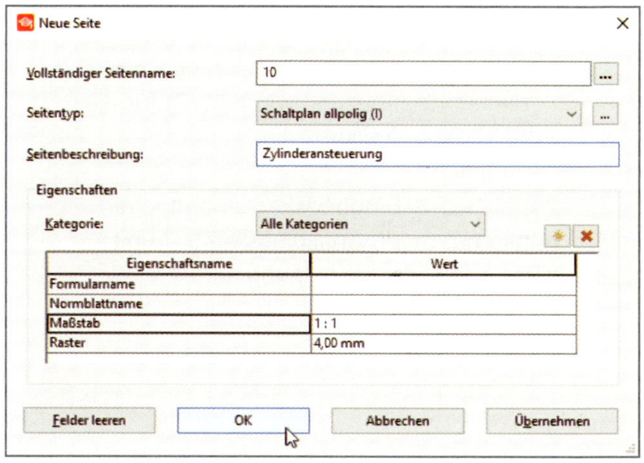

→ Um pneumatische Bauteile einfügen zu können, müssen wir eine neue Symbolbibliothek laden. Dazu klicken wir auf
<Einfügen>
<Symbol>
und machen einen Rechtsklick in die linke Liste. Mit Klick der rechten Maustaste auf <IEC_symbol> im Seitennavigator öffnet sich das Kontextmenü.

→ Hier klicken wir auf <Einstellungen>.

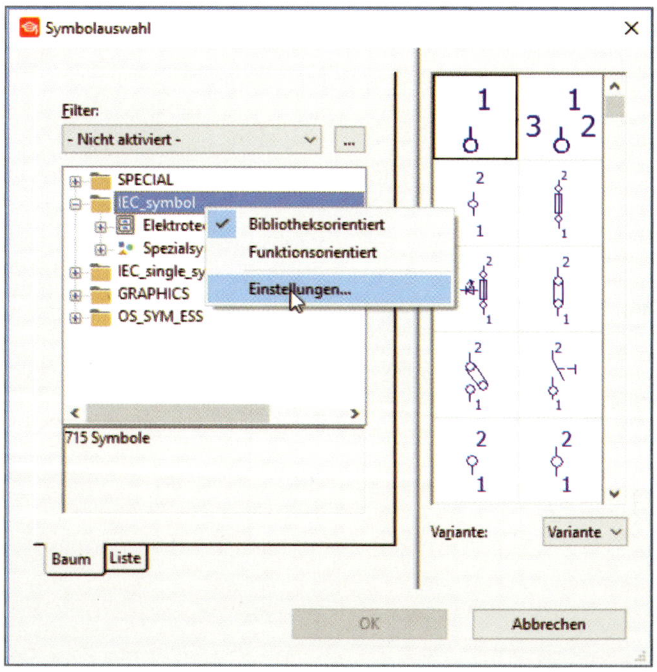

→ Im Dialog „Einstellungen Symbolbibliotheken“ klicken wir in der Spalte „Symbolbibliotheken“ in der sechsten Zeile auf <...>.

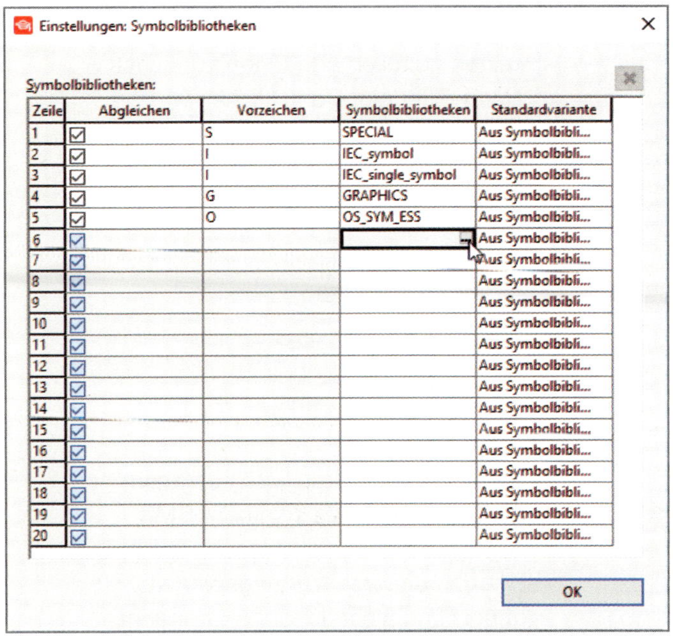

→ Hier scrollen wir nach unten und wählen die Datei „PNE1ESS.slk“ aus. Mit Klick auf <Öffnen> bestätigen wir die Auswahl und schließen den anschließenden Dialog mit Klick auf <OK>.

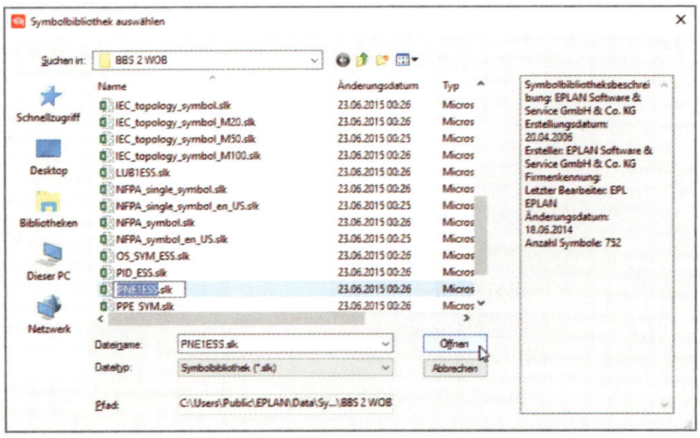

Wir haben eine neue Bibliothek hinzugefügt.

Wir beginnen nun, eine Wartungseinheit für Druckluft einzufügen. Diese Wartungseinheit besteht aus mehreren Bauelementen. Ein Wasserabscheider, ein Manometer sowie ein handbetätigtes 3/2-Wegeventil müssen in unserer Wartungseinheit verbaut werden.

→ Wir legen zunächst einen Gerätekasten an. Dazu klicken wir auf: <Einfügen> <Kasten/Anschluss/Montageplatte> <Gerätekasten>

→ Den Gerätekasten platzieren wir im unteren Teil des Pneumatikplans und tragen im Feld „Sichtbares BMK“ „AZ1“ laut aktuell gültiger Norm DIN EN 81346 ein.
Weiterhin ändern wir unter dem Reiter „Format“ den Linientyp auf eine Strichpunktlinie.
Außerdem ändern wir ggf. unter <Anzeige>, <BMK>, <Textrahmen zeichnen> auf „Nein“.

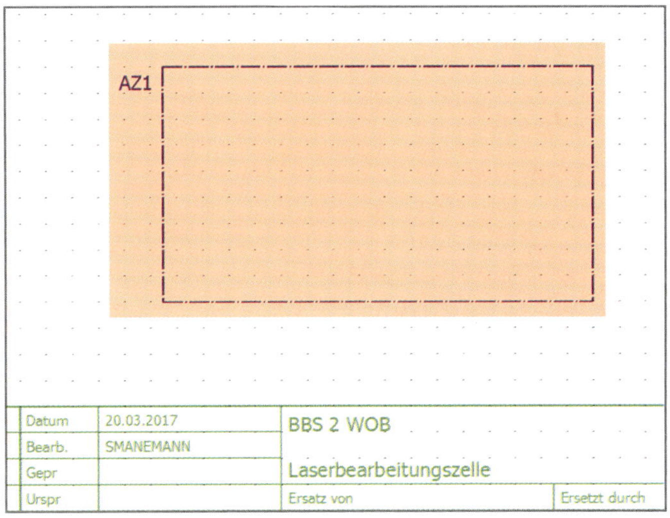

Tipp: Wir bauen im Folgenden die pneumatischen Einheiten einzeln auf. So lernen wir, wie pneumatischen Komponenten aufgebaut werden können. Die Symbolbibliotheken werden jedoch ständig erweitert. Deshalb ist es möglich, dass in der vorliegenden EPLAN-Education-Version eine komplette Wartungseinheit bereits existiert. Diese kann dann ggf. direkt eingefügt werden.

→ Nun beginnen wir unseren Gerätekasten zu füllen und fügen zunächst einen Filter ein. Dazu klicken wir auf:
<Einfügen>
<Symbol>
<PNE1ESS>
<Fluid>
<Speicher und Filter>
<Filter>
<Filter, 2 Anschlüsse>
<F15.1_05>
und nehmen die Variante A.

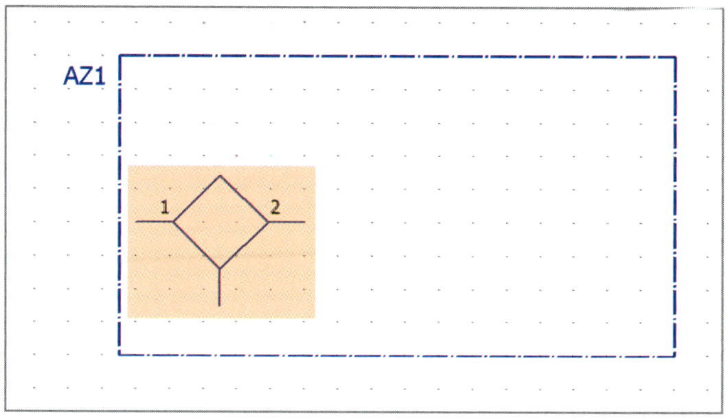

→ Den Filter platzieren wir in unserem Gerätekasten. Das sichtbare BMK können wir unbenannt lassen, da der Filter zu unserer Wartungseinheit gehört und nicht gesondert benannt werden muss.

→ Nun wollen wir unseren Filter näher definieren und festlegen, dass dieser Filter Flüssigkeiten aus der Druckluft abscheiden soll. Dazu klicken wir auf:
<Einfügen>
<Symbol>
<PNE1ESS>
<Fluid>
<Speicher und Filter>
<Filter>
<Grafik>
<F15.5_28>
und nehmen die Variante A.

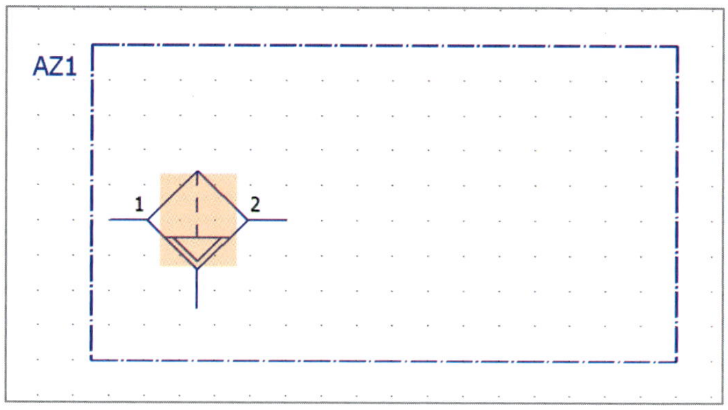

Das BMK können wir wiederum unbenannt lassen.

→ Jetzt fügen wir ein Druckmessgerät (Manometer) ein. Dafür bestimmen wir zunächst das Gehäuse des Messgerätes. Dazu klicken wir auf:
<Einfügen>
<Symbol>
<PNE1ESS>
<Fluid>
<Meldeeinrichtungen, optisch und akustisch>
<Messgerät>
<Messgerät, 1 Anschluss>
<AG10.1.2_01>
und nehmen die Variante A.

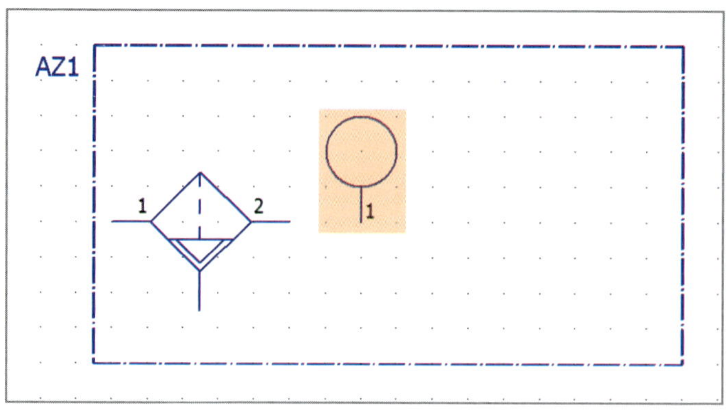

→ Indem wir einen Pfeil in den Kreis unseres Messgeräts zeichnen, legen wir fest, dass es sich dabei um ein Manometer handelt. Dazu klicken wir auf:
<Einfügen>
<Symbol>
<PNE1ESS>
<Fluid>
<Meldeeinrichtungen, optisch und akustisch>
<Messgerät>
<Grafik>
<AG10.1.6>
und nehmen die Variante A.

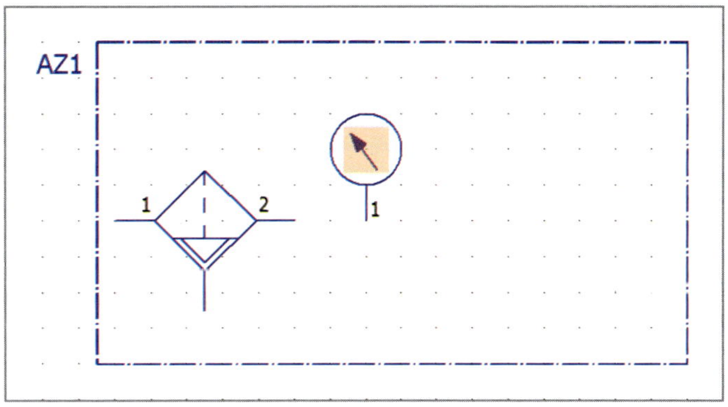

→ Nun können wir mithilfe eines T-Stücks beide Elemente verbinden. Da man bei der Pneumatik mit Dreifachkupplungen arbeitet und nicht nach dem Prinzip der H-Verdrahtung, ist es sinnvoll, das T-Stück als Punkt anzeigen zu lassen. Mit Klick der rechten Maustaste auf das T-Stück öffnen wir das Kontextmenü und wählen „Eigenschaften...".

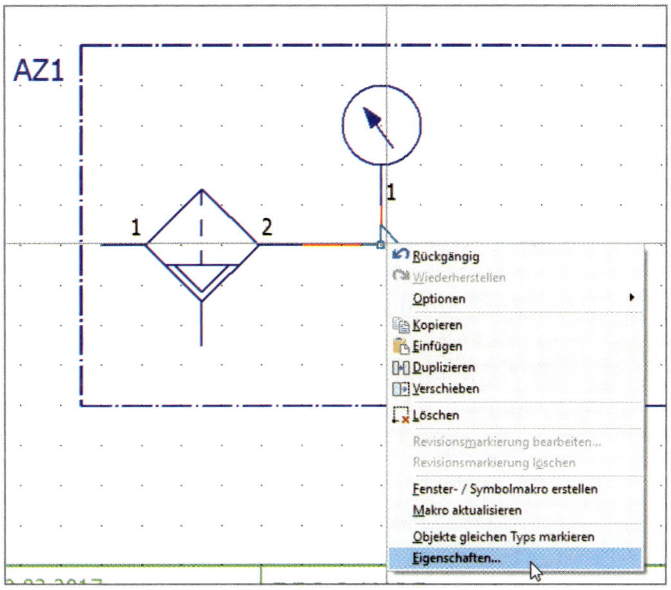

Tipp: Da dies der interne Aufbau der Wartungseinheit ist, kann mit einem T-Stück gearbeitet werden. Als reales Bauteil vorliegende T-Stücke oder Winkel, die auch in einer Stückliste erscheinen sollen, müssen als Verbinder oder Verteiler eingefügt werden. Verbindern oder Verteilern kann ein Artikel zugewiesen werden.

→ Im Dialog „T-Stück oben" wählen wir die Option „Ziele festlegen" ab und bestätigen mit <OK>.

Dadurch wird das T-Stück als Punkt dargestellt.

→ Nun folgt das Einfügen unseres 3/2-Wegeventils zum Absperren der Druckluft. Dazu klicken wir auf:
<Einfügen>
<Symbol>
<PNE1ESS>
<Fluid>
<Ventil, Verteiler, Logikbauteil>
<Wegeventil>
<3/2 Wegeventil>
< V11.5.1_32_01>
und wir nehmen die Variante D.

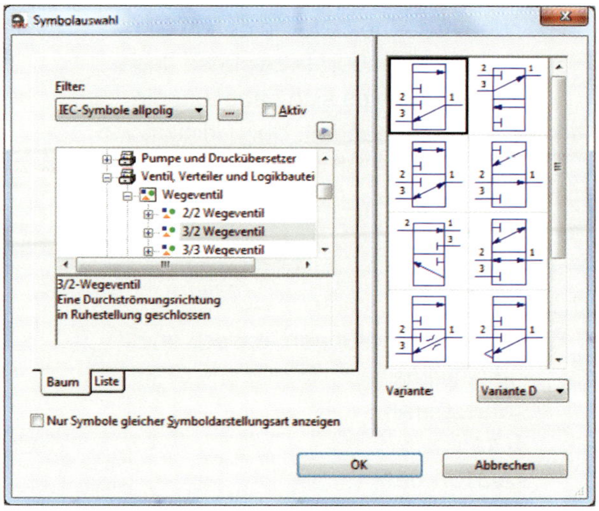

→ Wir fügen das Ventil so ein, dass sich die Zuluft am Anschluss 1 befindet.

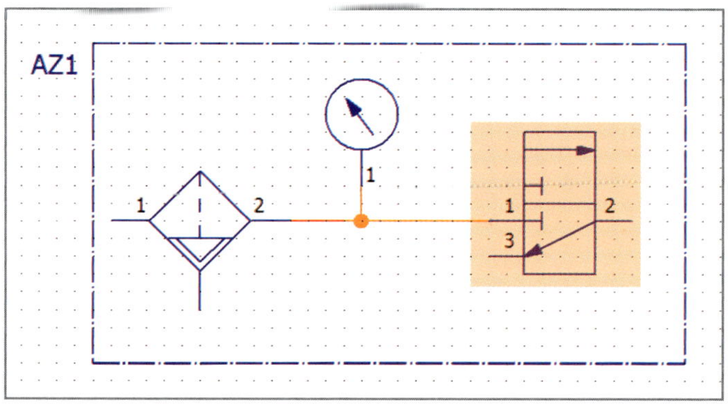

→ Nun fügen wir die Symbole für die Bedienung des Ventils ein. Das Ventil soll rastend betätigt und durch eine Feder zurückgestellt werden.

→ Zur Auswahl der Symbole klicken wir auf:
<Einfügen>
<Symbol>
<PNE1ESS>
<Fluid>
<Ventil, Verteiler, Logikbauteil>
<Betätigung>
<Grafik>
<V_BT_020_L bzw. V_BT_016_R>
und nehmen die Variante F.

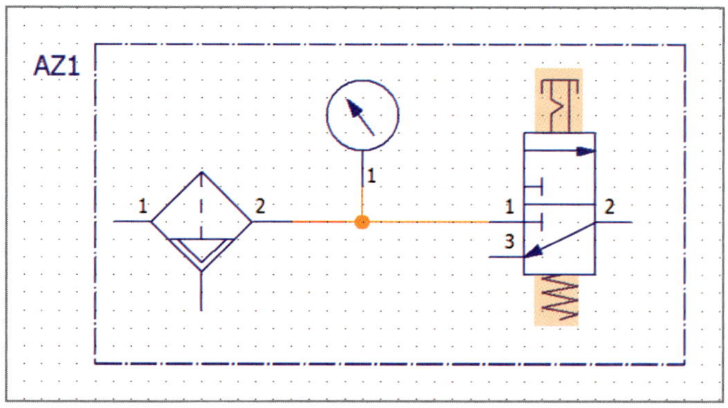

→ Fügen Sie beide Symbole wie rechts dargestellt ein.

→ Wir benötigen noch die Druckluftzufuhr. Um diese auf der linken Seite einzufügen, klicken wir auf:
<Einfügen>
<Symbol>
<PNE1ESS>
<Fluid>
<Sonderfunktionen>
<Geräteanschluss>
<Geräteanschluss>
<V_BT_019_X> in der Variante A.

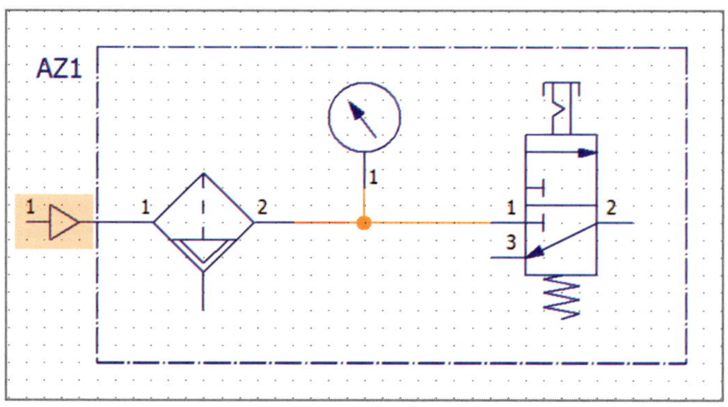

→ Nachdem wir nun die Arbeit an der Wartungseinheit abgeschlossen haben, wollen wir mit der Ansteuerung eines Zylinders beginnen. Dafür fügen wir ein 5/2-Wegeventil ein. Dazu klicken wir auf
<Einfügen>
<Symbol>
<PNE1ESS>
<Fluid>
<Ventil, Verteiler, Logikbauteil>
<Wegeventil>
<5/2 Wegeventil>
<V11.5.1_52_01>
und nehmen die Variante A.

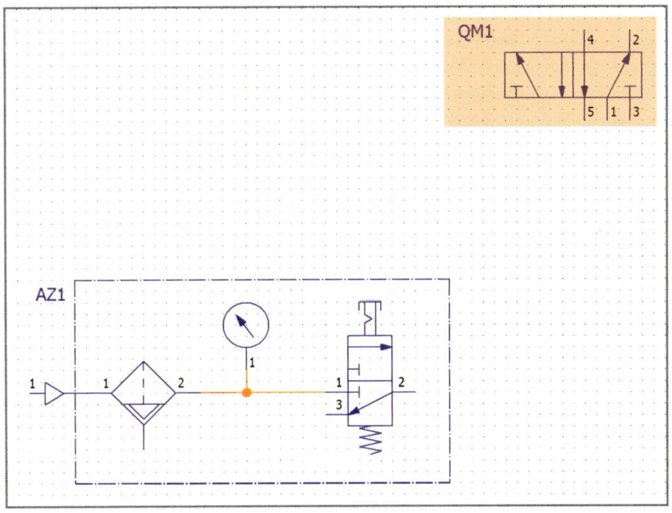

→ Wir platzieren es rechts oberhalb der Wartungseinheit mit dem BMK „QM1“.

Dieses Ventil soll beidseitig über je eine Spule mit pneumatischer Vorsteuerung angesteuert werden.

→ Die pneumatische Vorsteuerung liegt unter
<Einfügen>
<Symbol>
<PNE1ESS>
<Fluid>
<Ventil, Verteiler, Logikbauteil>
<Betätigung>
<Grafik>
<V_BT_025_L> bzw.
<V_BT_025_R> und ist links bzw. rechts vom Ventil anzuordnen.

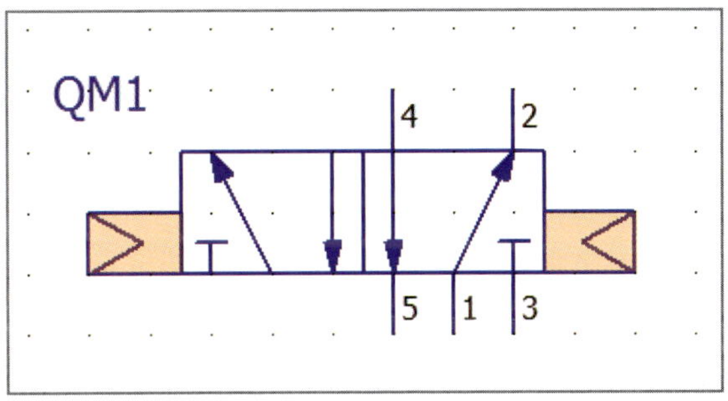

→ Die pneumatische Vorsteuerung wird über je eine elektrische Spule betätigt. Um die Spulen links und rechts der Vorsteuerung einzufügen, klicken wir auf:
<Einfügen>, <Symbol>, <PNE1ESS>,
<Elektrotechnik>,
<Ventil, Bremse und Kupplung>,
<Ventil>, <Ventil, einfach>,
<V_BT_030_L> bzw.
<V_BT_030_R> in der Variante A.

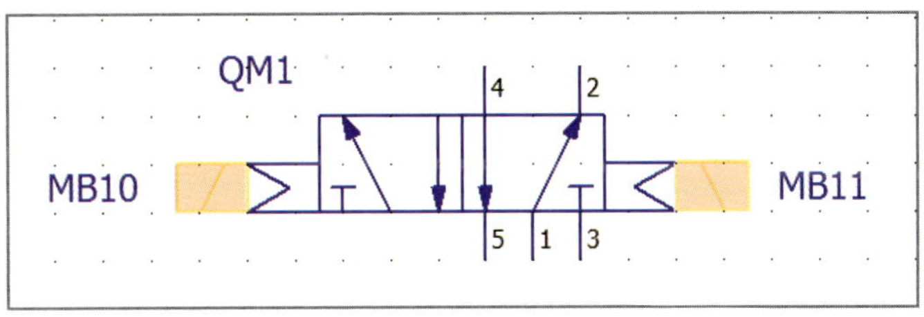

→ Die BMK der elektrischen Spulen wird laut aktuell gültiger Norm DIN EN 81346 mit„MB10“ und „MB11“ festgelegt.

→ Die BMK der rechten Spule sollte etwas nach rechts verschoben werden (rechte Maustaste auf die BMK > Text > Eigenschaftstext verschieben).
Elektrische Bauteile sind im Pneumatikplan gelbfarben.

→ Das Ventil verfügt über eine Handbetätigung. Um diese links und rechts vom Ventil einzufügen, klicken wir auf:
<Einfügen>
<Symbol>
<PNE1ESS>
<Fluid>
<Ventil, Verteiler, Logikbauteil>
<Betätigung>
<Grafik>
<V_BT_001_L> bzw.
<V_BT_001_R> in der Variante A.

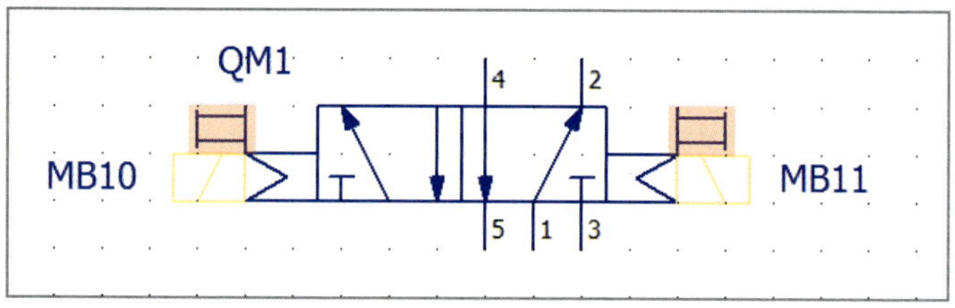

→ Nun verbinden wir Anschluss 2 des 3/2-Wegeventils mit Anschluss 1 des 5/2-Wegeventils.

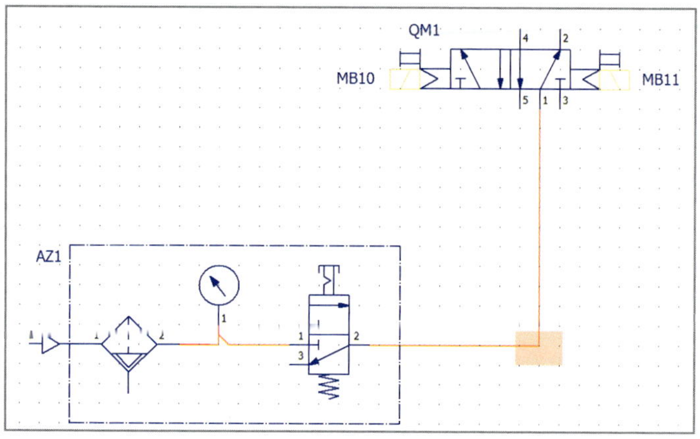

→ An den Anschlüssen 3 und 5 fügen wir jeweils einen Schalldämpfer ein. Dazu klicken wir auf:
<Einfügen>
<Symbol>
<PNE1ESS>
<Fluid>
<Verteiler/Verbinder/Zubehör>
<Zubehör>
<Zubehör, 1 Anschluss>
<F15.3.1> in der Variante D ohne Anschlussbezeichnung.

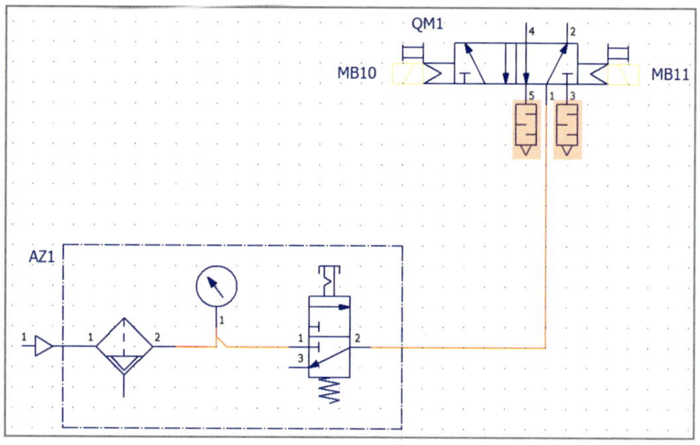

→ Jetzt beginnen wir damit, ein Drosselventil einzufügen. Dazu fügen wir zunächst einen Gerätekasten ein und benennen ihn mit „RZ1“. Das Format „Linientyp“ stellen wir dabei auf Strich-Punkt ein. Den Textrahmen stellen wir auf „Nein“ ein.

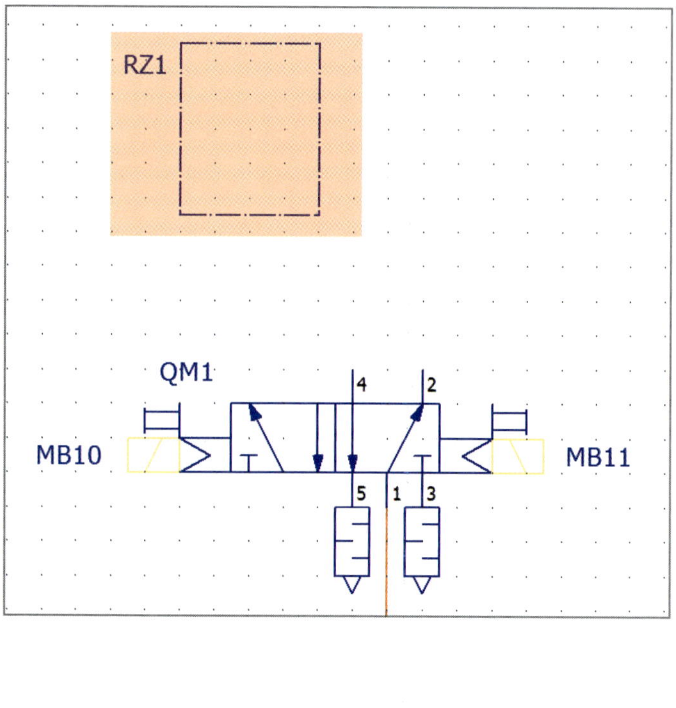

→ Anschließend fügen wir in diesen Kasten ein einstellbares Drosselventil sowie ein Rückschlagventil ein. Zu finden sind beide unter:
<Einfügen>, <Symbol>, <PNE1ESS>,
<Fluid>,
<Ventil, Verteiler, Logikbauteil>,
<Ventil>, <Ventil, 2 Anschlüsse>,
<V11.5.4_01> und <V11.5.3_02>.

→ Ihr Ergebnis sollte in etwa so wie oben rechts abgebildet aussehen.

Tipp: Wir sollten dabei besonders auf die Richtung des Rückschlagventils achten, sodass wir ein abluftgedrosseltes Ventil erhalten.

→ Nun fügen wir die notwendigen T-Stücke ein und verbinden das Drosselventil mit dem Anschluss 4 des 5/2-Wegeventils.

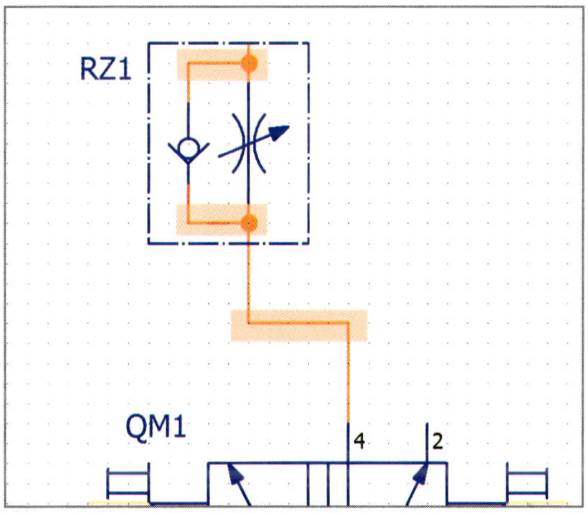

→ Um uns die Arbeit zu erleichtern, markieren wir nun das Drosselventil, kopieren es mit der Tastenkombination <Strg>+<C> und fügen es mit der Tastenkombination <Strg>+<V> wieder ein. Den Einfügemodus belassen wir bei „Nicht verändern“.

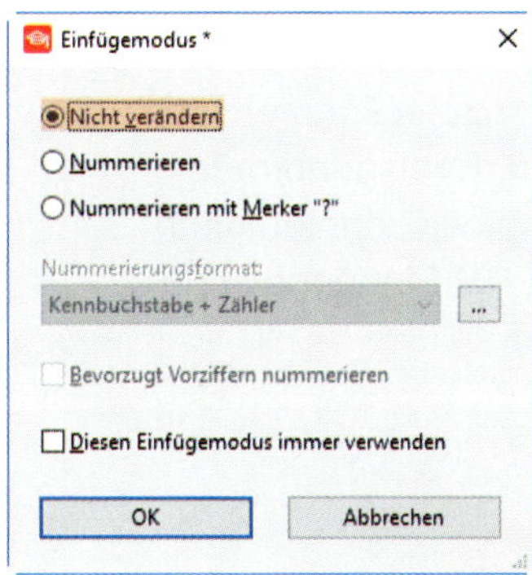

→ Nun müssen wir das BMK des neuen Ventils im Dialog „Eigenschaften (Schaltzeichen)“ nur auf „RZ2“ ändern und es mit Anschluss 2 des 5/2-Wegeventils verbinden.

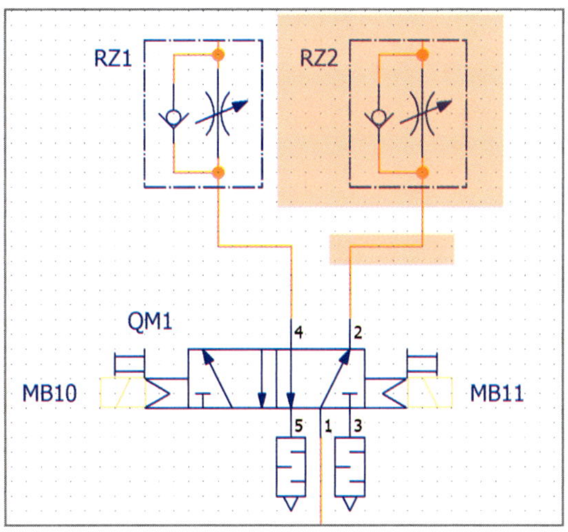

→ Zum Abschluss des Pneumatikplans fügen wir den doppeltwirkenden Zylinder ein. Wir beginnen mit dem Einfügen des Gehäuses des Zylinders. Dazu klicken wir auf:
<Einfügen>, <Symbol>, <PNE1ESS>,
<Fluid>,
<Aktoren, Heizung,
Wärmetauscher>
<Zylinder>
<Zylinder, 2 Anschlüsse>
<Z14.1_01> in der Variante A.

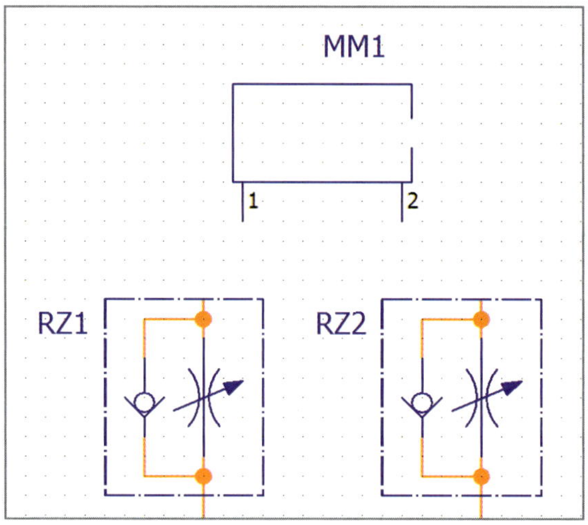

→ Als BMK tragen wir „MM1“ ein.

→ Nun füllen wir das Zylindergehäuse mit der Kolbenstange und dem Kolben. Dazu klicken wir auf:
<Einfügen>, <Symbol>, <PNE1ESS>,
<Fluid>,
<Aktoren, Heizung,
Wärmetauscher>
<Zylinder>
<Grafik>
<Z14.1.2_01> bzw. <Z14.1.5_02>.

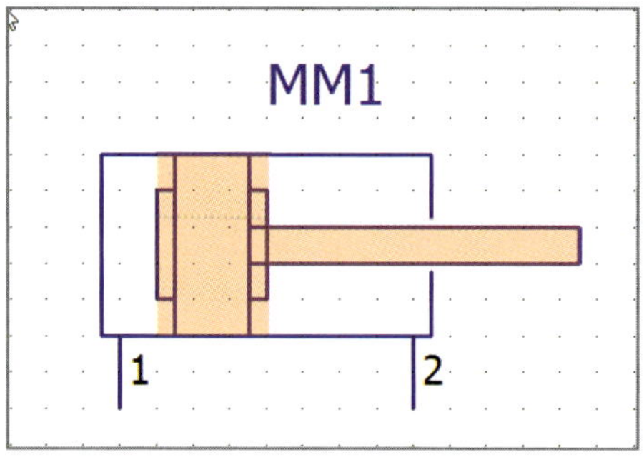

→ Zum Ende müssen wir noch den Zylinder mit den Drosselventilen verbinden. Das Ergebnis unserer Arbeit sehen Sie rechts.

→ Als optionale Ergänzung könnten jetzt noch Sensoren zur Endlageabfrage platziert werden. Diese könnten dann weiterhin an die SPS-Eingänge angeschlossen werden.

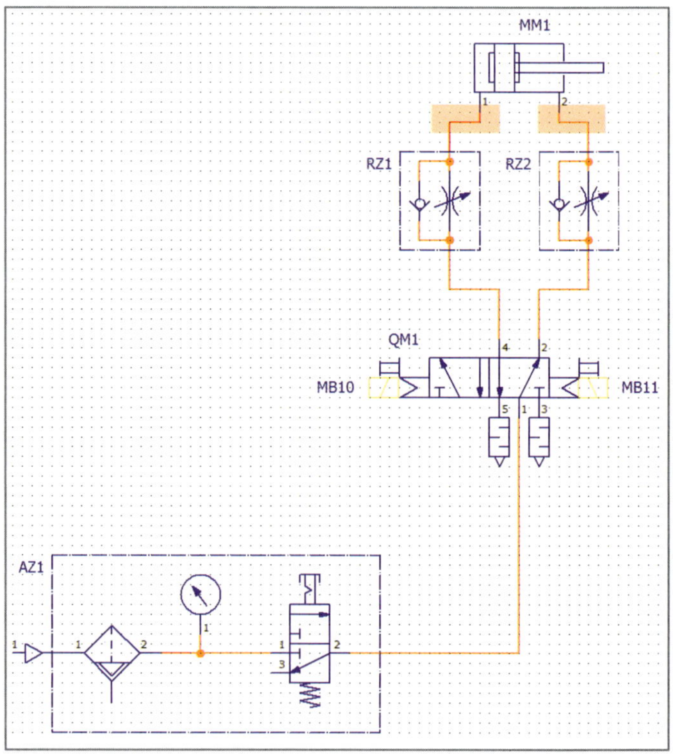

11 Deckblatt und Inhaltsverzeichnis erstellen

Zu einer umfassenden Anlagendokumentation gehören verschiedenste Schaltplanseiten wie:

- Deckblatt und Inhaltsverzeichnis
- Haupt- und Steuerstromkreis
- Klemmenplan
- Schaltschrankaufbau
- Artikelstückliste usw.

Den größten Teil dieser Seiten haben wir bereits erstellt. Es fehlt uns jedoch noch das Deckblatt und das Inhaltsverzeichnis.

Das Deckblatt kann uns einen Überblick über wesentliche Informationen zu einer Anlage geben wie Hersteller der Maschine, Erstellungsdatum, Ersteller der Dokumentation ...

In diesem Kapitel wird gezeigt, wie man ein Deckblatt und ein Inhaltsverzeichnis für das komplette Projekt erstellt.

→ Um das Deckblatt und Inhaltsverzeichnis am Anfang des Projektes erstellen zu können, müssen zuerst die Seitenzahlen verschoben werden. Mit Klick der rechten Maustaste auf unseren Baum im Seitennavigator öffnet sich das Kontextmenü.

→ Hier wählen wir <Nummerieren...>.

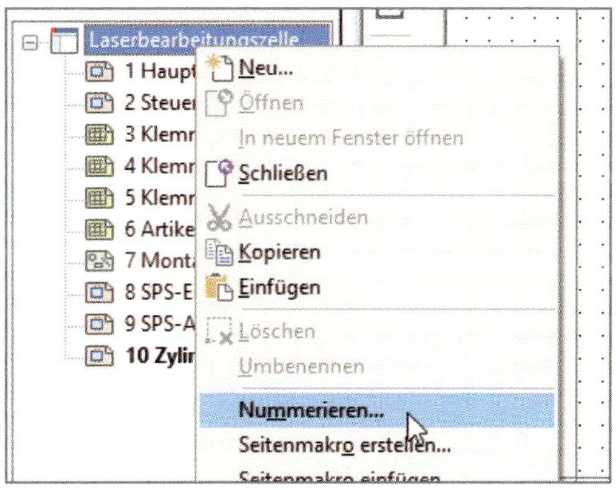

→ Im Dialog „Seiten nummerieren" tragen wir im Feld „Startnummer" den Wert „3" ein. Mit Klick auf <OK> bestätigen wir den Wert und schließen den Dialog. Das folgende Fenster wird ebenfalls mit Klick auf <OK> bestätigt.

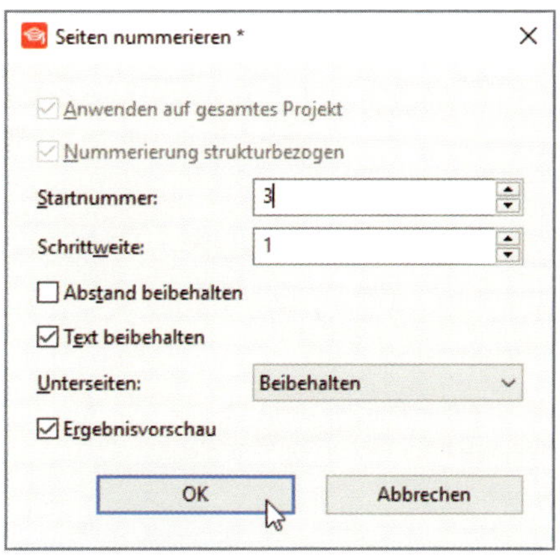

Titel-/Deckblatt erzeugen

→ Um ein Titel-/Deckblatt zu erstellen, klicken wir auf:
<Dienstprogramme>
<Auswertungen>
<Erzeugen...>

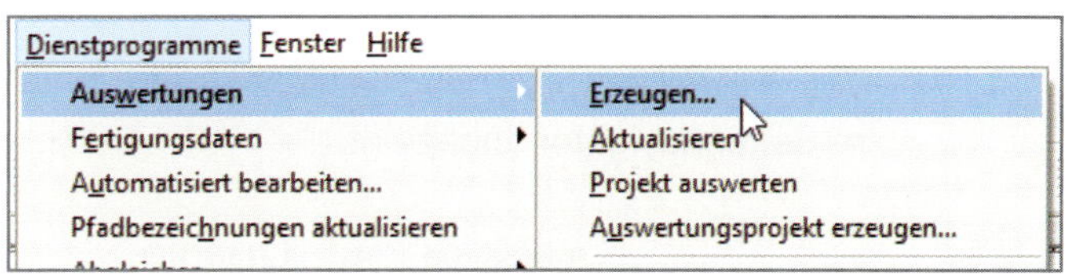

→ Im Dialog „Auswertungen“ klicken wir auf <Neu...>.

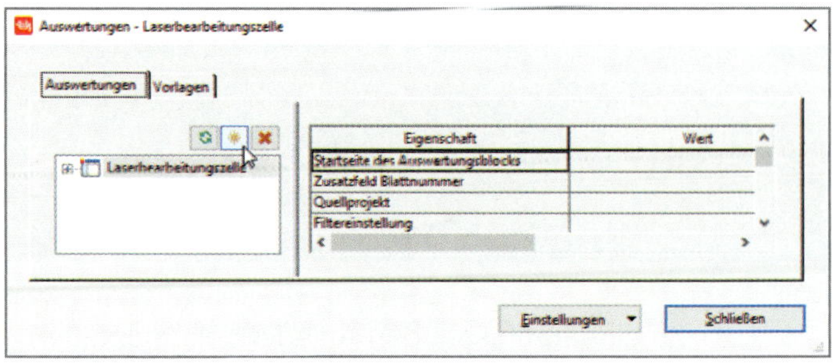

→ Im nächsten Dialog „Auswertung festlegen“ wählen wir den Auswertungstyp „Titel-/Deckblatt“ und bestätigen mit „OK“.

Der Dialog „Titel-/Deckblatt“ öffnet sich.

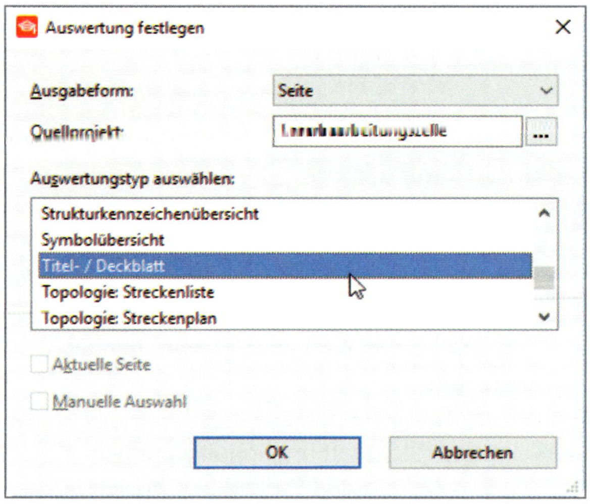

→ Den Seitennamen ändern wir auf „1“.

→ Mit Klick auf <OK> bestätigen wir die Werte und schließen den Dialog „Titel-/Deckblatt“.

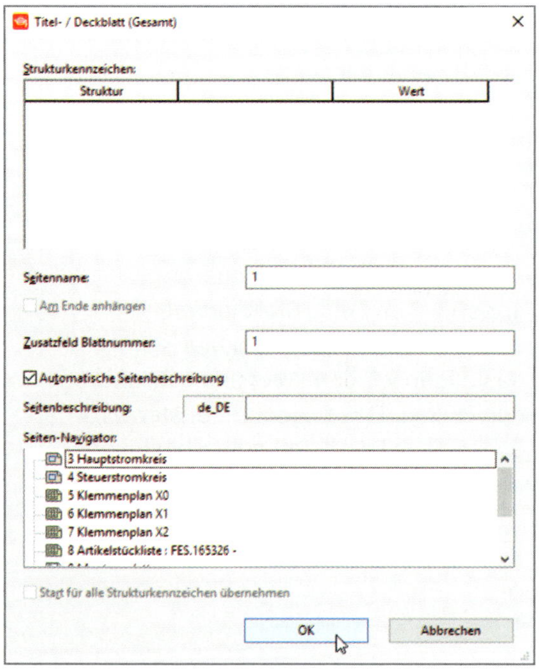

Das Titel-/Deckblatt wird anschließend im Seitennavigator angezeigt.

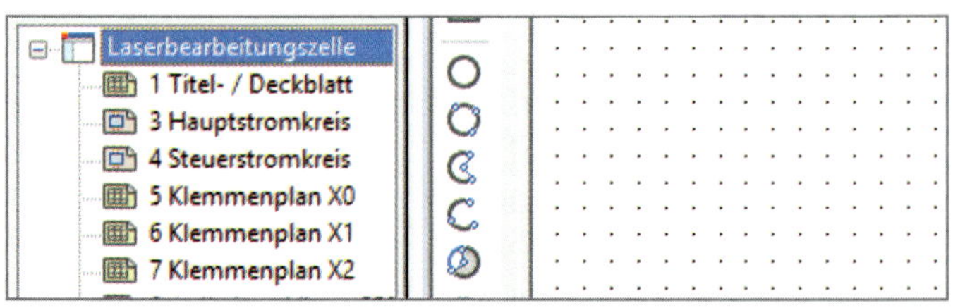

Tipp: Unter „Rechtsklick“ auf „Laserbearbeitungszelle“, Eigenschaften“ lassen sich noch einmal die Eigenschaften des Projektes ändern bzw. neue hinzufügen.

Inhaltsverzeichnis erzeugen

→ Zum Erstellen des Inhaltsverzeichnisses gehen wir genauso wie bei dem Deckblatt vor. Wir starten über: <Dienstprogramme> <Auswertungen> <Erzeugen...>.

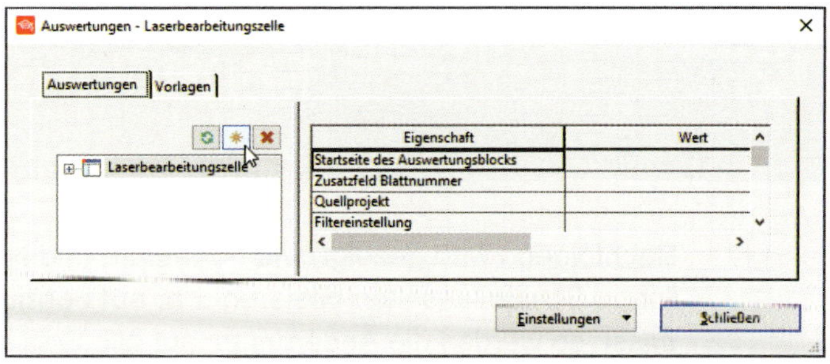

→ Im Dialog „Auswertungen“ klicken wir auf <Neu...>.

→ Im nächsten Dialog „Auswertung festlegen“ wählen wir den Auswertungstyp „Inhaltsverzeichnis“ und bestätigen mit <OK>.

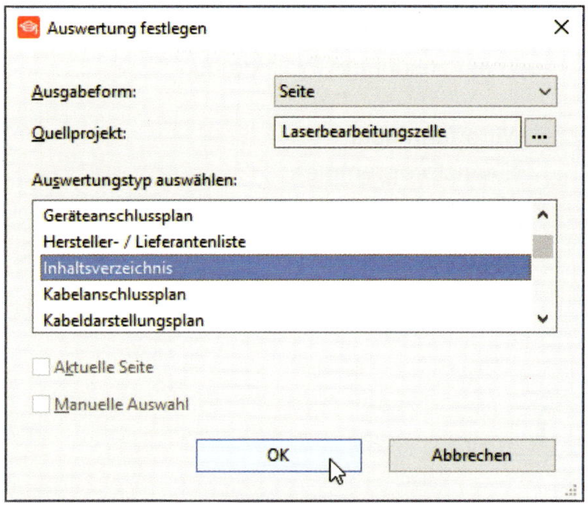

→ Mit Klick auf <OK> bestätigen wir die Filterangaben und schließen den Dialog.

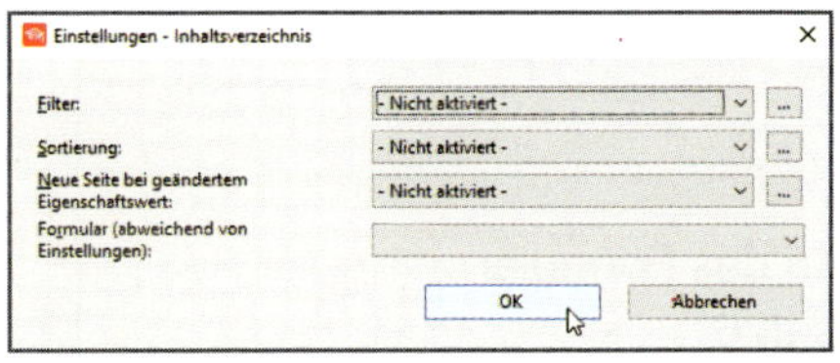

→ Im nächsten Dialog „Inhaltsverzeichnis“ weisen wir dem Inhaltsverzeichnis den Seitennamen „2“ und die Blattnummer „2“ zu.

→ Mit Klick auf <OK> bestätigen wir die Werte und schließen den folgenden Dialog.

Im Seitennavigator befindet sich nun das komplette Inhaltsverzeichnis, das genau wie der Klemmenplan immer wieder aktualisiert werden kann.

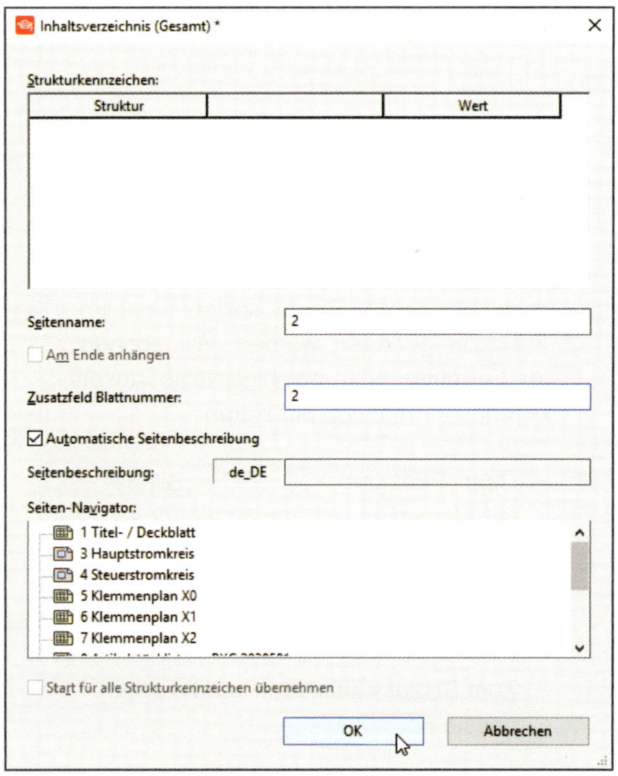

Nachfolgend wird gezeigt, wie Formulare und Normblätter angepasst werden können. Die unterschiedlichen Schaltplanseiten basieren u. a. auf Formularen und Normblättern. Werden diese Vorlagen angepasst, so werden die Änderungen auf alle Seiten angewendet, die auf diesen Vorlagen basieren.

Auf die folgende Art und Weise kann die Vorlage für das Deckblatt angepasst werden, um zum Beispiel ein eigenes Logo oder einen Bearbeiter auf dem Deckblatt einzutragen. Diese Änderungen wirken sich auch auf zukünftige Projekte aus.

→ Wir öffnen über
<Dienstprogramme>
<Stammdaten>
<Formular>
<Öffnen…>
das Formular für das Deckblatt.

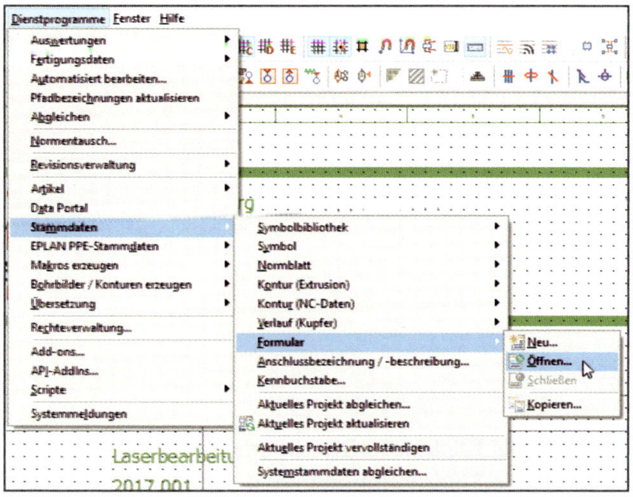

→ Wir öffnen das Formular „F26_001.f26“.
Wichtig: Bitte den Dateityp „Titel-/Deckblatt (*.f26)“ beachten!

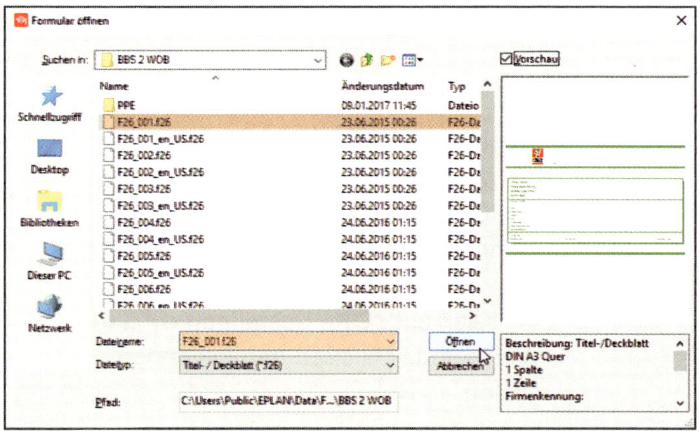

Viele Texte, die wir im Formular sehen, basieren auf Sondertexten, die sich z. B. aus den Projekteigenschaften ergeben. Den Firmennamen haben wir beispielsweise in den Projekteigenschaften eingegeben. Solche Texte sollten nicht im Formular geändert werden. Wir können im Formular aber beispielsweise unser eigenes Firmenlogo platzieren.

→ Über „Einfügen“ > „Grafik“ > „Bilddatei“ können wir z. B. unser eigenes Firmenlogo einfügen.

→ Zum Schluss schließen wir die angepasste Formularseite.

Normblatt bei EPLAN anpassen (Schaltplanseiten)

Ein weiteres Blatt, welches ggf. angepasst werden soll, ist das Normblatt, auf dem die Schaltpläne basieren. Hier kann auf ähnliche Art und Weise wie bei dem Deckblatt verfahren werden.

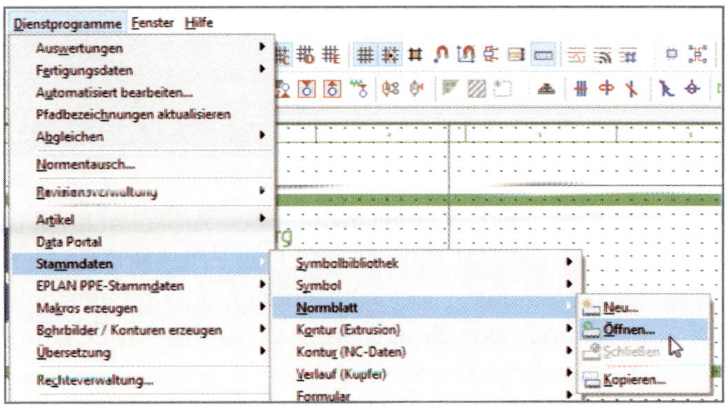

→ Wir öffnen über
<Dienstprogramme>,
<Stammdaten>,
<Normblatt>,
<Öffnen ...>
das Normblatt für Schaltpläne.

→ Wir öffnen das Normblatt „FN1_001.fn1".

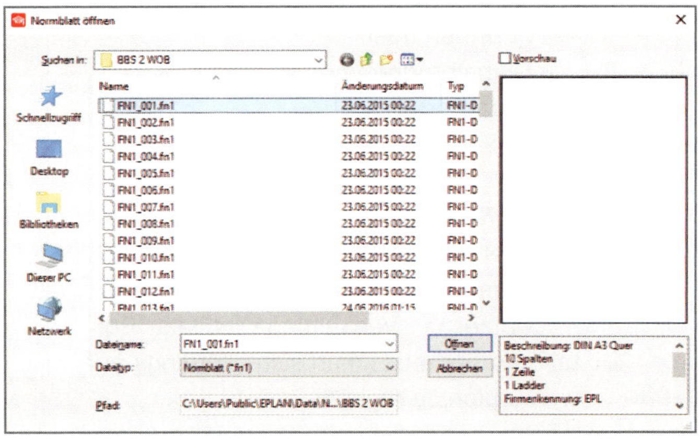

Tipp: Viele Inhalte des Deckblattes lassen sich auch an folgende Stelle anpassen: Rechtsklick auf >Laserbearbeitungszelle>, <Eigenschaften>
Hier ist es häufig sinnvoll, neue Kategorien wie Installationsort oder Projektverantwortlicher mit dem Sternchen oben rechts hinzuzufügen.

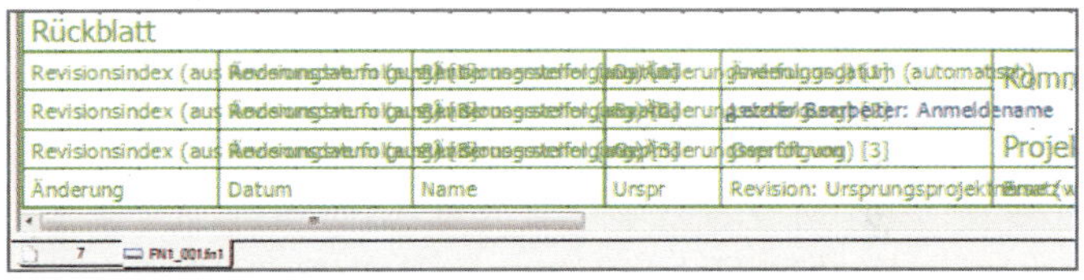

So kann beispielsweise ein Ersteller manuell angepasst oder ein eigenes Logo auf dem Normblatt platziert werden.
Zum genaueren Platzieren kann das Rastermaß auf das Raster A umgestellt werden. Nach dem Platzieren unbedingt wieder das Standardraster C einstellen.
Änderungen auf Normblättern sind mit großer Vorsicht vorzunehmen, da EPLAN viele Einträge automatisch vornimmt und über manuelle Eingriffe diese Einträge ggf. nicht mehr automatisch gesetzt werden.

→ Zum Schluss schließen wir das angepasste Normblatt.

13 EPLAN Data Portal

Eine weitere Möglichkeit, neue Artikel schnell und einfach in die Artikeldatenbank zu übernehmen, ist das EPLAN Data Portal. Das EPLAN Data Portal ist ein in EPLAN integrierter Webservice, über den Gerätedaten vieler Komponentenhersteller online zur Verfügung gestellt werden. Diese Gerätedaten können per „drag & drop“ in die EPLAN Dokumentation übernommen werden.

Die Vorgehensweise wird nachfolgend gezeigt. Voraussetzung zur Nutzung des EPLAN Data Portal ist ein Benutzerkonto und ein Software-Service-Vertrag bei EPLAN.

→ Wir öffnen über
<Dienstprogramme>
<Data Portal>
das EPLAN Data Portal.

Tipp: Wenn man noch nicht seine Benutzerdaten hinterlegt hat, kann man dies hier tun: <Optionen>, <Einstellungen>, <Benutzer>, <Verwaltung>, <Data Portal>. Vorher muss man sich allerdings auf www.eplan.de registrieren.

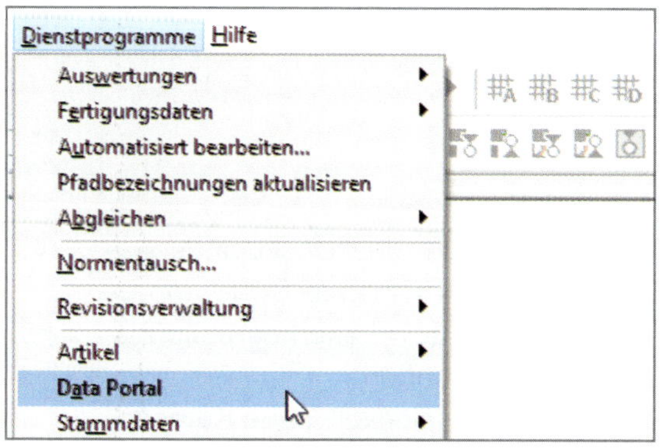

Es wird eine Liste der im Data Portal befindlichen Hersteller angezeigt.

In unserem Beispiel wollen wir das aktuell eingesetzte Siemens-Schütz 3RT1024-1BB44-3MA0 durch die Nachfolgevariante 3RT2024-1BB44-3MA0 ersetzen.

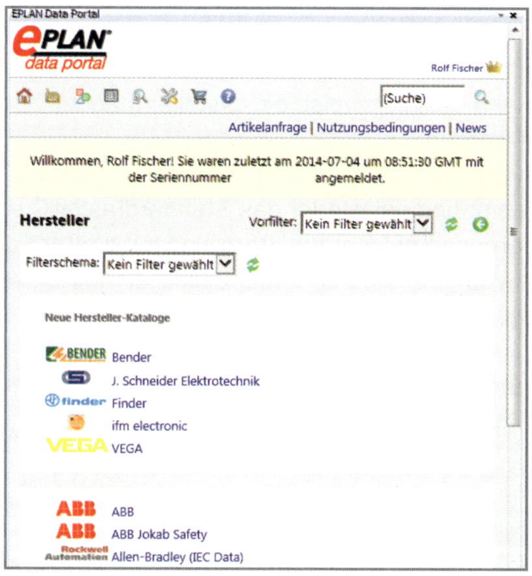

→ Dazu tragen wir in die Suchmaske des EPLAN Data Portals die neue Artikelnummer 3RT2024-1BB44-3MA0 ein und klicken anschließend auf die Lupe.

Das gesuchte Siemens Schütz wird angezeigt.

→ Wir importieren das Schütz über einen Klick auf
<Artikel ‘SIE.3RT2024...‘ importieren>.

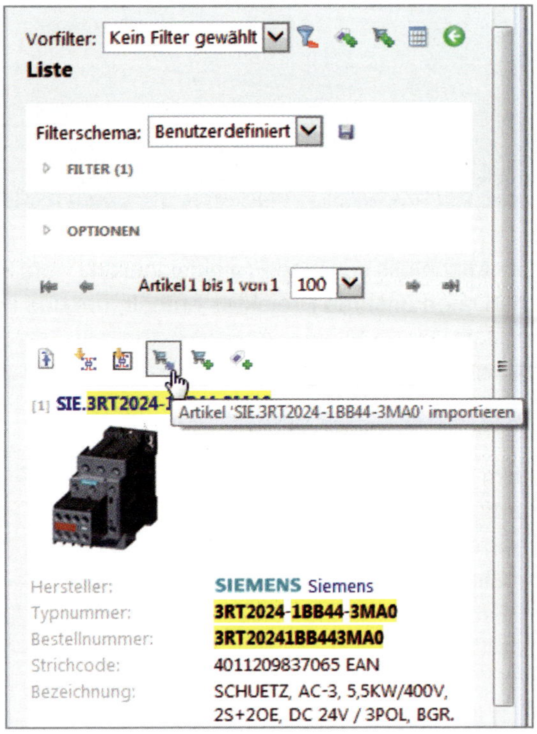

→ Im anschließenden Dialog quittieren wir die Auswahl „Vohandene Artikeldaten aktualisieren und neue hinzufügen“ mit „OK“.

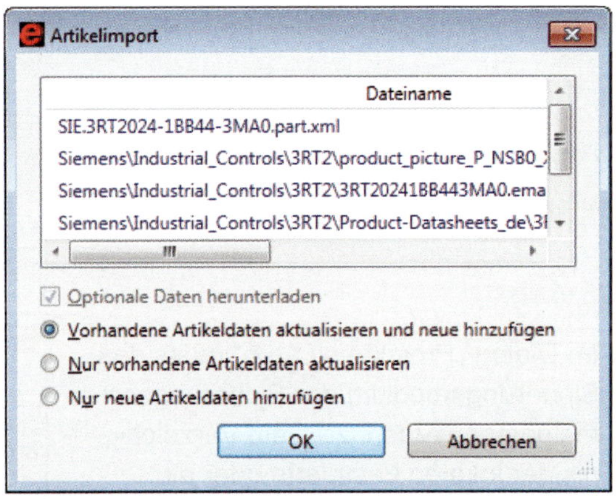

Über die Eigenschaften der Schützspulen von Q1 und Q2 können wir jetzt in der Geräteauswahl den Artikel 3RT1024-1BB44-3MA0 durch die Nachfolgevariante 3RT2024-1BB44-3MA0 ersetzen.

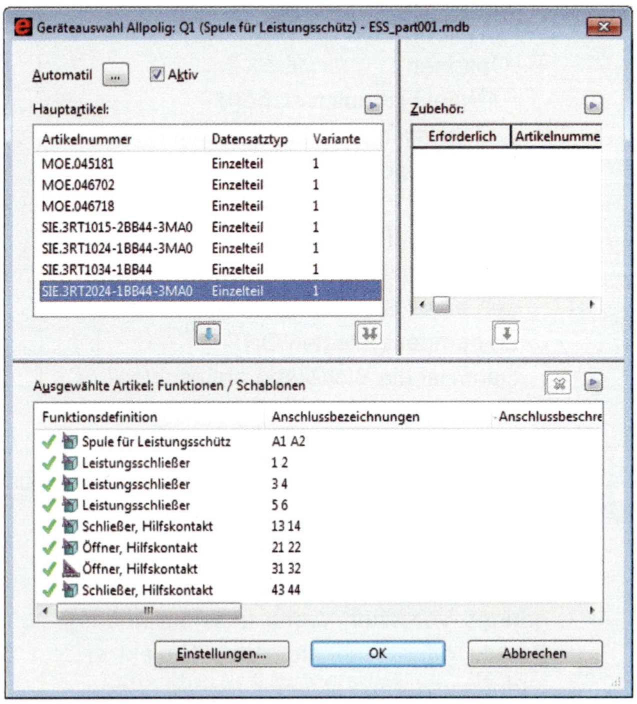

Tipp: Manchmal sind die Daten aus der Artikeldatenbank falsch und müssen angepasst werden. Dazu wählen wir in der Artikelverwaltung den zu ändernden Artikel aus. Anschließend kann in dem Tab <Funktionsschablonen> die Funktion korrigiert werden. Hier kann man entweder neue Funktionen hinzufügen, alte löschen oder vorhandene ändern, indem man direkt in dem betreffenden Feld <...> klickt und die Anschlussbezeichnungen anpasst.

14 Das Projekt sichern

Zum Abschluss soll eine Projektsicherung durchgeführt werden, d. h. wir generieren eine Datei, die sämtliche Daten unseres Projektes enthält, um das Projekt weitergeben oder archivieren zu können.

Während der Arbeit am Schaltplan muss nicht gesichert werden, da EPLAN ständig das angelegte Projekt auf dem aktuellen Stand im Projektverzeichnis speichert.

→ Um das Projekt zu sichern, klicken wir auf:
<Projekt>
<Sichern>
<Projekt...>

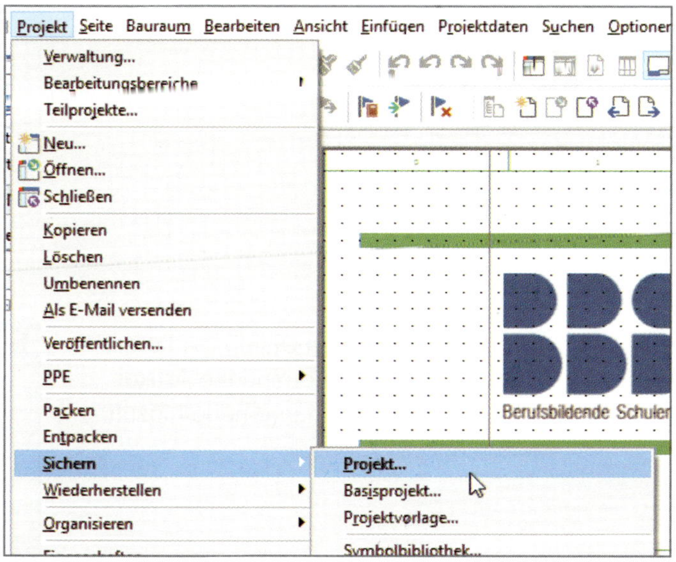

→ Im Dialog „Projekte sichern" muss das Sicherungsmedium/der Sicherungsort festgelegt werden, z. B. ein Verzeichnis der lokalen Festplatte oder ein USB-Laufwerk.
Durch Klick aktivieren wir folgende „Optionen":

- „Projekt komplett sichern"
- „Eingelagerte Fremddokumente sichern"
- „Eingelagerte Bilddateien sichern"

→ Im Dialog „Projekte sichern" bestätigen wir mit Klick auf <OK> das Erzeugen eines Sicherungsverzeichnisses an dem festgelegten Ort.
Damit ist die Sicherung abgeschlossen.

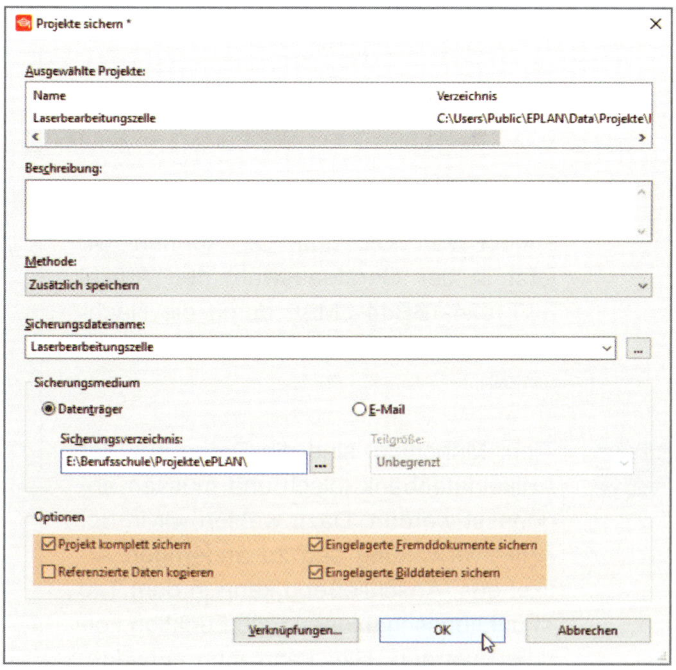

Tipp: Wenn man ein Programm aus der zw1-Datei öffnet, überschreibt man eventuell dadurch das Projekt, an dem man vorher gearbeitet hat. Deshalb immer folgendes Vorgehen, wenn man ein neues Projekt öffnen möchte: Altes Projekt sichern und dann erst neues Projekt öffnen.

Auf den folgenden Seiten ist der fertige Schaltplan zur Orientierung abgebildet. Der von Ihnen erstellte Schaltplan kann hiervon abweichen, da es z. T. unterschiedliche Realisierungsmöglichkeiten gibt.

F26_001

Berufsbildende Schulen 2 Wolfsburg

BBS 2 Wolfsburg

Kleiststraße 44
38440 Wolfsburg
Tel. +49 (0)5361-261 200

Firma / Kunde	
Projektbeschreibung	Laserbearbeitungszelle
Zeichnungsnummer	2017.001
Kommission	BBS 2 WOB
Hersteller (Firma)	BBS 2 Wolfsburg
Pfad	Seiten und Betriebsmittel gesamtnummeriert
Projektname	Laserbearbeitungszelle
Fabrikat	
Typ	
Installationsort	C208
Projektverantwortlicher	Stefan Manemann
Teilebesonderheit	Demoanlage

Erstellt am 11.03.2017
Bearbeitet am 24.03.2017 von (Kürzel) SMANEMANN Anzahl der Seiten 13

Inhaltsverzeichnis

Spalte X: eine automatisch erzeugte Seite wurde manuell nachbearbeitet F06_001

Seite	Seitenbeschreibung	Seitenzusatzfeld	Datum	Bearbeiter	X
1	Titel- / Deckblatt		24.03.2017	SMANEMANN	
2	Inhaltsverzeichnis : 1 - 12		24.03.2017	SMANEMANN	
3	Hauptstromkreis		20.03.2017	SMANEMANN	
4	Steuerstromkreis		24.03.2017	SMANEMANN	
5	Klemmenplan X0		20.03.2017	SMANEMANN	
6	Klemmenplan X1		24.03.2017	SMANEMANN	
7	Klemmenplan X2		20.03.2017	SMANEMANN	
8	Artikelstückliste : - PXC.2938581		20.03.2017	SMANEMANN	
8.a	Artikelstückliste : -		24.03.2017	SMANEMANN	
9	Montageplatte		24.03.2017	SMANEMANN	
10	SPS-Eingänge		20.03.2017	SMANEMANN	
11	SPS-Ausgänge		20.03.2017	SMANEMANN	
12	Zylinderansteuerung		20.03.2017	SMANEMANN	

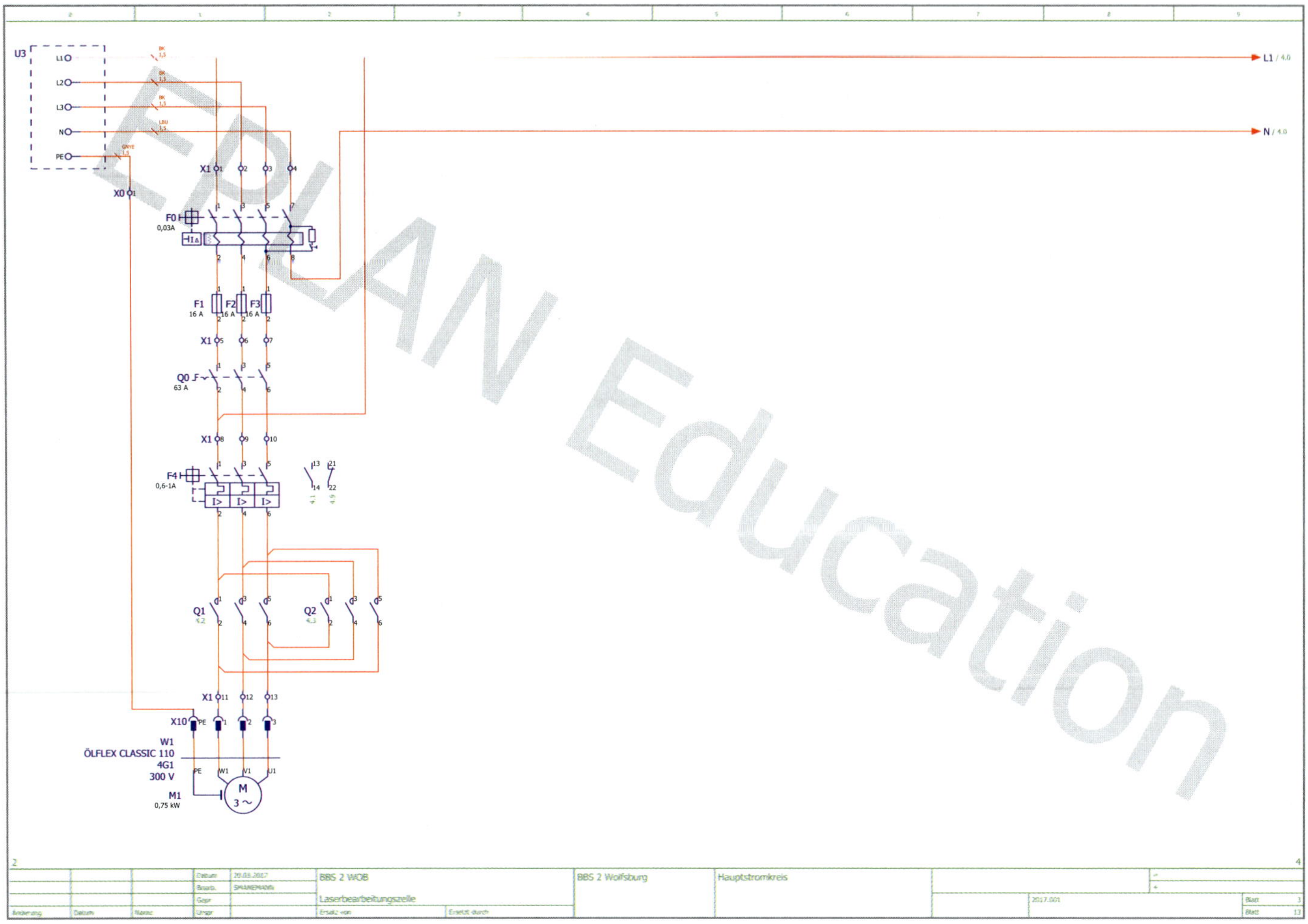

U3
L1 / 4.0
N / 4.0
F0
0,03A
F1
16 A
F2
F3
Q0
63 A
F4
0,6-1A
Q1
Q2
W1
ÖLFLEX CLASSIC 110
4G1
300 V
M1
0,75 kW
BBS 2 WOB
Laserbearbeitungszelle
BBS 2 Wolfsburg
Hauptstromkreis
2017.001

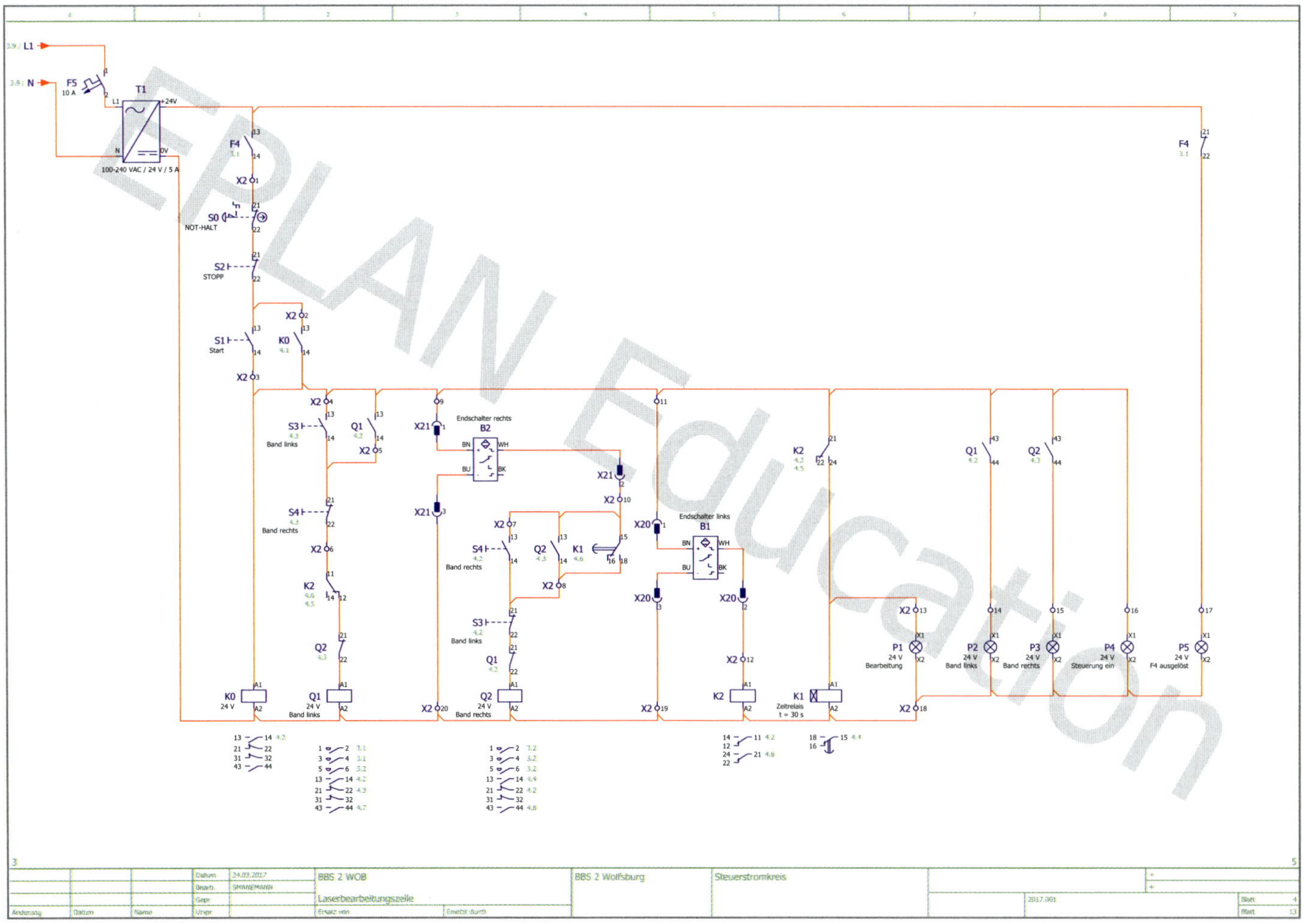

F5
10 A
T1
100-240 VAC / 24 V / 5 A
S0
NOT-HALT
S2
STOPP
S1
Start
S3
Band links
S4
Band rechts
Endschalter rechts
B2
Endschalter links
B1
K0
24 V
Q1
24 V
Band links
Q2
24 V
Band rechts
K1
Zeitrelais
t = 30 s
P1
24 V
Bearbeitung
P2
24 V
Band links
P3
24 V
Band rechts
P4
24 V
Steuerung ein
P5
24 V
F4 ausgelöst
BBS 2 WOB
Laserbearbeitungszelle
BBS 2 Wolfsburg
Steuerstromkreis
2017.001

Klemmenplan

F13_001

Leiste **X0**

Funktionstext	Kabelname / Kabeltyp	Zielbezeichnung	Anschluss	Klemme	Brücke	Zielbezeichnung	Anschluss	Kabelname / Kabeltyp	Seite / Spalte
		X10	PE	1	•	U1	PE		3.6
				2	•				

Änderung	Datum	Name	Datum 20.03.2017 · Bearb. SMANEMANN · Gepr. · Urspr.	BBS 2 WOB · Laserbearbeitungszelle · Ersatz von · Ersetzt durch	BBS 2 Wolfsburg
				Klemmenplan X0	2017.001 · Blatt 5 · Blatt 13

Klemmenplan

F13_001

Leiste **X1**

Funktionstext	Kabelname / Kabeltyp	Zielbezeichnung	Anschluss	Klemme	Brücke	Zielbezeichnung	Anschluss	Kabelname / Kabeltyp	Seite / Spalte
		F0	1	1	•	U1	L1		3.1
		F0	3	2	•	U1	L2		3.1
		F0	5	3	•	U1	L3		3.2
		F0	7	4	•	U1	N		3.2
		Q0	1	5	•	F1	2		3.1
		Q0	3	6	•	F2	2		3.1
		Q0	5	7	•	F3	2		3.2
		F4	1	8	•	Q0	2		3.1
						F5	1		
		F4	3	9	•	Q0	4		3.1
		F4	5	10	•	Q0	6		3.2
		X10	1	11	•	Q1	2		3.1
		X10	2	12	•	Q1	4		3.1
		X10	3	13	•	Q1	6		3.2
				14	•				
				15	•				
				16	•				
				17	•				
				18	•				
				19	•				
				20	•				

Änderung	Datum	Name	Datum 24.03.2017 · Bearb. SMANEMANN · Gepr. · Urspr.	BBS 2 WOB · Laserbearbeitungszelle · Ersatz von · Ersetzt durch	BBS 2 Wolfsburg
				Klemmenplan X1	2017.001 · Blatt 6 · Blatt 13

Klemmenplan

F13_001

Leiste X2

Funktionstext	Kabeltyp	Zielbezeichnung	Anschluss	Klemme	Brücke	Zielbezeichnung	Anschluss	Kabeltyp	Seite / Spalte
		S0	21	1	•	F4	14		4.1
		K0	13	2	•	S1	13		4.2
		K0	A1	3	•	S1	14		4.1
		S3	13	4	•	K0	14		4.2
						Q1	13		
		S4	21	5	•	Q1	14		4.2
		K2	11	6	•	S4	22		4.2
		S4	13	7	•	Q2	13		4.3
		S3	21	8	•	Q2	14		4.4
						K1	18		
		X21	1	9	•	Q1	13		4.3
		K1	15	10	•	X21	2		4.4
		X20	1	11	•	K2	21		4.5
		K2	A1	12	•	X20	2		4.5
		P1	X1	13	•	K1	A1		4.7
		P2	X1	14	•	Q1	44		4.7
		P3	X1	15	•	Q2	44		4.8
		P4	X1	16	•	Q2	43		4.8
		P5	X1	17	•	F4	22		4.9
		K1	A2	18	•	P1	X2		4.7
						P2	X2		
		Q2	A2	19	•	X20	3		4.5
		K2	A2						
		Q1	A2	20	•	X21	3		4.3
		Q2	A2						

			Datum	20.03.2017	BBS 2 WOB	BBS 2 Wolfsburg	Klemmenplan X2
			Bearb.	SMANEMANN			
			Gepr.		Laserbearbeitungszelle		2017.001	Blatt 7
Änderung	Datum	Name	Urspr.	Ersatz von	Ersetzt durch		Blatt 13

Artikelstückliste

F01_001

Betriebsmittelkennzeichen	Menge	Bezeichnung	Typnummer	Lieferant	Artikelnummer
A2	0				
A3	0				
A21	0				
B1	1				FES.165326
B2	1				FES.165326
B11	1	Sinus Positionsschalter mit Schwenkantrieb	3SE52	SIEMEN	SIE.3SE52
B11	1	Deckel für Positionsschalter 3SE52	3SE5230-0AA00-1AG0	SIEMEN	SIE.3SE5230-0AA00-1AG0
B11	1	Schwenkhebel für Positionsschalter 3SE52	3SE5000-0AA21	SIEMEN	SIE.3SE5000-0AA21
B12	0				
F0	1	Fehlerstromschutzschalter	ABB.F204A-25/0,03	ABB	ABB.F204A-25/0,03
F1	1	NEOZED-Schmelzeinsatz	S 16 A/400 V	SIEMEN	SIE.5SE2316
F1	1	NEOZED-Einbau-Sicherungssockel	5SG1300	SIEMEN	SIE.5SG1300
F1	1	NEOZED-Schraubkappe Porzellan	5SH4317	SIEMEN	SIE.5SH4317
F2	1	NEOZED-Schmelzeinsatz	S 16 A/400 V	SIEMEN	SIE.5SE2316
F2	1	NEOZED-Einbau-Sicherungssockel	5SG1300	SIEMEN	SIE.5SG1300
F2	1	NEOZED-Schraubkappe Porzellan	5SH4317	SIEMEN	SIE.5SH4317
F3	1	NEOZED-Schmelzeinsatz	S 16 A/400 V	SIEMEN	SIE.5SE2316
F3	1	NEOZED-Einbau-Sicherungssockel	5SG1300	SIEMEN	SIE.5SG1300
F3	1	NEOZED-Schraubkappe Porzellan	5SH4317	SIEMEN	SIE.5SH4317
F4	1	Motorschutzschalter	PKZM0-1	MOE	MOE.5306
F5	1	Leitungsschutzschalter	FAZ-B10/1	MOE	MOE.278531
K0	1	Kleinschütz	DILER-22-G	MOE	MOE.010042
K1	1	Zeitrelais, elektronisch	ETR4-11-A	MOE	MOE.031882
K2	0				
K2	1				PxC.2834520
M1	1	Drehstrommotor	080-11	LENZE	LENZE.080-11
MM1	0				
Montageplatte	1	MP AE 1050.500		RITTAL	MP AE 1050.500
P1	1	Komplettgerät, Rund Leuchtmelder	3SB3217-6AA60	SIEMEN	SIE.3SB3217-6AA60
P2	1	Komplettgerät, Rund Leuchtmelder	3SB3217-6AA60	SIEMEN	SIE.3SB3217-6AA60
P3	1	Komplettgerät, Rund Leuchtmelder	3SB3217-6AA60	SIEMEN	SIE.3SB3217-6AA60
P4	1	Komplettgerät, Rund Leuchtmelder	3SB3217-6AA60	SIEMEN	SIE.3SB3217-6AA60
P5	1	Komplettgerät, Rund Leuchtmelder	3SB3217-6AA20	SIEMEN	SIE.3SB3217-6AA20
P11	1	Komplettgerät, Rund Leuchtmelder	3SB3217-6AA60	SIEMEN	SIE.3SB3217-6AA60
P12	1	Komplettgerät, Rund Leuchtmelder	3SB3217-6AA60	SIEMEN	SIE.3SB3217-6AA60
P13	1	Komplettgerät, Rund Leuchtmelder	3SB3217-6AA60	SIEMEN	SIE.3SB3217-6AA60
Q0	1	Haupt-/Not-Aus-Schalter	3LD2 504-0TK53	SIEMEN	SIE.3LD2 504-0TK53
Q1	1	Schütz	3RT1024-1BB44-3MA0	SIEMEN	SIE.3RT1024-1BB44-3MA0
Q2	1	Schütz	3RT1024-1BB44-3MA0	SIEMEN	SIE.3RT1024-1BB44-3MA0
Q11	1				SIE.3RT2024-1BB44-3MA0
Q12	1				SIE.3RT2024-1BB44-3MA0
QM1	0				
RZ1	0				
RZ2	0				
S0	1	Komplettgerät, Rund, Pilzdrucktaster	3SB3201-1HA20	SIEMEN	SIE.3SB3201-1HA20
S1	1	Komplettgerät, Rund, Drucktaster	3SB3201-0AA11	SIEMEN	SIE.3SB3201-0AA11
S2	1	Komplettgerät, Rund, Drucktaster	3SB3201-0AA21	SIEMEN	SIE.3SB3201-0AA21
S3	1	Komplettgerät, Rund, Drucktaster	3SB3201-0AA11	SIEMEN	SIE.3SB3201-0AA11
S3	0				
S4	1	Komplettgerät, Rund, Drucktaster	3SB3201-0AA11	SIEMEN	SIE.3SB3201-0AA11
S4	0				
S11	1	Komplettgerät, Rund, Drucktaster	3SB3201-0AA11	SIEMEN	SIE.3SB3201-0AA11
S12	0				
S13	1	Komplettgerät, Rund, Drucktaster	3SB3201-0AA11	SIEMEN	SIE.3SB3201-0AA11
S14	0				
T1	1		QUINT-PS-100-240AC/24DC/5	PXC	PXC.2938581

			Datum	20.03.2017	BBS 2 WOB	BBS 2 Wolfsburg	Artikelstückliste : - PXC.2938581
			Bearb.	SMANEMANN			
			Gepr.		Laserbearbeitungszelle		2017.001	Blatt 8
Änderung	Datum	Name	Urspr.	Ersatz von	Ersetzt durch		Blatt 13

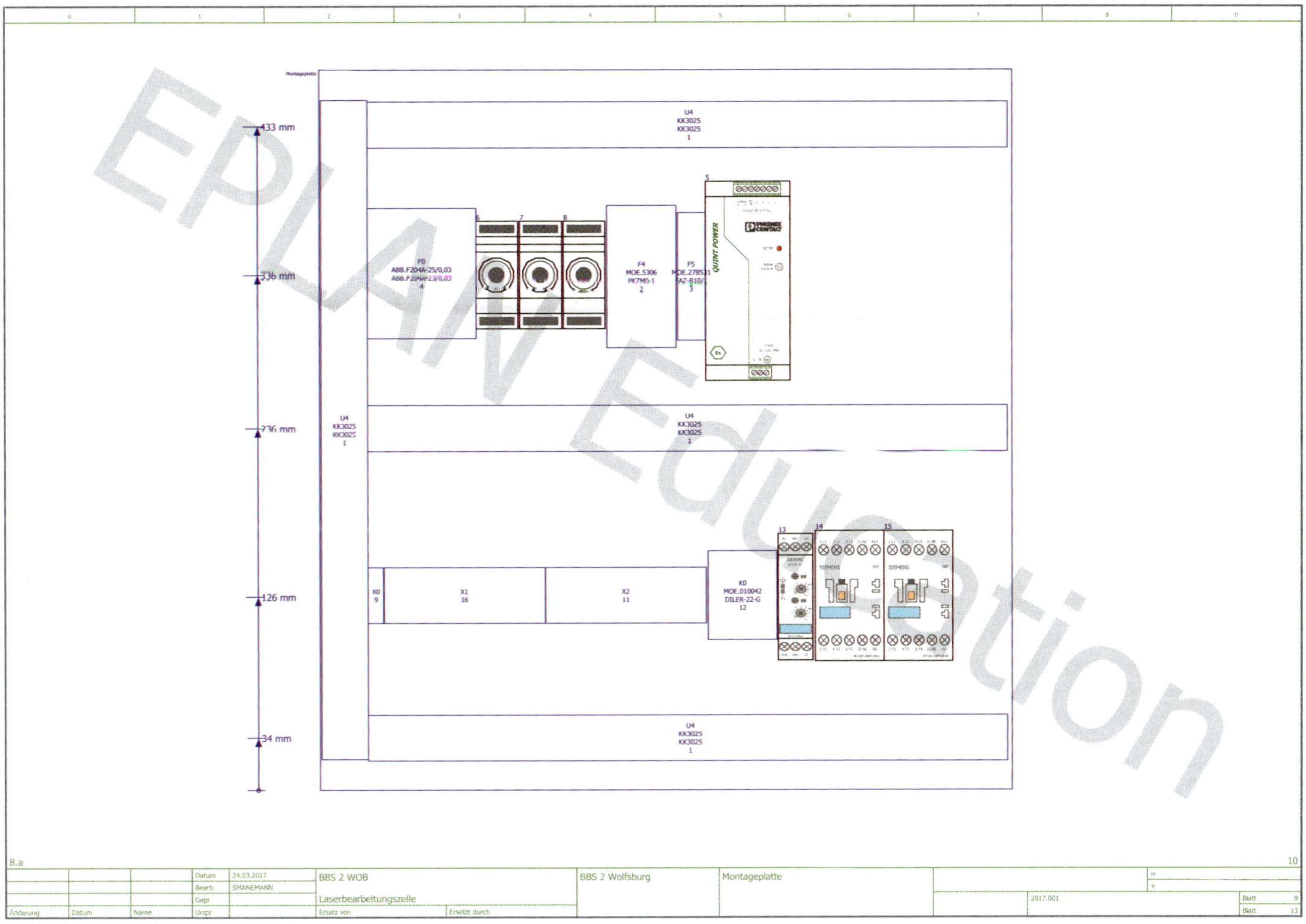
Montageplatte
433 mm
336 mm
236 mm
126 mm
34 mm
U4
KK3025
KK3025
1
F4
MOE.5306
PKZM0-1
2
X1
16
X2
11
K0
MOE.010042
DILER-22-G
12
EPLAN Education
Datum 24.03.2017
Bearb. SMANEMANN
Gepr.
Änderung Datum Name Urspr.
BBS 2 WOB
Laserbearbeitungszelle
Ersatz von
Ersetzt durch
BBS 2 Wolfsburg
Montageplatte
2017.001
Blatt 9
Blatt 13

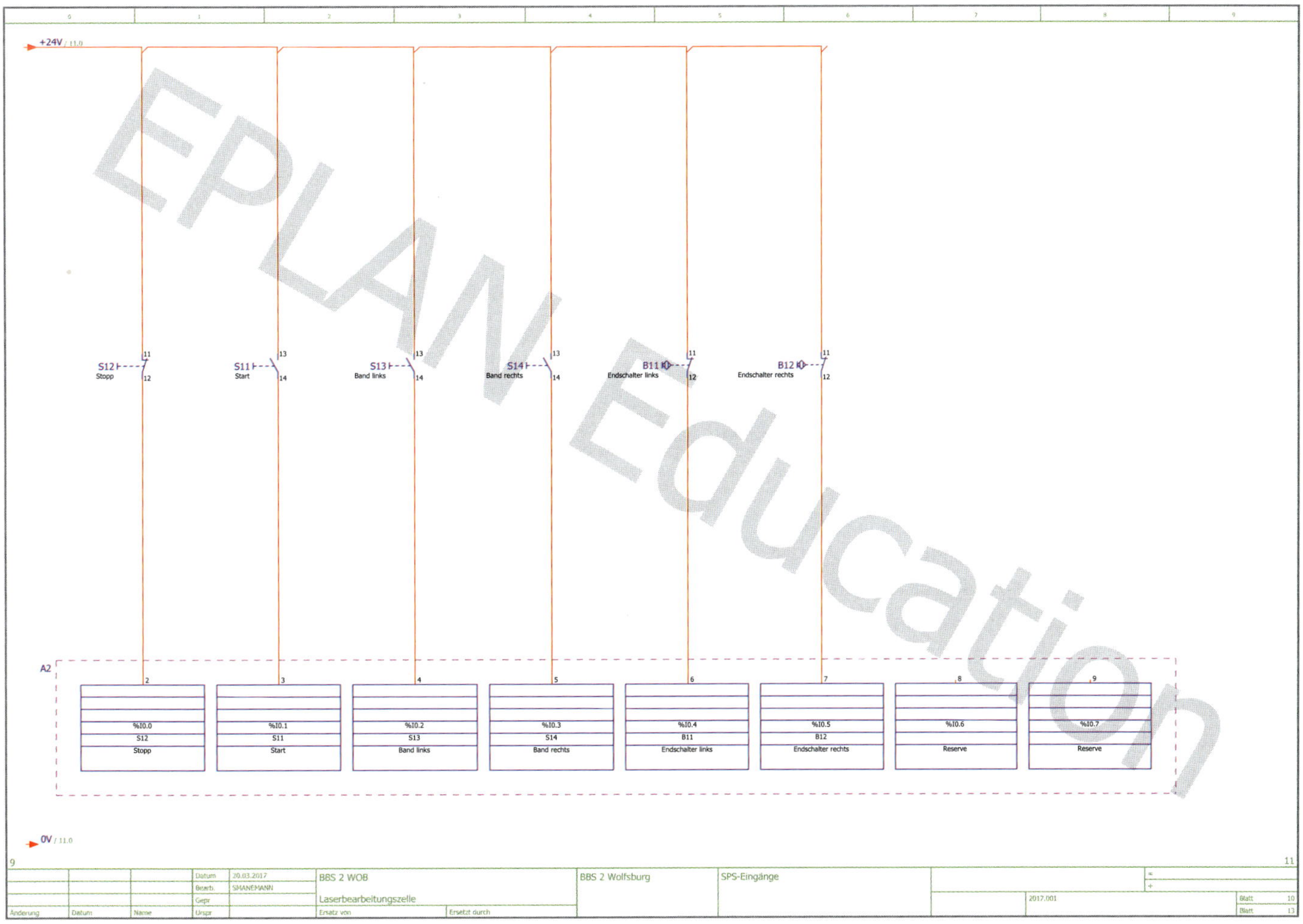
+24V
S12 Stopp
S11 Start
S13 Band links
S14 Band rechts
B11 Endschalter links
B12 Endschalter rechts
A2
%I0.0 S12 Stopp
%I0.1 S11 Start
%I0.2 S13 Band links
%I0.3 S14 Band rechts
%I0.4 B11 Endschalter links
%I0.5 B12 Endschalter rechts
%I0.6 Reserve
%I0.7 Reserve
0V
EPLAN Education
Datum 20.03.2017
Bearb. SMANEMANN
Gepr.
Änderung Datum Name Urspr.
BBS 2 WOB
Laserbearbeitungszelle
Ersatz von
Ersetzt durch
BBS 2 Wolfsburg
SPS-Eingänge
2017.001
Blatt 10
Blatt 13

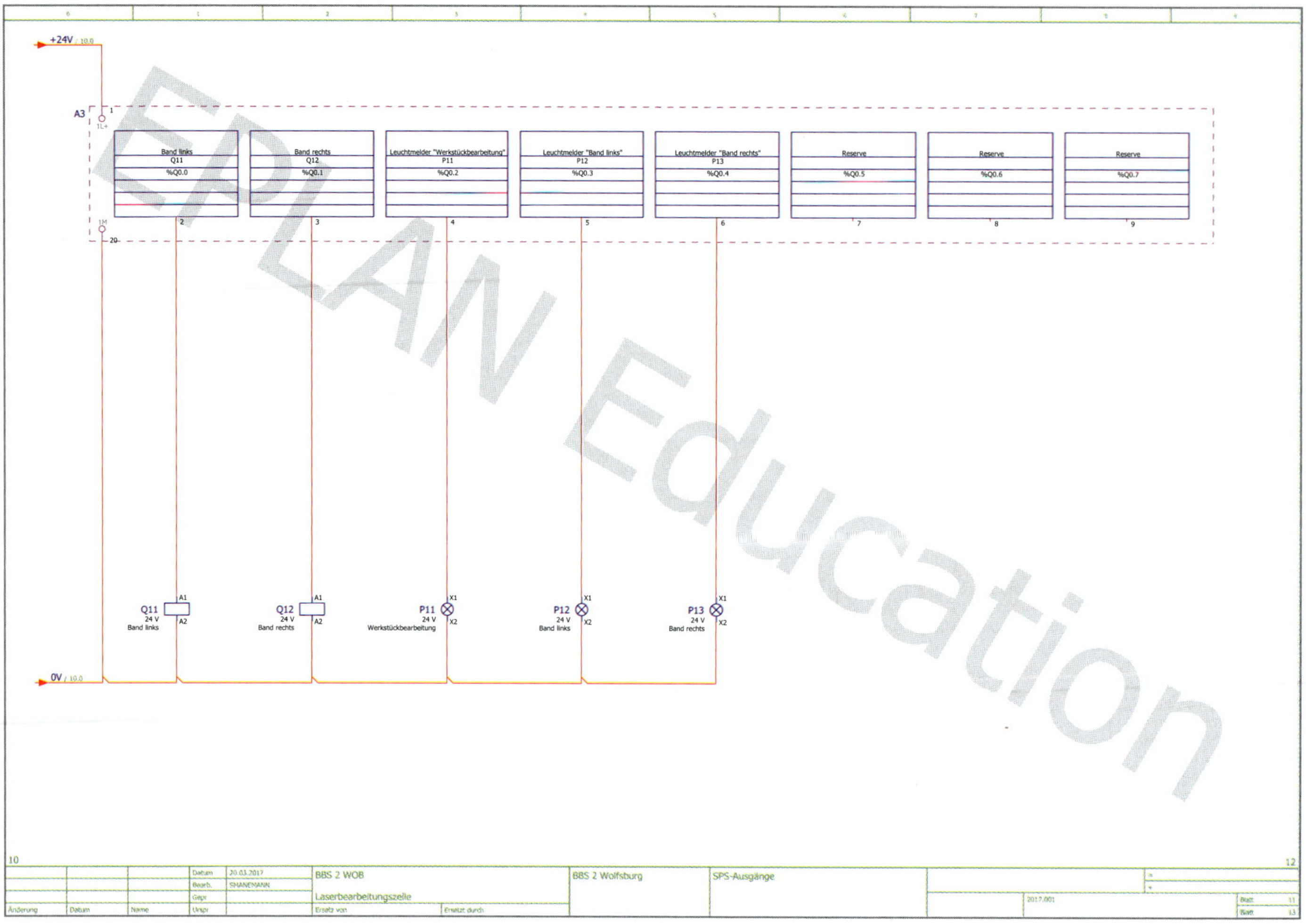
+24V
0V
A3
Band links
Q11
%Q0.0
Band rechts
Q12
%Q0.1
Leuchtmelder "Werkstückbearbeitung"
P11
%Q0.2
Leuchtmelder "Band links"
P12
%Q0.3
Leuchtmelder "Band rechts"
P13
%Q0.4
Reserve
%Q0.5
Reserve
%Q0.6
Reserve
%Q0.7
Q11
24 V
Band links
Q12
24 V
Band rechts
P11
24 V
Werkstückbearbeitung
P12
24 V
Band links
P13
24 V
Band rechts
Datum 20.03.2017
Bearb. SHANEMANN
BBS 2 WOB
Laserbearbeitungszelle
BBS 2 Wolfsburg
SPS-Ausgänge
2017.001
Blatt 11
Blatt 13

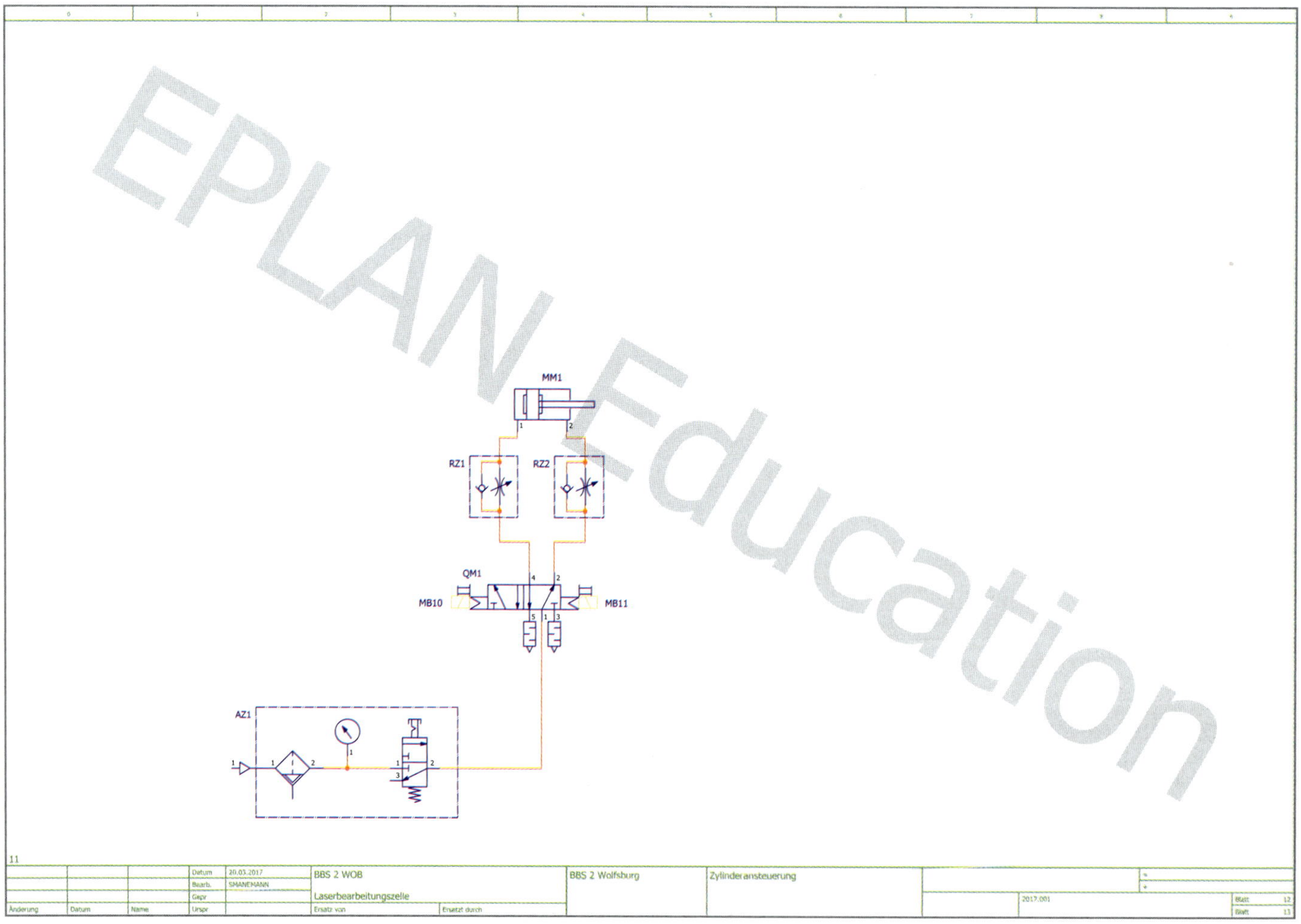
MM1
RZ1
RZ2
QM1
MB10
MB11
AZ1
Datum 20.03.2017
Bearb. SHANEMANN
BBS 2 WOB
Laserbearbeitungszelle
BBS 2 Wolfsburg
Zylinderansteuerung
2017.001
Blatt 12
Blatt 13

Stichwortverzeichnis

Weblinks und CAx-Daten

Zur Arbeit mit diesem Projektheft und der Software EPLAN Education sind einige Internetseiten notwendig und hilfreich. Diese werden im Folgenden aufgelistet. Im Internet finden Sie die Links zusammengefasst unter www.manemann.net > Links

→ Download der Software EPLAN Education: http://www.eplan.de/eplan-education

→ Download der im Projekt verwendeten Artikeldatenbank von der Seite des Bildungsverlag EINS: http://www.bildungsverlag1.de > Ergänzende Materialien zur Bestellnummer 44492

→ Download der im Projekt verwendeten Artikeldatenbank von der Internetseite der Autoren: http://www.manemann.net > Download

CAD/CAE-Daten (CAx-Daten)

Wenn man Daten von Betriebsmitteln in EPLAN importieren möchte, bieten sich mehrere Wege an. Viele Hersteller haben sogenannte EPLAN-Makros zu ihren Produkten erstellt. Ein Makro kann die grafische Darstellung eines Produktes in 2-D/3-D enthalten, den Geräteschaltplan mit Anschlüssen oder z.B. die Artikeleigenschaften wie Anzahl Kontakte, Abmaße, Bemessungsspannung etc. In den Online-Katalogen der Hersteller findet man diese Makros häufig direkt dem Produkt als Download zugeordnet. EPLAN bietet Firmen und Bildungseinrichtungen mit einem Software-Service-Vertrag zusätzlich das EPLAN-Data-Portal, über das in EPLAN die Projektdaten vieler Produkte direkt per Drag & Drop importiert werden können.

Exemplarisch werden nachfolgend die Weblinks einiger Firmen zu CAx-Daten gelistet.

→ CAx-Daten der Firma Festo: http://www.festo.de/cad

→ CAx-Daten der Firma Phoenix Contact: https://www.phoenixcontact.com/online/portal/de > Service und Support > Downloads > EPLAN-P8-Datenmanager

→ CAx-Daten der Firma Eaton (Moeller): http://www.eaton.eu/DE/Europe/Electrical/index.htm

→ CAx-Daten der Firma Rittal: http://www.rittal.de/engineering > EPLAN Plattform

→ CAx-Daten und Links der Firma Siemens:
http://www.siemens.de/cax - CAx-Download-Manager
https://www.wscaduniverse.com - E-CAD-Datenbibliothek
http://www.automation.siemens.com/bilddb - Siemens Industry - Bilddatenbank
http://www.siemens.de/cad-creator - CAx CREATOR für CAx-Maßzeichnungen von Motoren
http://www.siemens.de/sirius - Industrielle Schalttechnik: SIRIUS
https://www.siemens.de/planning-efficiency - Schaltschrankplanung
http://lvexplorer.siemens-lowvoltage.com - Niederspannungsschalttechnik/Low Voltage in 3D
http://support.automation.siemens.com/WW/view/de/56295795 - Online Support
https://mall.industry.siemens.com/mall/de/de/Catalog/Configurators - Übersicht Konfiguratoren
https://support.industry.siemens.com/cs/ww/de/sc/2067 - Mobile Nutzung via App
http://support.automation.siemens.com/WW/view/de/38715968 - My Documentation Manager
http://www.siemens.de/automation/support-request - Support Anfrage

Projekte für den Lernfeldunterricht für den Einsatz in der Berufsschule und im Betrieb

Für eine realitätsnahe industrielle und durchgängige Ausbildung wurden von den Autoren weiterhin zwölf Projekte in zwei Bänden für den Einsatz in der Berufsschule und im Betrieb entwickelt.

Die zwei Projektbände beinhalten Projekte für den handlungsorientierten Unterricht im Berufsfeld der industriellen Automatisierungstechnik, Betriebselektronik und der Mechatronik.

Die Projektbücher enthalten auf jeweils einer DVD umfangreiches Material und Software wie kostenlose Siemens SIMIT-Simulationsmodelle, Inbetriebnahmeprotokollvorlagen, Projektplanungsvorlagen für Excel, Videos zum Messen und zur richtigen Unterweisung, Leitfäden für Siemens STEP7 und vieles mehr.

In die Projektbücher können die Auszubildenden ihre Lösungen direkt eintragen, die Lehrkraft bekommt an dieser Stelle im Lehrerband eine mögliche Lösung dargestellt.

In die Projekte sind neben den fachlichen Kompetenzen auch methodische und soziale Kompetenzen integriert.

Projektband 1

- Projekt 1: Elektrotechnische Systeme analysieren und Funktionen prüfen
- Projekt 2: Elektrische Installation planen und ausführen
- Projekt 3: Steuerungen analysieren und anpassen
- Projekt 4: Informationstechnische Systeme bereitstellen
- Projekt 5: Die Energieversorgung und Sicherheit einer Produktionshalle gewährleisten
- Projekt 6: Eine Sortieranlage analysieren und deren Sicherheit prüfen (Siemens STEP7, Elektropneumatik ...)

Schülerband: ISBN 978-3-427-44501-2 (Best.-Nr. 44501)
Lehrerband: ISBN 978-3-427-44502-9 (Best.-Nr. 44502) - nur über den Verlag bestellbar

Projektband 2

- Projekt 7: Neue Funktionen in der Sortieranlage programmieren und realisieren (Feldbusse, GRAFCET ...)
- Projekt 8: Antriebssysteme auswählen und integrieren
- Projekt 9: Eine Sortieranlage in Steuerungs- und Kommunikationssysteme integrieren
- Projekt 10: Automatisierungssysteme in Betrieb nehmen und übergeben (Frequenzumrichter, Regelungstechnik)
- Projekt 11: Eine Sortieranlage in Stand halten und optimieren
- Projekt 12: Einen Handlingsautomaten planen und realisieren (Ideal zur Vorbereitung auf die IHK-Abschlussprüfung)

Schülerband: ISBN 978-3-427-44503-6 (Best.-Nr. 44503)
Lehrerband: ISBN 978-3-427-44504-3 (Best.-Nr. 44504) - nur über den Verlag bestellbar

Weitere Informationen zu den Projektbüchern erhalten Sie im Internet unter: www.bildungsverlag1.de oder www.manemann.net

Projekte für den Lernfeldunterricht

Automatisierungstechnik,
Betriebstechnik,
Mechatronik

Projekt 3

„Steuerungen analysieren und anpassen“

- stammt aus dem Hauptwerk „Automatisierungstechnik, Betriebstechnik, Mechatronik“ (Best.-Nr. 44501)
- orientiert sich am Aufbau realer Anlagen und betrieblicher Aufträge
- beinhaltet VPS- und SPS-Technik
- integrierte Aufgaben mit Schaltplänen
- übersichtliche Darstellung wesentlicher Schaltelemente wie Schütze und Schutzhalter
- kostenloses SIMIT-Simulationsmodell zur Anlagensimulation (SIMIT V8.1)
- Schritt für Schritt-Anleitungen zur SPS-Programmierung und Simulation
- Lehrerband mit integrierten Lösungen verfügbar

Schülerband: ISBN 978-3-427-44505-0 (Best.-Nr. 44505)

Lehrerband: ISBN 978-3-427-44506-7 (Best.-Nr. 44506) - nur über den Verlag bestellbar

Projekte für den Lernfeldunterricht

Automatisierungstechnik,
Betriebstechnik,
Mechatronik

Projekt 6

„Eine Sortieranlage analysieren, erweitern und deren Sicherheit prüfen“

- orientiert sich u.a. an der IHK-Sortieranlage der Elektroniker für Automatisierungstechnik und bietet somit eine sehr gute Vorbereitung auf die IHK-Prüfungen
- ist handlungsorientiert aufgebaut
- ermöglicht eine strukturierte Analyse von Anlagen
- behandelt u.a. die Themen Elektropneumatik, Anlagensicherheit, Sensortechnik u.v.m.
- kostenloses Siemens SIMIT-Simulationsmodell zur Simulation einer Sortieranlage (anpassbar)
- Download von zahlreichem Unterrichtsmaterial für die Durchführung des Projekts
- Lehrerband mit integrierten Lösungen verfügbar

Schülerband: ISBN 978-3-427-44507-4 (Best.-Nr. 44507)

Lehrerband: ISBN 978-3-427-44508-1 (Best.-Nr. 44508) - nur über den Verlag bestellbar